EDITION SEL-STIFTUNG

Herausgegeben von Gerhard Zeidler

V. Hammer U. Pordesch A. Roßnagel

Betriebliche Telefon- und ISDN-Anlagen rechtsgemäß gestaltet

Mit 13 Abbildungen

Springer-Verlag
Berlin Heidelberg New York
London Paris Tokyo
Hong Kong Barcelona
Budapest

Dipl.-Inform. Volker Hammer
Dipl.-Inform. Ulrich Pordesch
Prof. Dr. jur. Alexander Roßnagel

provet
Projektgruppe Verfassungsverträgliche
Technikgestaltung e.V.
Kasinostr. 5
D-64293 Darmstadt

ISBN-13: 978-3-540-56511-6 e-ISBN-13: 978-3-642-78109-4
DOI: 10.1007/978-3-642-78109-4

Die Deutsche Bibliothek – CIP-Einheitsaufnahme
Hammer, Volker: Betriebliche Telefon- und ISDN-Anlagen rechtsgemass gestaltet / V Hammer, U Pordesch; A Rossnagel. – Berlin; Heidelberg, New York; London, Paris; Tokyo; Hong Kong; Barcelona, Budapest Springer, 1993
(Edition SEL-Stiftung)
ISBN 3-540-56511-6
NE. Pordesch, Ulrich., Rossnagel, Alexander

Softcover reprint of the hardcover 1st edition 1993

Satz. Reproduktionsfertige Vorlage vom Autor
45/3140 – 5 4 3 2 1 0 – Gedruckt auf saurefreiem Papier

Vorwort

Wie in allen Bereichen der betrieblichen Technikanwendung wird Computertechnik heute auch in Telefonsystemen eingesetzt. Herkömmliche Telefonanlagen werden durch ISDN-Anlagen mit erweiterten Leistungsmerkmalen ersetzt. Für das Speichern und Versenden von Sprachnachrichten werden zunehmend Voice-Mail-Server eingesetzt. Außerdem zeichnen sich durch den systemtechnischen Verbund von Computern und ISDN-Anlagen neue Formen computerunterstützter Telefonkommunikation ab.

Moderne Telefonsysteme können die Effektivität der Geschäftsabwicklung erhöhen und die Arbeitsbedingungen verbessern. Gleichzeitig können sie jedoch auch die Vertraulichkeit der Kommunikation gefährden und die Arbeitsbelastungen steigern. Man mag diese Chancen und Risiken im einzelnen unterschiedlich bewerten. Unstrittiges Ziel sollte es jedoch sein, Telefonsysteme so einzusetzen, daß neue Möglichkeiten erschlossen werden, **ohne** Zwänge hervorzurufen. Leider ist dies bei den heute verfügbaren Systemen aber meist nicht möglich. In der Praxis müssen dann unbefriedigende Kompromisse gefunden und die verbleibenden Defizite durch die Benutzer ausgeglichen werden.

In diesem Buch stellen wir einen Ansatz vor, diesem Dilemma zu entkommen und Telefonsysteme sozialverträglich und datenschutzgerecht zu gestalten. Dazu leiten wir aus den Grundrechten und dem Datenschutzrecht systematisch normative Gestaltungsanforderungen ab und entwickeln konkrete Gestaltungsvorschläge, um ihre Verwirklichungsbedingungen zu verbessern.

Das Buch richtet sich zum einen an potentielle **Käufer** von Telefonsystemen. Es gibt Orientierungs- und Bewertungshilfen für alle, die nicht nur die Kosten, sondern auch den Datenschutz bei der Systemauswahl berücksichtigen möchten. Ferner richtet sich das Buch an **Betroffene, Betriebs- und Personalräte**, die Risiken erkennen und darauf hinwirken möchten, daß ihre Interessen berücksichtigt werden. Schließlich richtet sich das Buch aber besonders auch an **Entwickler von Telekommunikationssystemen**. Mit konkreten Vorschlägen wollen wir Anregungen für die Gestaltung von ISDN-Anlagen und Sprachservern geben. Außerdem soll die von uns entwickelte interdisziplinäre Methode der Konkretisierung rechtlicher Normen zu technischen Gestaltungsvorschlägen (**KORA**) helfen, rechtliche Anforderungen bei der Weiterentwicklung von Telefon- und anderen Telekommunikationssystemen - auch für die Technik öffentlicher Netze - systematisch zu berücksichtigen.

Grundgedanken dieses Buches gehen auf Forschungsarbeiten zurück, die die "Projektgruppe Verfassungsverträgliche Technikgestaltung - provet" in einer Begleituntersuchung zur Einführung einer ISDN-Anlage in der Hochschulregion Darmstadt im Auftrag der Technischen Hochschule Darmstadt und der Fachhochschule Darmstadt durchgeführt hat. Sie wurden im Rahmen eines Forschungsprojektes zur "Verfassungsverträglichkeit und Verletzlichkeit rechtsverbindlicher Telekooperation" im Auftrag des Bundesministeriums für Forschung und Technologie sowie in mehreren Beratungen bei der Einführung betrieblicher ISDN-Anlagen fortgeführt.

Die Projekte und diese Buchpublikation wurden in interdisziplinärer Zusammenarbeit von Informatikern und Juristen durchgeführt. In den Diskussionen war es nicht immer möglich, die beiden unterschiedlichen Begriffswelten zu integrieren. Wir bitten den Leser daher, den jeweiligen Fachkontext zu berücksichtigen.

Darmstadt, im März 1993 Die Verfasser

Inhaltsverzeichnis

Überblick

In dieser Untersuchung entwickeln wir ein methodisches Instrumentarium zur Konkretisierung rechtlicher Normen zu technischen Gestaltungsvorschlägen (***KORA***). Gegenstand der Betrachtung sind dabei mittlere und größere ISDN-Anlagen bzw. ISDN-Anlagenetze, Sprachserver und Systeme für die computerunterstützte Telefonkommunikation. Diese Systeme werden in diesem Buch, sofern sie nicht gesondert betrachtet werden, zusammenfassend ***Telefonsysteme*** genannt. Technische Gestaltungsvorschläge entwickeln wir in einem vierstufigen Konkretisierungsprozeß. Ausgehend von Grundrechten konkretisieren wir diese zu **grundrechtlichen Anforderungen**. Aus diesen entwickeln wir **rechtliche Kriterien** für die Bewertung und Gestaltung der Technik. Zu konkreten Vorschlägen für die rechtsgemäße Gestaltung der Technik kommen wir dann, indem wir technische Funktionskomplexe identifizieren und für diese **technische Gestaltungsziele** bestimmen. Neben den Kriterien werden dabei auch Rechtsnormen unterhalb der Grundrechte einbezogen. Die Gestaltungsziele werden schließlich für ausgewählte Merkmale und Funktionen heutiger und wahrscheinlicher Funktionen künftiger Telefonsysteme zu Vorschlägen für **technische Gestaltungsmaßnahmen** konkretisiert.

Das schrittweise methodische Vorgehen findet sich in den einzelnen Kapiteln dieses Buches wie folgt wieder:

Im **ersten Kapitel** werden grundlegende technische Merkmale von ISDN-Anlagen erläutert. Außerdem werden wichtige Leistungsmerkmale und Risiken heutiger Telefonsysteme im Überblick dargestellt und einige für die weitere Diskussion notwendige Begriffe eingeführt. Anwendern, Beschäftigten und Betriebs- und Personalräten, denen die Technik nicht hinreichend bekannt ist, soll damit eine kurze technische Einführung angeboten werden. Im Interesse der Verständlichkeit werden technische Sachverhalte vereinfachend dargestellt.

Im **zweiten Kapitel** konkretisieren wir die Grundrechte auf freie Entfaltung und Schutz der Persönlichkeit, das Fernmeldegeheimnis, sowie das rechtlich geschützte Geschäfts- und Betriebsgeheimnis zu sechs grundrechtlichen Anforderungen. Aus diesen entwickeln wir dann neun rechtliche Kriterien für die Bewertung und Gestaltung von Telefonsystemen.

Im **dritten Kapitel** identifizieren wir Grundfunktionen, aus denen sich die meisten Leistungsmerkmale von Telefonsystemen zusammensetzen. Indem wir untersuchen, wie diese Funktionen gestaltet sein müssen, um den rechtlichen Kriterien gerecht werden zu können, gewinnen wir allgemeine technische Gestaltungsziele für Leistungsmerkmale.

Im **vierten Kapitel** werden die Gestaltungsziele für konkrete Leistungsmerkmale von ISDN-Anlagen, Sprachspeichersystemen und computerunterstützten Telefonsystemen zu technischen Gestaltungsmaßnahmen konkretisiert. Dabei haben wir versucht, möglichst alle grundrechtsrelevanten Leistungsmerkmale heute auf dem Markt erhältlicher Telefonsysteme zu berücksichtigen.

Im **fünften Kapitel** entwickeln wir Gestaltungsziele und -maßnahmen für wichtige Aspekte der Betriebsführung (Systemverwaltung und -wartung) von ISDN-Anlagen. Besonderes Gewicht hat dabei die Gebührendatenverarbeitung.

Die Methode der Untersuchung und mit Abstrichen die vorgeschlagenen Gestaltungsmaßnahmen sind auch auf andere betriebliche Telefonsysteme, wie beispielsweise Funktelefonsysteme, übertragbar. Ebenso betreffen sie virtuelle private Nebenstellenanlagen im ISDN, sogenannte CENTREX-Systeme, die in der Bundesrepublik bisher nicht angeboten werden.

Zwei Einschränkungen zur Methode und zum betrachteten Gegenstand möchten wir unserer Untersuchung allerdings voranstellen. Uns ist zum einen bewußt, daß der Aufwand für technische Gestaltungsmaßnahmen nicht in jedem Fall für gerechtfertigt gehalten wird, insbesondere, wenn es um die Umgestaltung einer bereits vorhandenen Technik geht. Sicher können manche Anpassungsschwierigkeiten auch mit organisatorischen Maßnahmen gelöst werden, indem sie in Form von Aufklärungen, Bedienungsanweisungen und Einwilligungen auf die Betroffenen verlagert werden. Unser Erkenntnisinteresse gilt jedoch nicht den Möglichkeiten menschlicher, sozialer und organisatorischer Anpassungen an die Technik. Vielmehr interessieren uns die Möglichkeiten und Notwendigkeiten, Telekommunikationssysteme technisch nach sozialen Gesichtspunkten aus- und umzugestalten. Denn so wird die Technik am ehesten den Bedürfnissen der Menschen gerecht werden können. Technische Gestaltungsmaßnahmen sind häufig die Voraussetzung dafür, daß sinnvolle organisatorische Maßnahmen überhaupt ergriffen werden können. Rechtsnormen verstehen wir in diesem Zusammenhang als verfestigte und konsentierte soziale Anforderungen an das Techniksystem. In jedem Fall sollten sie und die resultierenden Gestaltungsanforderungen genutzt werden, um zu Beginn von Systementwicklungsprozessen geeignete Spezifikationen für sozial verträglicher gestaltete Telefonsysteme zu gewinnen.

Wir konnten zum anderen in diesem Buch nicht alle Risiken und Chancen der ISDN-Technik behandeln. Es war weder möglich, alle Typen von ISDN-Anlagen und betrieblichen Telefonsystemen noch die spezifischen Risiken durch die Vernetzung unterschiedlicher Anlagen ausführlich zu betrachten. Auch einige andere wichtige Aspekte der Sozialverträglichkeit, wie die Möglichkeiten gesellschaftlicher Kontrolle, die forcierte Informatisierung der Gesellschaft, langfristige Auswirkungen auf das Kommunikationsverhalten oder die Persönlichkeitsentwicklung, konnten hier nicht diskutiert werden.[1] Wenn diese Aspekte hier nicht näher untersucht werden, so heißt dies nicht, daß wir sie nicht für wichtig erachten. Vielmehr möchten wir an dieser Stelle ausdrücklich auf die Begrenzung unserer Untersuchung hinweisen und die genannten Probleme der besonderen Aufmerksamkeit des Lesers empfehlen.

---

1 Siehe hierzu z.B. Kubicek/Rolf 1986; Steinmüller, GI - 18. Jahrestagung 1988; Berger u.a. 1988; Roßnagel/Wedde/Hammer/Pordesch 1990a, Roßnagel/Wedde/Hammer/Pordesch 1990b.

1. Technik und Leistungsmerkmale

Betriebliche Telefonsysteme sind "Inseln" am öffentlichen Fernsprechnetz. Sie ermöglichen gleichermaßen die interne Telefonkommunikation und das "Ferngespräch" mit Menschen außerhalb der Institution. Vor allem in jüngerer Zeit wird das Telefonnetz zunehmend für andere Formen des Nachrichtenaustauschs benutzt: Telefax überträgt Papierdokumente, mit Modems wird der Zugang zu Datenverarbeitungsanlagen und damit die Text- und Datenkommunikation ermöglicht. Dies hat jedoch mehrere Nachteile: Häufig werden verschiedene Endgeräte benötigt, die gesondert angeschlossen und verkabelt werden müssen. Kabelinstallationen sind jedoch teuer. Auch sind mit herkömmlichen Übertragungsverfahren nur niedrige Übertragungsraten erreichbar, was die Qualität der Dienste einschränkt.

Mit Technik des ISDN (Integrated Services Digital Network) können diese Nachteile überwunden werden. Das ISDN stellt auf den vorhandenen Telefonkabeln Anschlüsse für mehrere unterschiedliche Endgeräte zur Verfügung, von denen je zwei gleichzeitig betrieben werden können. Alle Endgeräte, auch das Telefon, nutzen eine gegenüber heutigen Verfahren bis zu 25mal schnellere digitale Datenübertragungstechnik. Über die technische Effizienzsteigerung hinaus bieten ISDN-Telefonsysteme auch zusätzlichen Telefonkomfort durch neue Leistungsmerkmale. Außerdem können Datenverarbeitungssysteme mit ISDN-Anlagen gekoppelt werden und ermöglichen dann völlig neu gestaltete Arbeitsplatzkonzepte.

Da Zug um Zug das gesamte öffentliche Telefonnetz von analoger Technik auf den ISDN-Standard umgestellt wird, können die neuen Nutzungsformen auch betriebsübergreifend eingesetzt werden. Da jede Organisation und nahezu jeder Haushalt über einen Telefonanschluß verfügen, gilt dies langfristig auch für die Kommunikation mit den privaten Kunden.

Diese Gründe machen verständlich, warum sich Unternehmen und Verwaltungen, die heute Telefonsysteme als Ersatz oder Erstausstattung beschaffen, für ISDN-Systeme entscheiden. Häufig wird jedoch übersehen, daß durch die geänderte Technik neben den Vorteilen auch Nachteile bestehen. Beschäftigte und ihre Vertretungen befürchten technisch implizite Risiken, zu denen die Hersteller oft keine adäquaten technischen Lösungen anbieten können.

1.1 ISDN-Anlagen

1.1.1 Entwicklungslinien bei Nebenstellenanlagen

Allgemein können drei wesentliche Komponenten von Telefonsystemen, Endgeräte, Übertragungssysteme und Vermittlungssysteme, unterschieden werden.[1] An den ***Endgeräten*** nutzen Teilnehmer Dienste für die Übermittlung von Nachrichten. ***Übertragungstechniken*** sorgen für den Nachrichtentransport. Dafür wird bei Telefonanlagen üblicherweise jeder Teilnehmeranschluß sternförmig über ein Kabel zu ***Vermittlungssystemen*** geführt. Die Vermittlungssysteme, sofern mehrere gemeinsam eine Telefonanlage bilden, sind untereinander zu einem mehr oder weniger engmaschigen Netz verbunden. Sie haben außerdem Verbindung zu öffentlichen Telekommunikationsnetzen.

Analoge Telefonanlagen
Die meisten heute in Betrieb befindlichen Telefonanlagen wurden in den fünfziger und sechziger Jahren beschafft.[2] Die **Übertragungstechnik** dieser Anlagen basiert auf analogen Übertragungsverfahren. Das bedeutet (stark vereinfacht dargestellt), daß die beim Sprechen erzeugten Schallschwingungen über ein Mikrophon aufgenommen, in elektrische Schwingungen umgesetzt und übertragen werden. Im Empfangsgerät werden sie dann über einen Lautsprecher wieder in Schallschwingungen zurückverwandelt.

Die **Vermittlungstechnik** analoger Telefonanlagen ist durch das schrittweise Durchschalten des Verbindungsweges charakterisiert.[3] Die Ziffern der Rufnummer, die der Anrufer über die Wählscheibe oder Tastatur seines Telefonapparates eingibt, werden in elektrische Signale (z.B. Impulse) umgesetzt und an zentrale Vermittlungseinrichtungen übertragen. Dort wird die eingegebene Wahlinformation schrittweise ausgewertet, indem mit den einzelnen Ziffern jeweils Teilabschnitte des Verbindungsweges aufgebaut werden. Den Schaltvorgang übernehmen jeweils elektrische Wähler (Hebdrehwähler und Edelmetall-Motor-Drehwähler).

---

1 Zur Historie der Entwicklungslinien bei Nebenstellenanlagen: Niedersächsisches Landesverwaltungsamt Hannover 1988, 5 ff.

2 Vgl. zum folgenden Schröter 1990, 18 ff und 79 ff.

3 Zu den Varianten elektromechanischer Vermittlungssysteme siehe näher Schlüter 1987, 11.

Gegenüber dem öffentlichen Fernsprechnetz bieten analoge Nebenstellenanlagen dieser Technik nur wenige zusätzliche Funktionen für den Telefondienst, wie z.B. die Rückfrage aus einer bestehenden Verbindung. Die Systeme können nur für den Telefonverkehr, für die einfache Datenübertragung mit Modem und für Telefax genutzt werden.

Erweiterungen im Leistungsspektrum ergaben sich durch Anlagen mit halbelektronischer Steuerung (Hardware), die seit 1954 angeboten wurden. Diese Systeme ermöglichten beispielsweise die Tastenwahl mit einem erheblich schnelleren internen Verbindungsaufbau. Speziell mit dem auf die Tastenwahl zugeschnittenen Mehrfrequenzwahlverfahren (MFV) konnten neben den 10 Wahlziffern sechs Sonderzeichen für die Tastenwahl vorgesehen werden, die die schnelle Einleitung von Leistungsmerkmalen ermöglichte.

Ein wichtiger weiterer Entwicklungsschritt war der Übergang zu computergesteuerten Systemen, die erstmals 1966 entwickelt wurden. Ihnen lag bereits das Prinzip der speicherprogrammierten Vermittlung zugrunde, d.h. der Verbindungsaufbau erfolgte durch computergesteuerte Auswertung der Wahlinformationen. Die speicherprogrammierte Steuerung ermöglichte zahlreiche neue Leistungsmerkmale, so z.B. die Umleitung von kommenden Rufen an andere Nebenstellen, Konferenzgespräche und den automatischen Rückruf.[4] Außerdem ermöglichte sie wesentliche Änderungen in der Gebührenerfassung. Die für die Herstellung der Verbindung erfaßten Daten (u.a. die Zielnummer) konnten durch Programme für die Gebührenverrechnung nachverarbeitet werden. So war es unter anderem möglich, detaillierte Einzelgebührennachweise zu erstellen.

Die genannten Nebenstellenanlagen sind ausschließlich für den Anschluß an das öffentliche Telefonnetz konzipiert und können von ihren Nutzern praktisch nur zum Telefonieren verwendet werden. Zwar ist es - wie im öffentlichen Fernsprechnetz - auch möglich, mit speziellen Datenübertragungs- oder Endeinrichtungen Daten, Texte und Bilder (Fernkopien) zu übertragen. Jeder Anschluß kann jedoch nur entweder zum Telefonieren oder für einen anderen Dienst genutzt werden. Die Übertragungsrate ist für viele Zwecke zu gering, die Übertragungsfehler sind oft zu hoch. Sollen Daten oder Texte vermehrt übertragen werden, so müssen separate Vermittlungssysteme mit eigenen, teuren Kabelnetzen oder lokale Computernetze installiert werden.

Digitale Nebenstellenanlagen

Seit 1984 werden im Nebenstellenbereich volldigitale Systeme angeboten. Die Vermittlungseinrichtungen dieser Systeme sind wie die der Vorgängermodelle rechnergesteuert, neu ist jedoch die digitale Übertragungstechnik. Grundprinzip dieser Technik ist, daß zu übertragende Nachrichten in eine Folge digitaler Signale umgewandelt werden. Sie können dann durch die Vermittlungssysteme als Daten behandelt und direkt verarbeitet werden. Die Art der übertragenen Nachrichten, d.h. Sprache, Text oder Bilder, spielt dabei keine Rolle. Das Ver-

---

4 Siehe hierzu Schröter 1990, 83.

mittlungssystem stellt keine durchgehenden analogen Leitungsverbindungen mehr her, sondern Datenkanäle zwischen verschiedenen Anschlußpunkten. Werden analoge Übertragungsverfahren auf den Anschluß- und Verbindungsleitungen eingesetzt, etwa um herkömmliche Endgeräte weiter betreiben zu können, so müssen die Signalströme an den Schnittstellen des Systems zuvor umgewandelt werden. Die Umwandlung kann aber entfallen, wenn das digitale Übertragungsverfahren bereits auf der Anschlußleitung eingesetzt wird.

Der wichtigste Vorteil digitaler Nebenstellenanlagen ist, daß sie für verschiedene Kommunikationsdienste parallel genutzt werden können. Diese können an mehrere öffentliche Telekommunikationsnetze angeschlossen werden und so intern auf einem Netz die Verbindung zu verschiedenen öffentlichen Text- und Datendiensten bereitstellen.

Die ersten digitalen Nebenstellenanlagen waren zunächst nicht für den Anschluß an das öffentliche ISDN vorgesehen, das ja erst seit 1986 schrittweise eingeführt wird. Auch war es zunächst nicht möglich, Endgeräte des öffentlichen ISDN intern anzuschließen. Mittlerweile haben alle modernen mittleren und größeren digitalen Nebenstellenanlagen entsprechende Anschlußmöglichkeiten. Sie werden deshalb als ISDN-Anlagen bezeichnet.

Für den Telefondienst bieten ISDN-Anlagen zahlreiche neue und veränderte Leistungsmerkmale für die Telefonkommunikation, die auch für Gespräche mit Teilnehmern des öffentlichen ISDN genutzt werden können. Hierzu zählen insbesondere die Anzeige der Rufnummer des rufenden Teilnehmers und das Anklopfen, d.h. die Anzeige eines weiteren Verbindungswunsches. Außerdem können in sie Systeme für das Speichern und Versenden von Sprachnachrichten (Sprachserver) integriert werden.

Künftige Telefonsysteme

Auch künftig sind Weiterentwicklungen der Technik zu erwarten. So werden zunehmend Glasfasertechnik und Breitbanderweiterungen der Vermittlungstechnik eingesetzt, die sehr hohe Übertragungsraten ermöglichen. Außerdem sind veränderte Netzarchitekturen möglich. So können Local Area Networks oder Metropolitan Area Networks für die Verbindung von Vermittlungssystemen vorgesehen werden.[5] Zunehmend werden auch Konzepte des Verbunds von Datenverarbeitungs- und ISDN-Anlagen erprobt, mit denen eine Integration von Telefon- und Datenverarbeitungsfunktionen und damit neue Formen des computerunterstützten Telefonierens möglich werden sollen.

1.1.2 Digitale Übertragungs- und Vermittlungstechnik

Wesentlich für die neue Technik ist zunächst der Übergang von der analogen zur **digitalen Übertragungstechnik**. Dabei werden alle Arten von Nachrichten

5 Siehe hierzu Niedersächsisches Landesverwaltungsamt 1988, 52f.

- Sprache, Bild, Text und Daten - in Form einer Folge von (binären) Signalen übertragen. Daten, Fax-Nachrichten oder Texte liegen in der Regel bereits in geeigneter Form vor. Insbesondere die gesprochene Sprache im Telefondienst muß jedoch entsprechend umgewandelt (digitalisiert) werden. Beim Verfahren der Pulscodemodulation (PCM) werden die Amplitudenwerte der analogen Signale 8000 mal pro Sekunde gemessen. Jedem Abtastwert wird dann ein digitales Codewort zugeordnet, das ihn repräsentiert. Diese Codewörter werden in Folge als digitale Signale übertragen und am Endpunkt der digitalen Übertragungsstrecken in analoge Schwingungen zurückverwandelt.

Neben der Digitalisierung der Übertragungsverfahren ist der Ersatz der elektromechanischen durch die ***speicherprogrammierte Vermittlungstechnik*** die zweite wesentliche technische Änderung. In den rechnergesteuerten Vermittlungssystemen übernehmen Prozeßrechner das Schalten von Verbindungswegen. In ihnen werden die Wahlinformationen des Teilnehmers nicht mehr schrittweise ausgewertet, sondern als Ganzes zwischengespeichert und durch ein Programm verarbeitet. Das Programm kontrolliert die Nummer auf Vollständigkeit, prüft, ob der gewünschte Teilnehmer frei oder besetzt ist, und stellt die Verbindung über rechnerinterne Verbindungswege (Koppelfelder) her.

Für normale Teilnehmer ist im ISDN der Basisanschluß (S_0-Schnittstelle) vorgesehen. Der Basisanschluß stellt auf der Anschlußleitung eine Übertragungsrate von 144 kbit/sec bereit. Er verfügt damit über mehr als die doppelte Kapazität eines herkömmlichen analogen Anschlusses. Die verfügbare Kapazität wird in drei getrennte ***Kanäle*** aufgeteilt. Jeder Kanal ist wechselseitig betreibbar: Nachrichten können in beiden Richtungen übertragen werden (vollduplex).

Ein kleinerer Teil, 16 kbit/sec, dient dem Austausch von "Verwaltungsdaten" zwischen den beteiligten Systemen und Endgeräten. Dieser Steuerungs- oder Zeichengabekanal wird zum Aufbau der Verbindungen, der Nutzung von besonderen Merkmalen und der Steuerung der Endgeräte verwendet. Während im analogen Netz die Steuerung der Kommunikationsvorgänge im Sprechkanal erfolgt und damit hörbar ist, ist der Steuerungskanal im ISDN von der Nachrichtenübertragung völlig getrennt. Die Steuerung erfolgt nach einer genormten Rechnerprozedur, dem D-Kanal-Protokoll.

Die Nachrichtenübertragung selbst ist in zwei 64 kbit/sec Datenströme aufgeteilt (zwei Basis- oder kurz B-Kanäle genannt). Daher können im ISDN immer zwei Endgeräte gleichzeitig betrieben und Verbindungen zu verschiedenen Endgeräten aufgebaut werden. Wenn die entsprechenden Endgeräte an den Hauptanschluß angeschlossen sind, ist es also möglich, gleichzeitig über einen Telefonapparat zu telefonieren und dem Gesprächspartner oder einem Dritten per Telefax eine Zeichnung zu übersenden.

Die Digitalisierung der Vermittlungs- und Übertragungstechnik muß für die Nutzer des Fernsprechdienstes zunächst noch keine bemerkbaren Auswirkungen haben. Das Übertragungsverfahren auf der Anschlußleitung bis zur Vermittlungseinrichtung kann weiterhin analog bleiben, es können die bekannten analogen Endgeräte und Dienste weiter genutzt werden. Jenseits der Anschlußleitung, innerhalb des Übertragungsnetzes werden aber statt der Fernsprechkanäle 64 kbit/sec-Nutzkanäle vermittelt. Wenn das digitale Übertragungsverfahren auch auf der Anschlußleitung eingesetzt wird, so können diese 64 kbit/sec-Kanäle auch für die Teilnehmer zur Verfügung gestellt werden. Über diese können dann neben dem Fernsprechen auch die verschiedenen ISDN-Text- und -Datendienste angeboten werden. Sie benötigen dazu allerdings neue, digitale Endgeräte.

Im ISDN und in ISDN-Anlagen wird der Telefondienst der wichtigste Telekommunikationsdienst bleiben. Daneben werden schrittweise weitere 64 kbit-Dienste bereitgestellt.[6] Basisdienst ist zunächst ein 64 kbit/sec- Datenübermittlungsdienst, der lediglich die reine 64 kbit/sec-Tranportkapazität zur Verfügung stellt, die Nutzung dieser Kapazität aber dem Teilnehmer zur freien Gestaltung überläßt. Daneben werden Faksimile-Dienst (Fax Gruppe 4[7]), Bildschirmtext und Teletex mit 64 kbit/sec bereitgestellt. Demnächst soll auch ein erweiterter Faxdienst für die kombinierte Text- und Bildübertragung realisiert werden (Textfax). Weiterhin ermöglichen neue Technologien der Datenkompression auch die Übertragung von Bewegtbildern über 64 kbit/sec Kanäle. Dadurch kann in Kürze ein einfacher Bildtelefondienst angeboten werden. Neben den neuen Diensten bleibt die Nutzung der heute in den bestehenden Netzen angebotenen Dienste bzw. die Anschaltung von bereits heute existierenden Endgeräten möglich. Hierfür sind besondere Schnittstellenadaptoren entwickelt worden.

1.1.3 Hardware und Software von ISDN-Anlagen

Hardware der Vermittlungssysteme[8]

In einer ISDN-Anlage werden Gesprächsverbindungen über ein oder mehrere Vermittlungssysteme hergestellt. Die Hardware dieser Vermittlungssysteme wird aus Baugruppen zusammengesetzt, die sich nach typischen Funktionen unterscheiden lassen.

Damit zwei Teilnehmer miteinander telefonieren können, muß zwischen ihren Endgeräten ein durchgehender Kanal bereitgestellt werden. Da ihre Anschlußleitungen nur sternförmig bis zu einem Vermittlungssystem gelegt sind, werden die Kanäle der Teilnehmeranschlüsse für einzelne Verbindungen im Vermittlungssystem durch ***Koppelnetzbaugruppen*** zusammengeschaltet. Welche Teilnehmeranschlüsse auf welche Weise miteinander verbunden werden sollen, entnimmt das Vermittlungssystem aus den Informationen im D-Kanal. Die Signalisierungsdaten (beim S_0-Anschluß die D-Kanal-Information) werden in den ***Steuerungsbaugruppen*** ausgewertet. Diese Baugruppen steuern das Koppelnetz

---

6 Rosenbrock ITG 1990, 7 ff.

7 "Gruppe 4" bezeichnet den ISDN-Fax-Standard.

8 Siehe hierzu Niedersächsisches Landesverwaltungsamt 1988, 12 ff.

auf der Basis einer Datenbank mit Teilnehmerdaten für den Aufbau von Verbindungen.

Die Kabel der Teilnehmeranschlüsse, besonderer Zusatzeinrichtungen (z.B. Personensuchanlagen), der Verbindungen zu anderen Vermittlungssystemen und dem öffentlichen Netz werden über ***Anschlußbaugruppen*** an das Vermittlungssystem angeschlossen. Diese Einheiten verstärken beispielsweise die Signale für die relativ langen Wege bis zum Teilnehmer oder können die Umwandlung von analogen a/b-Anschlüssen in ISDN-Kanäle vornehmen.

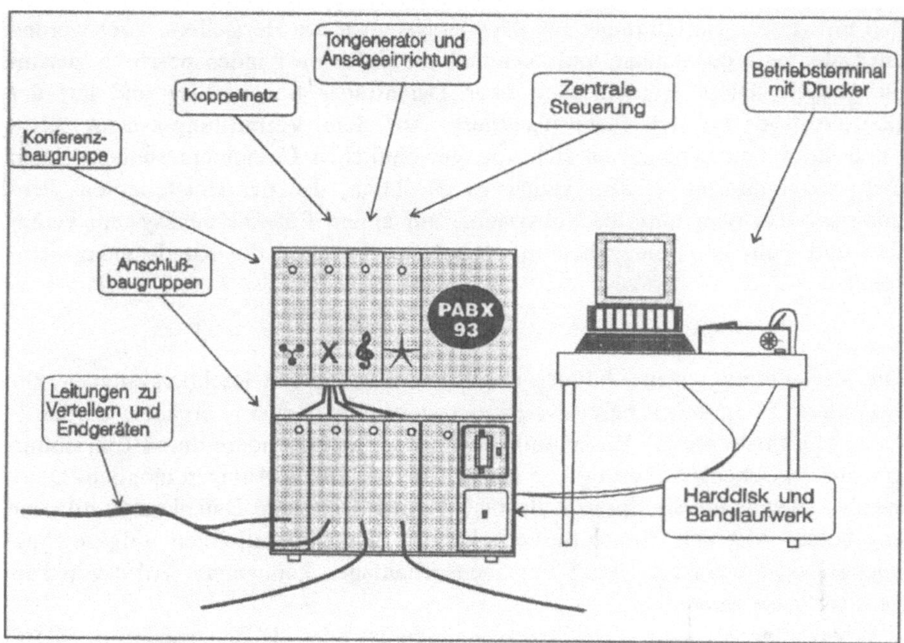

Abb. 1: Vermittlungssystem mit Betriebsführungsplatz

Weitere Baugruppen sind für den Anschluß von Geräten vorgesehen, mit denen sich das System warten und bedienen läßt. An sie werden Betriebsterminals und Drucker angeschlossen.[9] Hinzu kommen Baugruppen für Spezialanwendungen, z.B. die Funktionen von Personensuchanlagen.

Anlagensoftware

In den Vermittlungssystemen werden die Betriebsabläufe durch verschiedene komplexe Programmsysteme gesteuert. Das Betriebssystem stellt das Verbindungsglied zwischen der Hardware des Systems und den Anwenderprogrammen dar. Es hat Zugriff auf interne Datenbanken und Dateien und steuert die Ein-

---

9 Siehe hierzu näher Kapitel Betriebsführung in ISDN-Anlagen 1.3

und Ausgabe des Systems über angeschlossene Drucker und das oder die Betriebsterminals. Mit seiner Hilfe kann auch weitere Software von Datenträgern eingelesen werden. Die Vermittlungssoftware steuert den Aufbau und Abbau von Verbindungen innerhalb des Systems und liefert Daten zum Beispiel für die Gebührenabrechnung. Darüber hinaus gibt es noch Software für die Systemsicherung, die Wartung, die Systemverwaltung, die Systembedienung und für angeschlossene Nachrichtenspeicherungseinheiten. Die entsprechenden Systemfunktionen werden unten beschrieben.

Nicht zur Anlage gehörig, aber nichtsdestoweniger wichtig, sind die Service- und Entwicklungsprogramme auf Rechnersystemen des Herstellers. Hier werden die Datenbasis der Anlage und eventuell die Software kundenspezifisch zusammengestellt. Diese werden dann über Datenträger transportiert und auf der ISDN-Anlage des Betreibers installiert. Auf dem Vermittlungssystem selbst - und darin unterscheidet es sich von gewöhnlichen Computersystemen - kann nicht programmiert werden. Daher ist es üblich, daß der Hersteller das Programmsystem oder einzelne Subsysteme auf einem Entwicklungssystem verändert und dann bei Gelegenheit in veränderter Form in die Kundenanlage einspielt.

Server

Die Vermittlungssysteme können durch den Einsatz von Rechnersystemen, die besondere Funktionen bereitstellen, - sogenannte Server - ergänzt werden.[10] Neue Merkmale für die Kommunikation werden insbesondere durch Einrichtungen zur Zwischenspeicherung von Nachrichten an ISDN-Anlagen möglich. Diese werden sowohl für die Sprach- als auch für die Text- und Datenkommunikation angeboten. Mit den Sprach-Servern können Sprachmitteilungen aufgezeichnet und gesendet werden.[11] Auch Personensuchanlagen können mit Hilfe von Servern realisiert werden.

Server können als separate Geräte angeschaltet oder als Baugruppen in ISDN-Anlagen integriert werden. In letzterem Fall kann ihre Administration im Rahmen der Systemverwaltung und -wartung der ISDN-Anlage erfolgen.

"Normales", d.h. zeitgleiches Telefonieren setzt voraus, daß die Gesprächspartner zum Zeitpunkt der wechselseitigen Nachrichtenübermittlung gleichzeitig anwesend sind (synchrone Kommunikation). Sprachserver und andere Aufzeichnungsgeräte ermöglichen hingegen die ***zeitversetzte Nachrichtenübermittlung*** und setzen außerdem voraus, daß Sprachnachrichten über längere Zeit gespeichert werden müssen. Sprachserver ermöglichen eine neue Form der Sprachkommunikation, die rechtlich gesondert zu bewerten und gestalten ist.

---

[10] Siehe hierzu näher Schröter 1990, 99f; Niedersächsisches Landesverwaltungsamt 1988, 28f.

[11] Siehe hierzu z.B. Schlüter 1987, 221 ff.

1.1.4 Schnittstellen

Als Schnittstellen werden die Anschlußmöglichkeiten des Vermittlungssystems nach außen bezeichnet. Sie werden nach ihren Funktionen in mehrere Gruppen unterteilt.

Teilnehmerschnittstellen
Für den Anschluß von Endgeräten sind in ISDN-Anlagen Baugruppen für verschiedene digitale und analoge Schnittstellen vorgesehen. Zunächst ist die S_0-Schnittstelle zu nennen. S_0 bezeichnet den Standard des Teilnehmer-Anschlusses im öffentlichen ISDN. An S_0-Schnittstellen können daher grundsätzlich dieselben Endgeräte angeschlossen werden, die für das öffentliche ISDN angeboten werden. Dieser Standard zeichnet sich unter anderem dadurch aus, daß er herstellerunabhängig ist. An diese Teilnehmerschnittstelle sind am sogenannten S_0-Bus bis zu acht Endgeräte anschließbar.

Neben der für das öffentliche ISDN vorgesehenen vierdrahtigen S_0-Schnittstelle gibt es speziell für Nebenstellenanlagen normierte, weniger aufwendige Zweidraht-Schnittstellen, so die vom Zentralverband der Elektrotechnik- und Elektronikindustrie (ZVEI) definierte U_{p0}-Schnittstelle. Gemeinsam ist beiden Schnittstellen-Standards, daß sie zwei 64 kbit-Basiskanäle für den gleichzeitigen Betrieb zweier digitaler Endgeräte bereitstellen. Unterschiede bestehen allerdings hinsichtlich der eingesetzten Übertragungsverfahren. Neben den genannten bieten die Hersteller weitere eigene, nicht standardisierte Schnittstellen an. Sie ermöglichen besondere Leistungsmerkmale oder Verbindungstypen, teilweise mit nur einem B-Kanal.

Neben digitalen Schnittstellen werden aber auch analoge oder a/b-Schnittstellen ihre Bedeutung behalten. Dies liegt darin, daß in Organisationen noch in großem Umfang herkömmliche Endgeräte, vor allem Telefone und Gruppe 3-Telefax-Geräte, im Einsatz sind, die weiter betrieben werden sollen. Da innerhalb des Vermittlungssytems nur mit ISDN-Kanälen gearbeitet wird, erfolgt die Umsetzung zwischen analoger Technik und ISDN in der jeweiligen Anschlußbaugruppe.

Schnittstellen für die Datenkommunikation werden vor allem als Zusatzeinrichtungen, sog. Terminaladapter, angeboten, die an S_0- oder U_{p0}-Schnittstellen angeschlossen werden können.

Schnittstellen zu öffentlichen Netzen
Sollen mehr als zwei Basiskanäle an einem Anschluß bereitgestellt werden, kann ein ***Primärmultiplexanschluß*** oder S_{2M}-Anschluß eingerichtet werden. In ihm sind 30 Basis- und ein 64 kbit-D-Kanal zusammengefaßt. Er erlaubt es, diese Kanäle gemeinsam auf einem Übertragungsmedium zu übertragen. Bisher ist er

nur für den Anschluß von ISDN-Anlagen untereinander oder deren Verbindung zum öffentlichen Netz vorgesehen.[12]

Netzschnittstellen stellen die Verbindung zwischen der ISDN-Anlage und den öffentlichen Netzen her. Als allgemeine Telekommunikationsanlagen sind ISDN-Anlagen nicht nur für den Anschluß an das (analoge) Fernsprechnetz und das ISDN vorgesehen, sondern bieten darüber hinaus Schnittstellen zu den Netzen des öffentlichen integrierten Datennetzes (IDN). Für kleine Anlagen werden S_0-, für große in der Regel S_{2M}-Netzschnittstellen eingesetzt.

Betriebstechnische Schnittstellen

Zur Abwicklung der Wartungs- und Bedienaufgaben ist an allen ISDN-Anlagen über separate Schnittstellen wenigstens der Anschluß von Servicegeräten vorgesehen. An mittleren und größeren Anlagen sind meist ***Betriebsterminals*** mit Tastatur und Drucker dauerhaft installiert. An größeren Anlagen werden üblicherweise zur Verarbeitung der von der Anlage ausgegebenen Gebührendaten separate ***Gebührenrechner*** eingesetzt. Auch die Verbindung zu Datenverarbeitungsanlagen, an die Gebührendaten übermittelt werden, um dort durch besondere Gebührendatenverarbeitungsprogramme bearbeitet zu werden, ist möglich.

Networking

Sollen sehr viele Nebenstellen an eine Anlage angeschlossen werden oder sind die einzelnen Nebenstellen räumlich weit verteilt, so werden aus technischen Gründen und zur Verminderung von Kosten für das Leitungsnetz meist mehrere eigenständige Vermittlungssysteme eingesetzt. Diese werden dann untereinander zu einem Netzwerk vermascht. Bisher führt die Vernetzung von Anlagen allerdings zu einer Reihe von Nachteilen. So können oft Leistungsmerkmale, beispielsweise automatische Rückrufe, nicht knotenübergreifend genutzt werden.

Um diese Nachteile zu überwinden, arbeiten die Hersteller unter dem Stichwort ***Networking*** an Verbesserungen. Das Ziel dieser Entwicklungsarbeiten ist es, daß Teilnehmer auch bei Umzug innerhalb von Netzen ihre Rufnummer beibehalten können und daß möglichst viele Leistungsmerkmale netzweit genutzt werden können.[13] Auch die problemlose Vernetzung von Anlagen unterschiedlicher Hersteller soll durch Normierung von Netzwerk-Schnittstellen und Protokollen erreicht werden.[14] Eine Vernetzung von Nebenstellenanlagen soll auch über verschiedene Standorte, eventuell in verschiedenen Ländern möglich werden. Letztlich soll sich ein Netzwerk von ISDN-Anlagen an verschiedenen Standorten gegenüber den Teilnehmern so wie ein einziges System verhalten.

Für die Vernetzung von einzelnen Vermittlungssystemen zu einem ISDN-Netzwerk werden z.B. S_{2M}-Verbindungen, herstellerspezifische Multiplex-Verbindungen oder sogar leistungsfähige Glasfaser-Verbindungen eingesetzt.

---

[12] Eventuell können auch besondere Dienste mit höherer Übertragungsrate als 64 kbit/sec bereitgestellt werden.

[13] Siehe hierzu Müller/Sponder, net 1-2/1991, 31f.

[14] Siehe hierzu Pribilla, telcom report 1991, 23.

Um die Bedienaufgaben in Netzwerken zu vereinfachen, können die gesamte Betriebsführung oder Teile davon in ***Netzwerkzentren*** mit besonderer Rechnerausstattung zentralisiert werden. Sie ermöglichen es, von einem zentralen Rechner aus im Prinzip alle Arbeiten zu erledigen, die keinen physischen Zugang zu den Anlagenknoten bzw. dem Übertragungsnetz erfordern. Die einzelnen Knoten werden über entsprechende Schnittstellen an ein Betriebsnetz angeschlossen. Über dieses Betriebsnetz werden vom Netzwerkzentrum Betriebsbefehle zu den Anlagenknoten und in umgekehrter Richtung Systemausgaben übermittelt. In festgelegten Zeitabständen können ferner Fehler-, Verkehrsmeß- und Gebührendaten an das Netzwerkzentrum übertragen werden.

Die Bedeutung von Schnittstellen für die Gestaltung
Es hängt unter anderem von den genannten Schnittstellen ab, wie Leistungsmerkmale von ISDN-Anlagen in einer Kommunikationsverbindung mit anderen Teilnehmern ausgeführt werden. Insbesondere entscheiden sie die Frage, ob und wie ein Vorgang signalisiert wird. So ist es beispielsweise eine sinnvolle Gestaltungsmaßnahme, immer eine kontinuierliche Signalisierung vorzusehen, wenn ein Dritter zu einem bestehenden Gespräch hinzugeschaltet wird. Es nutzt aber wenig, wenn diese Signalisierung für Teilnehmer an anderen Anlageknoten nicht wirksam ist, weil die Übertragung der Anzeigeinformation in den Kommunikationsprotokollen nicht vorgesehen ist. Daher müssen für die Gestaltung von Leistungsmerkmalen und die Umsetzung von Vorschlägen die besonderen Bedingungen und Protokolle der verschiedenen möglichen Schnittstellen unbedingt berücksichtigt werden.

1.2 Teilnehmerendgeräte und Benutzeroberflächen

ISDN-Teilnehmerinstallation und Endgeräte
An die Teilnehmerschnittstelle des ISDN können verschiedenartige Endeinrichtungen angeschlossen werden: einzelne Endgeräte, Nebenstellenanlagen, Rechner oder lokale Computernetze. Voraussetzung ist allerdings, daß sie für den Anschluß die Spezifikationen der jeweils realisierten Endgeräteschnittstelle (S_0 oder U_{p0}) einhalten. Zunächst können Endgeräte für bestimmte ISDN-Dienste (Einzeldienstendgeräte), z.B. ISDN-Telefone und Gruppe 4-Telefax-Geräte angeschlossen werden. Es können jedoch auch Endgeräte zum Einsatz kommen, die für verschiedene Dienste genutzt werden können (Mehrdienstendgeräte, multifunktionale Endgeräte). Mögliche Mehrdienstendgeräte, die es bereits für Dienste im analogen Fernsprechnetz gibt, sind Fernkopierer und Bildschirmtextgeräte mit integriertem Telefon. Im ISDN können die Dienste unabhängig voneinander genutzt werden und sind gleichzeitig über eine Rufnummer erreichbar.

Technisch werden die verschiedenen Dienste durch eine Dienstekennziffer unterschieden, die - für den Teilnehmer unbemerkt - von den Endgeräten automatisch erzeugt und ausgewertet wird.

Endgeräte können neben der Dienstenutzung auch Lokalfunktionen ermöglichen (Mehrfunktionenendgeräte).[15] Ein typisches Mehrfunktionenendgerät ist ein PC mit Hardwareeinschüben für den Empfang und das Versenden von Telefax- und Teletexdokumenten. Vorstellbar - wenngleich nicht unbedingt sinnvoll - ist eine Endgerätekonfiguration, in der PC mit Telefon und Drucker mit integrierter Kopierfunktion an einem Arbeitsplatz kompakt alle möglichen Kommunikationsformen, die mit 64 kbit/sec realisierbar sind, in sich vereint.[16]

Eine weitere übliche Form der Teilnehmerinstallation ist der Mehrgeräteanschluß. An einen ISDN-Basisanschluß (S_0-Bus) können bis zu acht (auch gleiche) Endgeräte angeschlossen werden. Diese können gezielt über eine zusätzlich zur Rufnummer einzugebende Endgeräteauswahlziffer[17] (EAZ) angewählt werden.

Im folgenden werden Endgerätetypen für die in dieser Untersuchung besonders interessierende Telefonkommunikation näher beschrieben.

Analogtelefone

Die einfachsten Endgeräte für die Telefonkommunikation sind Analogtelefone. Sie werden an Anschlußbaugruppen mit analogen (a/b-) Schnittstellen oder mit besonderen Adaptern an digitale Teilnehmerschnittstellen angeschlossen. Auf diese Weise können Apparate weiterverwendet werden, die bereits an einer Altanlage verwendet wurden. Die Investitionen für die Beschaffung von digitalen Telefonapparaten können dadurch vermieden oder hinausgeschoben werden. Nachteil ist jedoch, daß die meisten analogen Apparate aus den 50er und 60er Jahren stammen und außer der Wählscheibe und einer Erdtaste für Rückfragen oder einem Ziffernblock mit den beiden Sondersymbolen "#" und "*" im allgemeinen keine zusätzlichen Tasten für die Nutzung von Leistungsmerkmalen aufweisen.[18] Um für diese Apparate dennoch wenigstens diejenigen Leistungsmerkmale verfügbar zu machen, die keine optischen Anzeigen erfordern, wird ein anderes Verfahren der Aktivierung von Leistungsmerkmalen verwendet, die ***Kennzahlwahl***. Leistungsmerkmale, wie z.B. Wahlwiederholung oder Anrufumleitung, werden aktiviert, indem der Teilnehmer bestimmte Ziffernkombinationen (Kennzahl) über die Tastatur oder die Wählscheibe eingibt (z.B "*75" oder "8888"). Die Kennzahlen werden im Vermittlungssystem vergleichbar zu entsprechenden Funktionstasten behandelt.

---

15 Kahl 1986, 222f.

16 Hierzu z.B. "Elektronische Sekretärin", High Tech 10/89, 19.

17 Die Endgeräteauswahlziffer ist nicht mit der Dienstekennziffer zu verwechseln. Erstere unterscheidet verschiedene Endgeräte, letztere verschiedene Dienste auch innerhalb eines Mehrdienste-Endgeräts.

18 Siehe z.B. Schönfeld 1965, 270 ff.

Der Einsatz von Mikroprozessoren in Telefonendgeräten hat (unabhängig von der Vermittlungstechnik) das Leistungsspektrum von Telefonapparaten bereits erhöht. So konnte durch die Möglichkeit der automatischen Zwischenspeicherung der gewählten Rufnummer das Merkmal Wahlwiederholung realisiert werden, weitere Speicher ermöglichen geräteinterne Kurzwahlen oder Namenstasten. Die Leistungsfähigkeit digitaler Vermittlungstechnik ermöglicht es nun, zahlreiche Leistungsmerkmale auch für einfache Apparate ohne interne Elektronik (z.B. den Standardapparat mit Wählscheibe) nutzbar zu machen. Die dafür notwendigen Funktionen werden allerdings durch die zentrale Programmsteuerung im Vermittlungssystem erbracht.

Neuere Analogtelefone sind (unabhängig vom analogen Anschluß) grundsätzlich mit elektronischen Bauteilen ausgestattet, mit denen sich zahlreiche Komfortfunktionen realisieren lassen.[19] Sie verfügen meist über mehrere Tasten, mit denen Leistungsmerkmale genutzt werden können (***Tastenwahl***). Hierzu zählen das Lauthören, das Freisprechen, Namenstasten für die Zielwahl und Sonderfunktionen, wie die Notizbuchfunktion, mit der während eines Gesprächs Rufnummern eingegeben werden können. Auch ein Display ist meist vorhanden. An ihm wird unter anderem die gewählte Rufnummer angezeigt. Außerdem können in Komfortendgeräte Anrufbeantworterfunktionen und Aufzeichnungsmöglichkeiten integriert werden.[20]

Die Übermittlung von Informationen vom Vermittlungssystem zum Endgerät ist auf der analogen Schnittstelle nicht vorgesehen. Ein wesentlicher Nachteil von Telefonen mit analoger Schnittstelle ist es daher, daß dem Benutzer durch das Vermittlungssystem während der Ausführung von Leistungsmerkmalen und Bedienprozeduren keine Zustandsinformationen angezeigt werden können. Dies gilt auch für mikroprozessorgesteuerte Analogapparate. So kann trotz Display optisch nicht signalisiert werden, daß die Anlage eine Konferenz geschaltet hat. Es bleibt nur die Möglichkeit, durch verschiedene Hör- und Ruftöne Zustände zu signalisieren. Da Analogapparate auf längere Zeit noch eingesetzt werden - sie werden nach wie vor produziert - sind die beschränkten Anzeigemöglichkeiten analoger Apparate bei der rechtsgemäßen Gestaltung von ISDN-Anlagen unbedingt zu berücksichtigen.

Digitale Apparate

Ein engeres Zusammenwirken von mikroprozessorgesteuertem Telefonapparat und der Programmsteuerung der ISDN-Anlage ist mit Endgeräten möglich, die an eine digitale Schnittstelle (U_{p0} oder S_0) angeschlossen sind. Im Steuerungskanal (D-Kanal) können Meldungen und Funktionsaufrufe zwischen Endgerät und Vermittlungssystem ausgetauscht werden, mit denen komfortable Bedienprozeduren und optische Anzeigemöglichkeiten für Leistungsmerkmale möglich werden.

---

[19] Siehe hierzu z.B. Hamisch, telcom report 1988, 153 ff und Baums 1991, 21 ff.

[20] Baums 1991, 137 ff. Entsprechende Geräte gibt es auch für ISDN-Anlagen und digitale Schnittstellen.

Digitale Telefone zeichnen sich dadurch aus, daß sie meist eine (relativ zu analogen Telefonen) komfortable Bedienung zulassen und zusätzliche Leistungsmerkmale bieten. Außerdem können sie mit einem Chipkartenlesegerät ausgestattet sein. Leistungsmerkmale werden bei ihnen über Tasten genutzt (**Tastenwahl**). Besondere Tasten sind sogenannte Softkeys, die je nach Betriebszustand des Endgerätes unterschiedliche Funktionen erhalten. Die Belegung von Tasten mit Funktionen kann auch durch den Teilnehmer selbst möglich sein (Tastenprogrammierung).

In digitalen Apparaten ist als Anzeigemöglichkeit ein ein- oder mehrzeiliges Display integriert. Außerdem können einzelne Tasten mit LEDs ausgestattet sein. Da auch Digitalapparate nur mit einer relativ begrenzten Anzahl von Tasten ausgestattet sind (wenn man von Komfort- oder Chefapparaten absieht), wird die Leistungsmerkmalsaktivierung durch Kennzahlwahl auch für Digitalapparate ermöglicht.

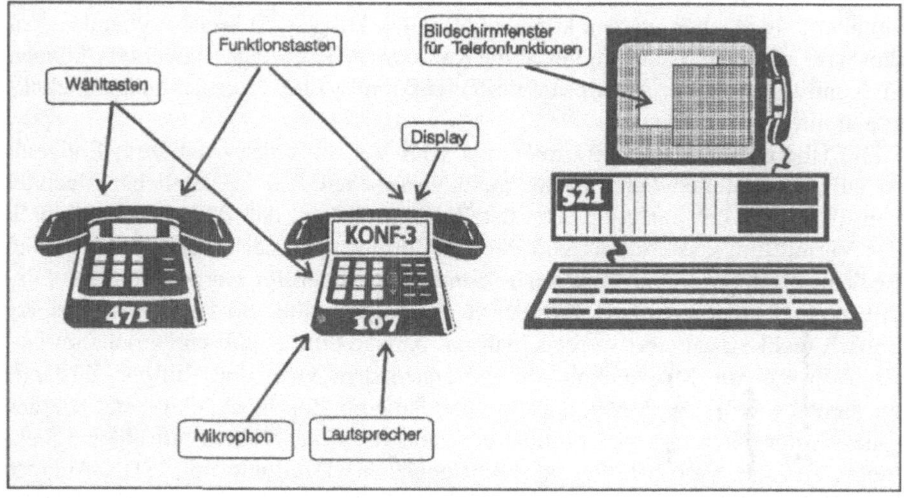

Abb. 2: Endgeräte: einfaches Tastentelefon, Komfortendgerät mit Display, Mikrophon und Lautsprecher und multifunktionaler PC mit ISDN-Karte

ISDN-PCs

Telefonhörer oder Telefone können auch an ISDN-Karten in PCs angeschlossen werden. Als besondere Form der Eingabe tritt bei PC-Lösungen mit integrierten Telefonfunktionen (z.B. ISDN-PC-Karten und angeschlosenem Telefonhörer) die Menüsteuerung. Bei kommenden Rufen öffnet sich in laufende DV-Anwendungen ein Bildschirmfenster mit Anzeigeinformationen. Über den angeschlossenen Hörer oder ein angeschlossenes Telefon kann dann telefoniert werden. Außerdem kann der Nutzer ohne Unterbrechung der laufenden Anwendung selbst telefonieren und dafür per **Menüauswahl** Leistungsmerkmale nutzen.[21] PC-Lösungen haben gegenüber digitalen Telefonen auch den Vorteil, daß differenziertere und übersichtliche Anzeigemöglichkeiten genutzt werden können. Außerdem ist zu erwarten, daß Weiterentwicklungen der Software in den nächsten Jahren zusätzliche und flexiblere Leistungsmerkmale ermöglichen.

Zusatzgeräte
An Telefonapparate sind schon bisher verschiedene Zusatzgeräte anschließbar. Beispiele heutiger Zusatzgeräte sind Zweithörer, Lautsprecher für Lauthören, Ansagegeräte, zusätzliche Wählhilfen, Sprachverschleierungsgeräte und Anrufbeantworter. Diese Zusatzgeräte werden auch für digitale Telefonapparate entwickelt.[22] Darüber hinaus wird über Zusatzgeräte nachgedacht, mit denen Rufnummern von Teilnehmern in Namen umgesetzt werden und die anzeigen oder ausdrucken, wer in der Abwesenheit angerufen hat. Für den Anschluß von Zusatzgeräten sind neben der gewöhnlichen Teilnehmerschnittstelle (S_0) spezielle Schnittstellen an ISDN-Telefongeräten vorgesehen, die X- und die Y-Schnittstelle.

Vermittlungsplätze
Neben gewöhnlichen Endgeräten sind bei allen mittleren und größeren Telefonanlagen **Vermittlungsplätze** vorgesehen. Vermittlungsplätze sind besser ausgestattet als normale Telefonapparate und bieten teilweise besondere Leistungsmerkmale. So kann ein Besetztlampenfeld für die Anzeige des Besetztzustandes von Teilnehmeranschlüssen vorgesehen sein. Auch können besonders ausgestatte Blindenvermittlungsplätze eingesetzt werden. An ISDN-Anlagen sind die Vermittlungsplätze meist mit besonderen Datensichtgeräten ausgestattet.[23] Über sie können dann aus einer systeminternen Datenbank Rufnummern abgefragt und Verbindungen automatisch, z.B. durch einfachen Tastendruck statt durch Ziffernwahl, aufgebaut werden.

1.3 Betriebsführung in ISDN-Anlagen

Wie jede Technik arbeiten auch ISDN-Anlagen nicht störungsfrei und müssen daher gewartet werden. Auch sind sie sich ständig ändernden betrieblichen Anforderungen anzupassen. Hierfür sind vielfältige Wartungs- und Bedienaufgaben erforderlich, zusammenfassend ***Betreiben von ISDN-Anlagen*** oder ***Betriebs-***

---

21 Siehe hierzu Wacker net 6/1990, 240f. Außerdem näher Abschnitt 1.8.
22 Siehe hierzu Klein, ITG 1990, 178 ff.
23 Siehe hierzu z.B. Saft telcom report 1987, 350f.

führung genannt. Die Betriebsführung ist auch für die Ausgestaltung von Leistungsmerkmalen wichtig, weil deren Nutzung durch die Teilnehmer oft vorbereitende Maßnahmen voraussetzt. Ein Beispiel hierfür sind zentrale Kurzwahlregister, die zwar durch die Teilnehmer nutzbar sind, deren Rufnummern jedoch im Rahmen der Betriebsführung (z.B. am Betriebsterminal) eingegeben werden müssen. Im folgenden werden im Überblick die wichtigsten Funktionen der Betriebsführung dargestellt.

Systemverwaltung
In herkömmlichen Telefonanlagen waren die Anlagenkonfiguration und die über sie verfügbaren Leistungsmerkmale durch die installierte Technik vorgegeben und wurden praktisch kaum verändert. Die Gebührenabrechnung war nach Ablesen der Gebührenzähler ein von der Anlagentechnik unabhängiger Verwaltungsvorgang. Änderungen oder Erweiterungen von Anlagenfunktionen setzten physische Eingriffe voraus.

Mit dem Übergang von analogen zu digitalen Kommunikationsanlagen ergeben sich grundlegende Änderungen sowohl hinsichtlich der Aufgaben des Betreiber-Personals als auch der Organisation und Durchführung der damit zusammenhängenden Arbeitsabläufe. Digitale Kommunikationsanlagen weisen ein erheblich größeres Spektrum von Leistungsmerkmalen, Diensten und Endgeräten auf. Diese können meist ohne physische Eingriffe in die Anlagentechnik flexibel über die Betriebstechnik geschaltet werden. Dazu kann das Personal über die Betriebstechnik durch Systemkommandos (Betriebsbefehle) Schaltungen durchführen und Daten eingeben oder abfragen. Auf diese Weise können etwa Rufnummern geändert, Anschlüsse eingerichtet, Leistungsmerkmale freigegeben oder gesperrt oder Nachtschaltungen geändert werden.

Im einzelnen können als wichtige Aufgaben der Systemverwaltung unterschieden werden:[24]

- Eingabe bzw. Änderung der Anlagenkonfiguration: Das Einrichten oder Abschalten von Anschlüssen und deren Freigabe oder Sperrung für bestimmte Endgeräte, die Festlegung von Nachtschaltungen und die Rufnummern/Lagezuordnung.
- Teilnehmerverwaltung: Einrichten, Ändern, Löschen, Abfragen von Teilnehmerendeinrichtungen und deren Berechtigungen.
- Einrichten, Ändern und Löschen besonderer Endgerätekonfigurationen, wie beispielsweise Sammelanschlüssen, Chef/Sekretär-Anlagen, und von Verkehrsbeziehungen, wie etwa Direktverbindungen.
- Gebührendatenerfassung: Festlegen der abzuspeichernden oder auszugebenden Daten.
- Verkehrsdatenerfassung: Messen der Belastung von Leitungen bzw. Leitungsbündeln, um die Auslastung feststellen und notwendige Erweiterungen der Anlage bzw. des Leitungsnetzes erkennen zu können.

---

[24] Vgl. Pordesch/Hammer/Roßnagel 1991; Wehrend, telcom report 1985, 280f.

- Systemsicherung: Das regelmäßige Erstellen von Sicherungskopien der Anlagendaten und -programme, die bei schwerwiegenden Systemstörungen mit Datenverlusten wieder neu in die Anlage eingespielt werden.
- Sonderaufgaben: Zu diesen gehört etwa das Fangen (Feststellen der Rufnummer bösartiger Anrufer), Katastrophenschaltungen (teilweise oder völlige Unterbindung des Telefonverkehrs in Katastrophenfällen).
- Verwalten der Zugangs- und Zugriffsberechtigungen (Passworte, Kennungen) für alle berechtigten Nutzer und Rechner der Betriebsführung.

Systemwartung

Veränderungen ergeben sich auch in Tätigkeiten der Systemwartung. Die herkömmliche elektromechanische Technik unterlag in ihren zahlreichen mechanischen Bauteilen dem Verschleiß. Fehler waren, wenn sie auftraten, immer sofort mit (partiellen) Störungen der Vermittlung verbunden. Das erzwang für die Betriebsführung eine regelmäßige Kontrolle aller Anlagenteile auf mechanischen Verschleiß und zum Teil vorbeugende Austauschmaßnahmen von Bauteilen. ISDN-Anlagen weisen, wenn man von externen Speichermedien, Tastaturen und Druckern absieht, keine Einrichtungen auf, die mechanischem Verschleiß unterliegen.

Die Baugruppen sind jedoch insbesondere gegenüber elektrostatischen Aufladungen sehr empfindlich. Häufiger auftretende Störungen, wie Datenverfälschungen im Kurzzeitspeicher oder Fehler in Bauelementen, sollen von einer umfangreichen Sicherungssoftware erkannt und durch Ersatzschaltungen sowie ein Nachladen der Systemsoftware (von der Platte in den Hauptspeicher) abgefangen werden. Auch wenn Baugruppen defekt sind, können automatische Ersatzschaltungen die Funktionsfähigkeit der Anlage oft eine Zeit lang in vollem Umfang garantieren.

Wartungstätigkeiten werden an ISDN-Anlagen daher erst vorgnommen, wenn das System ein Fehlverhalten signalisiert, das einen manuellen Eingriff zur Störungsbeseitigung erforderlich macht. Kommt es zu gravierenden Datenverlusten, dann sind Sicherungskopien von Anlagendaten und -programmen, die regelmässig auf Datenträger (Disketten, Cartridges oder Bänder) geschrieben werden, zu laden. Die notwendigen Arbeiten können - wie die der Systemverwaltung - über vorhandene zentrale Endgeräte (z.B. Betriebsterminal) oder anzuschließende Wartungsgeräte (z.B. Service-PC) durchgeführt werden. Routinemäßige Kontrollen sind weitgehend automatisiert.

Gebührendatenverarbeitung

Die Gebührendatenverarbeitung hat in Nebenstellenanlagen die Funktion, die Kosten von Gesprächen bestimmten Nebenstellen und Abteilungen zuzuordnen und so Ausgabentransparenz herzustellen. Außerdem sollen Privatgespräche den Teilnehmern in Rechnung gestellt werden.

Bei herkömmlichen Telefonanlagen wurden meist die Zählerstände abfotographiert und die Fotographien anschließend von der Verwaltung Kostenstellen zugeordnet. Allerdings gab es für größere Telefonanlagen bereits Zusatzeinrichtungen für die vollautomatische Gebührenerfassung.[25] Bei ihnen werden die gewählten Ziffern automatisch in einem Speicher festgehalten. Eine automatische Identifizierungseinrichtung ermittelt selbsttätig die Rufnummer der Nebenstelle, von der aus die Verbindung hergestellt wird und überträgt sie gleichzeitig auf einen Speicher. Alle während des Gespächs eintreffenden Gebührenimpulse wurden ebenfalls registriert. Nach dem Gesprächsende werden die Daten mit einem Gebührendrucker oder einem Gebührenlocher[26] aufgezeichnet. Damit können durch die Verwaltung detaillierte Einzelgebührennachweise für Privat- und Dienstgespräche erstellt werden.

Das technische Verfahren der Gebührenabrechnung erfolgt mit digitalen Vermittlungssystemen anders. Das Vermittlungssystem bildet mit dem Aufbau einer Teilnehmerverbindung einen Verbindungsdatensatz, in dem unter anderem die Wahlinformationen und die während der Verbindung anfallenden Gebühreninformationen enthalten sind. Nach dem Ende einer Verbindung wird aus diesem internen Verbindungsdatensatz ein Gebührendatensatz gebildet und abgespeichert. In regelmäßigen Abständen werden diese Gebührendatensätze an einen integrierten oder separaten Gebührenrechner übermittelt und dauerhaft gespeichert. Dieses Verfahren ermöglicht es, detaillierte Gebührenrechnungen, die früher nur mit aufwendigen Zusatzeinrichtungen realisiert werden konnten, zum Regelfall (auch für mittlere und kleinere Anlagen) werden zu lassen. Außerdem können mit Programmen moderner Gebührencomputer jederzeit Auswertungsläufe gespeicherter Daten nach vom Benutzer flexibel zu spezifizierenden Kriterien durchgeführt werden.

Fernbetriebsführung

Für Betreiber, die sich den Personal- und Schulungsaufwand für eine eigene Systemverwaltung nicht leisten wollen, können Servicezentren des Herstellers Serviceaufgaben übernehmen (***Fernbetriebsführung***).[27] Insbesondere, wenn umfangreichere und häufiger zu erledigende Aufgaben an Servicezentren übergeben werden, ist es aus Kostengründen üblich, vom Servicezentrum aus fernzuwarten bzw. fernzuverwalten.[28] Hierfür werden über öffentliche Netze Verbindungen zur Anlage aufgebaut. Auf diese Weise können im Prinzip alle Arbeiten, die nicht mit handwerklichen Maßnahmen (z.B. Baugruppentausch) verbunden sind, von Servicerechenzentren aus durchgeführt werden. Umgekehrt ist es möglich,

---

25 Hantsche 1964, 209 ff.

26 Auf einem Papierstreifen gelocht (vergleichbar mit Telex). Der Lochstreifen kann zur automatischen Weiterverarbeitung genutzt werden.

27 Vgl. zum folgenden auch Rockinger 1987, 184 ff.

28 Für die Gebührendatenverarbeitung ist dies allerdings nicht bekannt.

daß die ISDN-Anlage selbsttätig Verbindungen zu einem Service-Rechenzentrum herstellt, um Fehlermeldungen zu übertragen. Eine Analyse gravierender Fehler kann dann bereits beginnen, wenn der Techniker noch unterwegs ist. Je nach Hersteller können für die Fernbetriebsführung mehr oder weniger differenzierte Berechtigungen freigegeben werden. Unterschieden werden z.B. Fernverwaltung, Ferndiagnose, Fernwartung und Fernübermittlung von Software.

1.4 Leistungsmerkmale der Telefonkommunikation

Leistungsmerkmale der Telefonkommunikation sind nutzbare Funktionen einer ISDN-Anlage, die über den Verbindungsauf- und -abbau und das reine Übermitteln der Sprache zwischen zwei Teilnehmern hinausgehen.[29] In den Zulassungsbedingungen der Deutschen Bundespost Telekom für Nebenstellenanlagen sind Regelungen zu Leistungsmerkmalen enthalten, die den Wählverkehr von und zum öffentlichen Netz betreffen können.[30] Es werden Basismerkmale vorgeschrieben, die für jeden nutzbaren Dienst nachzuweisen sind, und optionale Merkmale, für die freigestellt ist, ob sie realisiert sind. Weitgehend freigestellt ist jedoch, welche Bedienprozeduren vorgesehen werden und wie die Signalisierung erfolgt. Verhindert wird auch nicht, daß die Hersteller zusätzliche, nur die interne Nutzung betreffende Leistungsmerkmale anbieten. Die großen Freiräume führen dazu, daß es zwischen den Leistungsmerkmalen verschiedener ISDN-Anlagen und deren Bedienprozeduren und Bezeichnungen erhebliche Unterschiede gibt.

Im folgenden wird ein Überblick über die üblicherweise genutzten Leistungsmerkmale der Anlagen verschiedener Hersteller gegeben.[31] Nicht dargestellt werden an dieser Stelle besondere Leistungsmerkmale für die Vermittlungsplätze. Diese sind den Teilnehmerleistungsmerkmalen ähnlich und erfordern keine gesonderte Betrachtung.[32]

---

29 Nicht als Leistungsmerkmale gelten die Funktionen, die die Anlage dem Betriebspersonal zur Abrechnung, zur Fehlerdiagnose und -wartung oder zur Konfigurierung des Systems zur Verfügung stellt. Dies muß erwähnt werden, weil unglücklicherweise gelegentlich jede Eigenschaft einer ISDN-Anlage als Leistung des Herstellers an den Kunden aufgefaßt und von daher als "Leistungsmerkmal" bezeichnet wird.

30 Vgl. Bundesminister für Post und Telekommunikation 1990 ZulB TkAnl.

31 Vgl. hierzu: Niedersächsisches Landesverwaltungsamt 1988, 22 ff; Schröter 1990, 83 ff; Schlüter 1987, 108 ff.

32 Im folgenden werden die Bedienprozeduren nur für digitale Telefonendgeräte beschrieben, an denen Tasten für die Nutzung von Leistungsmerkmalen vorhanden sind. Kennzahlwahl für Analoggeräte oder Menüwahl an Bildschirmgeräten sind aber meistens ebenso möglich.

Die Vielzahl der Leistungsmerkmale für die Telefonkommunikation kann, je nachdem welche Technikausstattung der ISDN-Anlage erforderlich ist, grob in vier Kategorien unterteilt werden:

- *Basismerkmale für die synchrone Telefonkommunikation:* Dies sind Leistungsmerkmale von ISDN-Anlagen, die das ISDN-Vermittlungssystem für die synchrone (d.h. zeitgleiche) Telefonkommunikation bietet. Oft werden diese Merkmale danach unterschieden, ob sie durch das Endgerät, durch das Vermittlungssystem oder durch Kombination realisiert werden. Die technische Realisierung ist aber je nach Anlagetyp unterschiedlich, so daß sie hier nicht dargestellt wird.
- *Basismerkmale für die asynchrone Telefonkommunikation (Servermerkmale):* Dies sind Grundmerkmale für die asynchrone Sprachkommunikation, d.h. das zeitunabhängige Versenden und den Empfang von Sprachnachrichten. Diese Merkmale werden durch zentrale Sprachserver erbracht.
- *Komplexe Merkmale von Anwendungssystemen:* Hiermit sind alle Merkmale gemeint, die mit Hilfe spezieller Endgerätesoftware oder durch die Kopplung von ISDN- und Computeranlagen möglich werden. Sie bauen vielfach auf den Basismerkmalen auf und realisieren komplexe Leistungsmerkmale für die synchrone und asynchrone Telefonkommunikation.

Daneben gibt es eine Reihe weiterer Funktionen, mit denen Sprachendgeräte für andere Zwecke genutzt werden können, so zur Zeiterfassung oder zur Wächterkontrolle.[33] Diese Anwendungsformen werden hier nicht betrachtet.

1.4.1 Basismerkmale der synchronen Telefonkommunikation

Freisprechen

Mit dem Merkmal **Lauthören** kann während eines Gespräches der Lautsprecher eingeschaltet werden. Auf diese Weise kann der Teilnehmer weitere Personen das Gespräch mithören lassen. Beim **Freisprechen** kann der Teilnehmer telefonieren ohne den Hörer abzunehmen. Dieses Leistungsmerkmal ist mit Lauthören gekoppelt, d.h. der Lautsprecher wird nur gemeinsam mit dem Mikrophon eingeschaltet. Lauthören und Freisprechen werden üblicherweise automatisch aktiviert, wenn bei aufliegendem Hörer gewählt wird (**Wählen bei aufliegendem Hörer**, Sofortwahl).

Wenn an einer Nebenstelle die **automatische Gesprächsannahme** eingeschaltet wurde, werden kommende Rufe nach einem Rufton durch die automatisch eingeschaltete Freisprecheinrichtung angenommen. Der Hörer muß dann nicht

[33] Wacker 1985, 98.

mehr aufgenommen oder die Freisprecheinrichtung manuell aktiviert werden. In einigen heute verfügbaren ISDN-Anlagen werden ferner einige Funktionen von Wechselsprechanlagen integriert. So ermöglicht das Merkmal **Direktes Ansprechen** Teilnehmern an anderen Nebenstellen den Lautsprecher und Mikrophon einzuschalten und ein Gespräch zu führen.

Kurzwahl

Um das Anwählen bei längeren Rufnummern zu vereinfachen, können häufig benutzte Rufnummern gespeichert werden. Für das Leistungsmerkmal **Kurzwahl** werden Rufnummern im Vermittlungssystem in Registern gespeichert und können mit einer zwei- oder dreistelligen Ziffernwahl ausgesendet werden. **Zentrale Kurzwahlregister** können von mehreren Teilnehmern genutzt werden. Sie werden vom Betriebspersonal verwaltet. **Individuelle Kurzwahlregister** sind einzelnen Teilnehmern zugeordnet und werden von ihnen selbst verwaltet und genutzt. An besonderen Endgeräten können auch **Namenstasten** (auch Zieltasten) mit Rufnummern belegt werden. Die Anwahl erfolgt dann durch Drücken der Namens- oder Zieltaste automatisch.

Eine besondere Form von Namenstasten sind **Leitungstasten.** Sie sind zusätzlich mit einer Anzeige (LED-Anzeige oder LCD-Anzeige im Display) ausgestattet, an der erkennbar ist, ob das Direktrufziel besetzt ist. Durch Drücken der Taste kann außerdem Anklopfen ausgelöst werden.[34]

Für das Merkmal **Wahlwiederholung** kann die zuletzt gewählte Rufnummer gespeichert werden. Durch Drücken einer Wahlwiederholungstaste wird die zuletzt gespeicherte Rufnummer erneut angewählt.

Beim **Terminruf** kann der Teilnehmer darüber hinaus einen Zeitpunkt und eine Rufnummer eintragen. Das Telefonsystem erinnert den Teilnehmer mit einem Aufmerksamkeitston, nach Aufnahme des Hörers wird die Rufnummer automatisch gewählt.

Automatischer Rückruf

Das Merkmal **automatischer Rückruf** ist hilfreich, wenn ein Teilnehmer nicht erreicht werden kann. Wird der Rückrufwunsch eingetragen, wenn der gerufene Teilnehmer 'besetzt' ist, so wird die Verbindung automatisch hergestellt, sobald dieser sein Gespräch beendet hat (**automatischer Rückruf im Besetztfall**). Mit dem **automatischen Rückruf im Freifall** kann der Rufer den Auftrag für einen Rückruf hinterlegen, auch wenn der Gerufene 'frei' ist und nur der Hörer nicht aufgenommen wird. Die Verbindung wird dann hergestellt, wenn der gerufene Teilnehmer das erste Telefongespräch beendet hat.

---

[34] Das Merkmal entspricht nicht dem Merkmal "Direktruf" des öffentlichen ISDN, welches den automatischen Verbindungsaufbau bei Aufnahme des Hörers meint (für Notrufe).

Anzeige der Rufnummer des rufenden Teilnehmers

An Apparaten mit Display kann vor und während einer Verbindung die Rufnummer des rufenden Teilnehmers angezeigt werden (**Anzeige der Rufnummer des rufenden Teilnehmers**). Werden Anrufe nicht entgegengenommen, so kann vorgesehen werden, daß die Rufnummern von Anrufern, die während seiner Abwesenheit anrufen, in einer **Anruferliste** gespeichert werden. Der Teilnehmer kann sich so am Endgerät die zuletzt eingegangenen Rufe anzeigen lassen. Beim **Fangen** kann die Rufnummer von Anrufern zu bestimmten Anschlüssen zentral ausgegeben werden (z.B. am Drucker des Betriebsterminals).

Rückfrage, Makeln, Umlegen

Mit dem Merkmal **Rückfrage** kann ein Teilnehmer eine bestehende Verbindung in Wartestellung bringen, um eine zweite Verbindung zu einem anderen Teilnehmer aufzubauen. Nachdem diese zweite Verbindung beendet ist, schaltet die Anlage automatisch wieder die erste Gesprächsverbindung. **Makeln** erlaubt das 'Hin-und-Her-Schalten' zwischen zwei bestehenden Verbindungen.

Mit Hilfe des Merkmals Rückfrage können Teilnehmer Verbindungen auch an andere Teilnehmer weitergeben (**Umlegen**). Hierbei können verschiedene Varianten realisiert sein. Beim **Übergeben** geht der Teilnehmer aus einer bestehenden Verbindung in Rückfrage und wählt einen anderen Teilnehmer an. Sobald sich jener gemeldet hat, legt er den Hörer auf. Damit wird der wartende Teilnehmer der ersten Verbindung automatisch mit dem Teilnehmer der zweiten Verbindung zusammengeschaltet. Beim **Umlegen der besonderen Art** kann auch übergeben werden, wenn der Teilnehmer, an den weitervermittelt wurde, den Hörer noch nicht aufgenommen hat. Beim **Übernehmen** geht die Initiative für das Weiterverbinden vom gerufenen Teilnehmer aus. Er muß eine Taste Übernehmen drükken und erhält dann das weitervermittelte Gespräch.

Konferenzen

Konferenzgespräche sind Verbindungen von mindestens drei Teilnehmern, wobei jeder mit jedem kommunizieren kann. Es gibt zwei Varianten von Konferenzen. In einer **variablen Konferenz** können durch jeden Beteiligten weitere Teilnehmer zugeschaltet werden (per Rückfrage und Konferenztaste). Bei einer **festen Konferenz** gibt es einen Konferenzleiter, der alleine weitere Teilnehmer hinzuschalten kann. Bei einigen Anlagen besteht die Möglichkeit während eines Gesprächs einen **Zeugen zuzuschalten**, der mithören, aber nicht mitsprechen kann.

Rufumleitung

Mit dem Leistungsmerkmal **Anrufumleitung** können Teilnehmer Anrufe von ihrem Apparat zu einem anderen umleiten. Kommende Rufe werden dann sofort mit der als Umleitungsziel eingetragenen Nebenstelle verbunden. Beim Leistungsmerkmal **Anrufweiterleitung** tritt die Umleitung erst ein, wenn das Gespräch innerhalb einer bestimmten Zeitspanne nicht angenommen wird. Das Leistungsmerkmal **Nachziehen** (auch Zimmermädchenverfolgung bzw. indirekte

Anrufumleitung) ermöglicht die Einstellung einer Anrufumleitung auch von einem Fremdapparat aus.

Anklopfen und Aufschalten
Mit dem Leistungsmerkmal **Anklopfen** werden gerufene Teilnehmer während einer bestehenden Verbindung über einen weiteren Verbindungswunsch informiert. **Manuelles Anklopfen** wird vom Rufer ausgelöst. Er kann eine Taste 'Anklopfen' betätigen, wenn der gerufene Teilnehmer besetzt ist. Dies hat zur Folge, daß diesem die Rufnummer des Rufers angezeigt und ein Sonderton gesendet wird. Der Angerufene hat dann die Möglichkeit die bestehende Verbindung zu beenden oder sie zu unterbrechen (Makeln). Beim **automatischen Anklopfen** (Frei für zweiten Anruf) entscheidet der Gerufene und nicht der Rufer, ob kommende Anrufe angezeigt werden sollen. Ist automatisches Anklopfen eingeschaltet, so erhält der Rufer das Freizeichen, auch wenn der Gerufene 'besetzt' ist. Gleichzeitig wird am Endgerät des Gerufenen wiederum die Rufnummer angezeigt und der Sonderton gesendet. Alternativ zum manuellen Anklopfen kann Teilnehmern auch die Berechtigung erteilt werden, sich auf ein bestehendes Gespräch **aufzuschalten**. Zu Beginn, teilweise auch während des Aufschaltens, ist üblicherweise ein Aufschaltton vorgesehen. Nicht so jedoch beim **Mithören**, mit dem besonders privilegierten Benutzern die Möglichkeit zum Überwachen von Gesprächen von Intern- mit Amtsteilnehmern gegeben wird.[35]

Teamkonfigurationen
Bei **Rufübernahmegruppen** werden Endgeräte zu Gruppen zusammengefaßt. Anrufe, die an Teilnehmer innerhalb der Gruppe gerichtet sind, können von jedem anderen Apparat der Gruppe entgegengenommen werden.

Zu **Chef-Sekretär-Einrichtungen** (auch Team-Anlagen genannt) können mehrere Apparate zusammengeschaltet werden. In dieser Gruppe sind oben aufgeführte Leistungsmerkmale, insbesondere Direktruf, Umleitung, Rufübernahmegruppe und Anklopfen in einer modifizierten Form verfügbar. Außerdem können einige spezielle Leistungsmerkmale nutzbar sein, wie z.B. der Botenruf (Betätigung einer Klingel zum Ruf eines Boten) und Chefleitung (besondere Leitung, evtl auch mit Priorität, auf der nur der Chef, nicht aber der Sekretär erreicht werden kann). Chef-Sekretär-Einrichtungen erfordern an herkömmliche Anlagen besondere Unteranlagen. In ISDN-Anlagen können normal angeschlossene Telefonapparate entsprechend konfiguriert werden.

Projekt- und Privatgespräche
Durch Eingabe einer Kennziffer können **Privatgespräche** geführt werden. Bei diesen werden die privaten Gebührenkonten der Teilnehmer mit den Gesprächsgebühren belastet und hierzu die Gebührendaten gesondert verarbeitet. Außer-

---

[35] Hantsche 1964, 148.

dem können für Privatgespräche andere Berechtigungen vorgesehen werden, als für Dienstgespräche.

Gebühren werden gewöhnlich dem Apparat zugeordnet, von dem aus die Gespräche geführt werden. Mit dem Merkmal **Projektkennziffer** (auch Personalkennziffer) können Gebühren unabhängig vom genutzten Apparat teilnehmer- oder projektbezogen verrechnet werden. Hierzu ist die Eingabe einer besonderen Personal- oder Projektnummern vor dem Aufbau der Verbindung erforderlich. Weitergehend können beim Leistungsmerkmal **mobiler Teilnehmer** Teilnehmer unter Verwendung einer Chipkarte oder einer PIN das Endgerät wechseln und jeweils die gleichen Leistungsmerkmale nutzen, die ihnen am eigenen Endgerät zur Verfügung stehen.

Sammelanschluß

Zu einem **Sammelanschluß** können mehrere Apparate zusammengefaßt werden. Kommende Rufe werden nach einem festlegbaren Verfahren auf die Apparate des Sammelanschlusses verteilt. Der Rufer kann nicht entscheiden, welchen Teilnehmer des Sammelanschlusses er erreicht.

Weitergehende Funktionen, wie z.B. statistische Auswertungen ankommender und abgehender Gespräche, ermöglichen Automatic-Call-Distribution-Systeme (ACD-Systeme).

Verkehrsberechtigungen

Mit verschiedenen Leistungsmerkmalen kann für Teilnehmer festgelegt werden, welche anderen Teilnehmer intern oder extern nicht anrufen dürfen und durch wen sie (nicht) angewählt werden können. Diese Berechtigungen können in ISDN-Anlagen flexibler festgelegt werden, als in herkömmlichen Telefonanlagen.[36]

Für den Telefonverkehr ins öffentliche Fernsprechnetz können meist die folgenden Berechtigungsklassen festgelegt werden:

- **Nichtamtsberechtigung**: Der Teilnehmer kann nur andere Nebenstellen anrufen.
- **Halbamtsberechtigung**: Es sind nur ankommende Amtsverbindungen zugelassen.
- **Verschiedene Fernberechtigungen**: Gehende Amtsverbindungen sind auf bestimmte Rufnummernbereiche im öffentlichen Netz begrenzt (Ortsamt, Nahbereich, Fernamt, Auslandsamt).

Vorgesehen sein kann auch ein **Sperrbereich**, mit dem zusätzlich bestimmte Rufnummernbereiche definiert werden können, die nicht angewählt werden sollen. Ferner ist bei der Berechtigungsvergabe eine Unterscheidung zwischen Privat- und Dienstgesprächen möglich.

---

36 Vgl. unten 3.11 Berechtigungen: Wahlkontrolle

Mit der **Durchwahlverhinderung** können bestimmte Nebenstellen von der Durchwahl (extern kommend) ausgenommen werden.

Für die **Einschränkung des Internverkehrs** können verschiedene Teilnehmeranschlüsse zu Benutzergruppen zusammengefaßt werden. Für jede Gruppe kann dann festgelegt werden, ob ihre Mitglieder durch Mitglieder anderer Gruppen intern angewählt werden können.

Zugriffsschutz

Teilnehmerendgeräten können mehrere Berechtigungsklassen zugeordnet werden (**Berechtigungsumschaltung**). Zwischen diesen kann dann mit einer Kennziffer und einem Code oder abhängig von der Tageszeit automatisch umgeschaltet werden. Hierdurch kann ein wirkungsvoller Zugriffsschutz am Endgerät erreicht werden, wenn in die Berechtigungsklasse, in die bei Abwesenheit umgeschaltet wird, nur sehr eingeschränkte Berechtigungen eingetragen werden.

Mit einem **Codeschloß** kann ein Teilnehmer sein Endgerät für die Nutzung durch Dritte sperren. Zum Sperren und Entsperren ist dabei meist die Eingabe eines mehrstelligen Nummerncodes erforderlich.

1.4.2 Basismerkmale für die asynchrone Telefonkommunikation

Eine Reihe weiterer Leistungsmerkmale werden bereitgestellt, wenn Einrichtungen zur Zwischenspeicherung von Sprachnachrichten (Sprach- oder Voice-Server) an ISDN-Anlagen angeschaltet bzw. in diese integriert sind. Mit den Sprachservern ist es möglich, Sprachmitteilungen aufzuzeichnen und zeitversetzt auszusenden (Zeitverzögertes Aussenden).[37] Als Rückmeldung für den Sender einer Nachricht können Zustellbestätigungen vorgesehen werden, an denen erkennbar ist, ob eine Nachricht empfangen und abgehört wurde oder nicht.

Neben diesen Merkmalen werden weitere Leistungsmerkmale angeboten, beispielsweise die Weiterleitung empfangener Nachrichten an andere Teilnehmer. Es können vereinfachte Möglichkeiten zum Senden von Mitteilungen an Intern- und Externteilnehmer vorgesehen sein, beispielsweise das Senden an zuvor festgelegte Verteiler. Möglich sind auch automatische Durchsagen und das Rundsenden von Mitteilungen. So können Unternehmen beispielsweise in Katastrophenfällen Rundrufe an Sanitäter automatisch auslösen lassen.[38]

---

37 Siehe hierzu z.B. Schlüter 1987, 221 ff.

38 Zu den Anwendungsmöglichkeiten und konkreten Anwendungen vgl. P. Fidrich, "Sprachserver können mehr als Anrufbeantworter sein", CW 17.12.90, 49.

1.4.3 Komplexe Merkmale von Anwendungssystemen

Telefontools

Die Bedienoberfläche heutiger digitaler Telefone ist meist nicht sehr benutzerfreundlich. Obwohl verglichen selbst mit einfachen DV-Systemen - etwa Text- oder Adreßprogrammen - nur relativ wenige Funktionen angeboten werden, überfordert die Handhabung der Endgeräte die Teilnehmer oft. Eine Ursache besteht darin, daß zur Bedienung nur einige Tasten zur Verfügung stehen und die Signalisierung der Funktionsabläufe nur in einem kleinen Display erfolgt. Zwar werden zahlreiche Versuche unternommen, durch eine größere Anzahl von Funktionstasten, durch Funktionstasten mit wechselnder Funktion (Softkeys) und durch eine Vergrößerung von Displays zu Verbesserungen zu kommen. Die erreichbaren qualitativen Verbesserungen sind jedoch begrenzt, wobei größere Displays und zusätzliche Tasten die Endgerätekosten erheblich in die Höhe treiben.[39]

Dabei sind die Möglichkeiten, die die digitale Vermittlungstechnik für neue Leistungsmerkmale und die Verbesserung bereits vorhandener bieten könnte, noch bei weitem nicht ausgeschöpft. So könnte es beispielsweise bei der Anrufumleitung von Vorteil sein, wenn Anrufe während der Abwesenheit des Gerufenen abhängig von der Identität des Rufers an verschiedene Stellen umgeleitet würden. Daß derartige flexible Leistungsmerkmale bisher nicht realisiert wurden, liegt nicht an einer mangelhaften Leistungsfähigkeit der Prozessoren, sondern an den Schwierigkeiten, brauchbare Bedienprozeduren an Telefonendgeräten festzulegen.

Schon in wenigen Jahren wird nahezu jeder Büroarbeitsplatz mit einem PC oder einer Workstation, zumindest aber einem Terminal ausgestattet sein. Damit wird an jedem Arbeitsplatz ein Bildschirm, eine umfangreiche alphanumerische Tastatur und meist auch eine Maus zur Verfügung stehen. Diese Geräte können im Prinzip auch für die Bedienung der Telefonkommunikation genutzt werden. Moderne Benutzeroberflächen von PCs arbeiten mit graphischen Elementen, Fenstertechniken, Menüführung und hot-keys[40] und sind deshalb relativ einfach zu erlernen. Durch die größere Oberfläche des Bildschirms und die vielfältigen Darstellungsmöglichkeiten bieten sie eine wesentlich größere Übersicht für den Benutzer.

Telefonprogramme für ISDN-Karten der PCs, die derartige Möglichkeiten bieten, gibt es gegenwärtig erst mit kleinem Funktionsumfang. Künftig werden jedoch auch Telefonnutzer von den flexiblen Anzeige- und Bedienmitteln der PCs profitieren. So sind komfortable Telefon-Tools denkbar, deren Bedienung in die graphische Benutzeroberfläche des Betriebssystems integriert ist.[41] Dadurch

---

39 Komfortable Telefonendgeräte kosten teilweise über 1000 DM und damit mehr als ein guter Homecomputer.

40 Festgelegte (Funktions-)Tasten für den schnellen Aufruf von Funktionen

41 Schmandt/Casner 1989, und Nietzer/Schulthess ITG 1990, 145 ff.

soll der Verbindungsaufbau und die Nutzung von Leistungsmerkmalen wesentlich benutzerfreundlicher gestaltet werden.

Mögliche Leistungsmerkmale dieser Telefontools sind unter anderem:

- **Elektronische Telefonregister:** In einem elektronischen Telefonregister können Namenseinträge gesucht und die entsprechenden Telefonteilnehmer direkt angewählt werden.
- **Eingangs- und Ausgangsjournal:** Die Daten abgehender und ankommender Telefongespräche (Datum, Uhrzeit Gesprächspartner) können zwecks persönlicher Dokumentation gespeichert werden.
- **Flexible Anrufumleitung:** Vorhandene Basismerkmale der ISDN-Anlage können automatisch zeitversetzt eingestellt werden. So könnte eine Anrufumleitung automatisch so voreingestellt werden, daß Rufer in Abhängigkeit von Uhrzeit oder anderen Umständen an Dritte oder einen Voice-Mail-Server umgeleitet werden (Flexible Anrufumleitung).
- **Intelligente Anrufbeantwortung**: Bestimmte Anrufer sollen dabei unter Umständen besonders behandelt werden, etwa indem sie eigens für sie abgespeicherte Nachrichten zu hören bekommen.

CSTA-Funktionen

Unter der Bezeichnung Computer Supported Telephony Applications (CSTA) wird derzeit die funktionale Integration von DV-Systemen und der Steuerung von TK-Anlagen vorangetrieben. DV-Systeme sollen über eine besondere Schnittstelle Funktionen der Telefonanlage aktivieren können und umgekehrt von der Telefonanlage Zustandsdaten erhalten. Hiermit können Leistungsmerkmale für die telefonische Geschäftsabwicklung und telefonische Servicedienste bereitgestellt werden.[42]

Schon heute kommen Systeme zum Einsatz, mit denen Telefongespräche für Gruppen von Beschäftigten verwaltet und kommende Gespräche auf Gruppen von Teilnehmern verteilt werden sollen (sog. Automatic-Call-Distribution-Systeme, ACD). Unter Einbeziehung der ISDN-Eigenschaften werden folgende erweiterten Funktionen möglich:

- Die **intelligente Anrufverteilung** ermöglicht es, eingehende Anrufe auf verschiedene Endgeräte zu verteilen und anruf- oder anruferbezogene Daten anzuzeigen.[43]

---

[42] Siehe Ewe net 10/1990, 436 ff, Ihlow net 9/1991, 349 ff und Schmücking telcom report 14(1991)H3, 114 ff; Veit 1991.

[43] Die Anrufverteilung ist nicht nur über die im ISDN übermittelte Rufnummer des Rufers möglich. Vielmehr können sie auch über "virtuelle Teilnehmer" erfolgen, Rufnummern für nicht existierende Endgeräte. Rufen bestimmte Teilnehmer diese Rufnummern an, so werden sie vom System automatisch an die richtige Stelle umgeleitet, und es können außerdem bestimmte Daten angezeigt werden. (Forts. S.32)

- **Automatische Weiterleitung von Gespräch und Daten:** Bei bestimmten Anwendungen sollen Daten parallel zu einem Gespräch angezeigt oder eingegeben werden. Hierbei ergibt sich u.a. die Anforderung, die Telefonverbindung und eine DV-Anwendungssession (also Gespräch und Bildschirminhalt) gleichzeitig an einen anderen Sachbearbeiter weiterzugeben (z.B. an einen Spezialisten). Außerdem soll die Möglichkeit bestehen, gesprächsbegleitend Daten zu erfassen und in Telefon-Konferenzen allen Beteiligten dieselben Daten anzuzeigen (Telefon/Datenkonferenzen).
- **Vorausschauendes Wählen:** Gehende Anrufe können automatisch aufgebaut und erst nach erfolgreicher Verbindung automatisch zu einem gerade freien Sachbearbeiter durchgestellt werden.

1.5 Personenbezogene Daten

ISDN-Anlagen sind Computernetzwerke. Sie verarbeiten eine Reihe unterschiedlicher personenbezogener Daten. Unter Gesichtspunkten des Datenschutzes und den verschiedenen Zwecken der Verarbeitung müssen folgende personenbezogenen Daten unterschieden werden:[44]

Inhaltsdaten
Inhaltsdaten (Nutzdaten) sind personenbezogene Daten über den Inhalt von Telefongesprächen, Text-, Fax- oder Datenübermittlungen. Im Durchschalteteil von ISDN-Anlagen werden Inhaltsdaten nur für Sekundenbruchteile in den Registern der Koppelnetze und in den Anschlußeinheiten gespeichert. Die dauerhafte Speicherung von Inhaltsdaten ist innerhalb des Vermittlungssystems nicht vorgesehen. Inhaltsdaten können aber durch Zusatzeinrichtungen der Endgeräte (z.B. auf Tonbänder durch Tonbandgeräte) oder in Servern gespeichert werden. Ausserdem ist bei Telefonanlagen vielfach der Anschluß von Tonbandgeräten an Vermittlungsplätzen möglich, mit denen z.B. Drohanrufe aufgezeichnet werden können. Inhaltsdaten gehören zu den sensitivsten personenbezogenen Daten in ISDN-Anlagen.

Verbindungsdaten
Verbindungsdaten sind personenbezogene Daten, die zum Herstellen von Kommunikationsverbindungen verarbeitet werden. ISDN-Anlagen müssen diese Da-

---

43 (Forts.) Durch mehrere virtuelle Rufnummern und deren Verteilung an verschiedene Kunden kann in eingeschränktem Umfang ein ähnlicher Effekt erzielt werden wie durch die Übermittlung der Rufnummer im ISDN.

44 Vgl. außerdem Höller 1988a, 10 und Schmidt 1988, 325f.

ten für die Verbindungsdauer zwischenspeichern, um Verbindungen aufbauen, halten und abbauen zu können. Sie können an einem Display angezeigt werden, beipielsweise beim Leistungsmerkmal Anzeige der Rufnummer des rufenden Teilnehmers und anderen Merkmalen. Da sie Informationen darüber enthalten, wer mit wem Verbindung aufnehmen möchte und gegebenenfalls auch, wo sich ein Teilnehmer befindet, sind sie sehr sensitiv. Verbindungsdaten sind auch die Grundlage für die automatische Erzeugung von Gebührendaten.

Gebührendaten
Gebührendaten sind personenbezogene Daten, die zur Gebührenermittlung und -abrechnung verarbeitet werden. Gebührendaten werden in ISDN-Anlagen kurzzeitig zwischengespeichert und in festgelegten Zeitabständen an externe oder integrierte Gebührencomputer übermittelt. Dort werden sie dann für längere Zeit gespeichert (Monate). Gebührendaten sind, soweit sie Zielnummern enthalten, sehr sensitiv, weil sich mit ihnen auch über einen längeren Zeitraum erkennen läßt, wer mit wem wann wie lange Telefongespräche geführt bzw. Text- und Datenverbindungen aufgebaut hat.

Leistungsmerkmalsdaten
Leistungsmerkmalsdaten sind personenbezogene Daten, die im Zusammenhang mit der Ausführung von Leistungsmerkmalen verarbeitet werden. Kurzzeitig während einer Verbindung verarbeitet, gespeichert oder ausgegeben werden Daten z.B. für die Anzeige der Rufnummer beim Anklopfen oder die Anzeige der Anrufumleitung am Display des Rufers. Länger werden Daten gespeichert, welche die Ausführung von Leistungsmerkmalen festlegen. Dazu zählen beispielsweise die Ziele von Anrufumleitung und Rufnummern in Kurzwahlspeicher und Rückruflisten.

Konfigurierungsdaten
Konfigurierungsdaten (Stammdaten) sind personenbezogene Daten, die im Rahmen der Betriebsführung verarbeitet werden. Konfigurierungsdaten legen fest, wie die angefallenen Gebührendaten zu verrechnen sind (Namen, Rufnummern und die Zuordnung von Teilnehmern zu Organisationseinheiten). Ferner sind Berechtigungen eines Teilnehmers, welche die Nutzungsmöglichkeiten von Leistungsmerkmalen wie Anrufumleitung oder Verkehrsberechtigungen festlegen, Konfigurierungsdaten.

Telefonbuchdaten
Telefonbuchdaten sind die personenbezogenen Daten eines elektronischen Telefonbuches. Meist umfassen sie nur Telefonnummern, Namen, Organisationseinheiten und Raumnummern. Diese Daten sind in der Regel innerbetrieblich bekannt, von geringem Aussagewert und daher allenfalls schwach sensitiv. Dies gilt jedoch nicht, wenn auch Privatadressen abgespeichert werden. Telefonbuch-

daten werden permanent in der Anlage und/oder einem angeschlossenen System gespeichert.

Anlagennutzungsdaten
Anlagennutzungsdaten beschreiben die Nutzung der Anlage, den Telekommunikationsverkehr. Sie dienen insbesondere der Feststellung von Verkehrsengpässen, die für Änderungen der Anlagenkonfiguration verwendet werden können. Sie stellen personenbezogene Daten dar, wenn sie anschlußbezogen gespeichert werden oder Rückschlüsse auf die Nutzung einzelner Anschlüsse erlauben. Für die gesamte Zeit einer Verkehrsmessung gespeichert werden Daten, die den Umfang und die Durchführung der Verkehrsmessung bestimmen. Innerhalb des Zeitraumes der Verkehrsmessung fallen Verkehrsdatensätze an, die in Dateien zwischengespeichert und später durch Verarbeitungsprogramme ausgewertet werden können. Verkehrsdatensätze können wie Gebührendatensätze temporär zwischengespeichert und zu bestimmten Zeiten an die Betriebstechnik übermittelt werden. Neben diesen Verkehrsdaten kann in ISDN-Anlagen auch die Nutzung von Leistungsmerkmalen durch die Teilnehmer oder das Vermittlungspersonal statistisch ausgewertet werden.

Kontrolldaten
Kontrolldaten sind Daten, die im Zusammenhang mit der Prüfung der Zugangs- und Zugriffskontrolle verarbeitet werden. Permanent gespeichert und üblicherweise nur selten geändert werden die Daten, die Zugangsberechtigungen von Teilnehmern (Passworte) und deren Zugriffsberechtigungen zu Daten und Programmen festlegen. Unmittelbar sind sie nur schwach sensitiv. Mittelbar ist ihre Sensitivität jedoch abhängig von der durch sie vermittelten Berechtigung. Sie müssen als hochsensitiv eingeschätzt werden, wenn ihre Kenntnis Unbefugten erlaubt, auf sensitive Daten Dritter zuzugreifen.

Revisionsdaten
Revisionsdaten sind personenbezogene Daten, die die Prüfbarkeit des Anlagenbetriebes auf Ordnungs- und Rechtmäßigkeit sicherstellen sollen. Heutige Anlagen erzeugen meist nur papiergebundene Ausdrucke aller am Betriebsterminal durchgeführten Betriebsbefehle und Systemmeldungen. Sie werden dann in der Anlage nur kurzzeitig gespeichert oder am Bildschirm eines betriebstechnischen Gerätes angezeigt. Möglich ist aber auch, daß Revisionsdaten für einen längeren Zeitraum in Dateien gespeichert werden. Revisionsdaten enthalten Informationen über das Verhalten der Beschäftigten, beispielsweise Fehlverhalten oder Rechnernutzungszeiten. Sie sind daher sehr sensitiv.

Sicherungsdaten
Sicherungsdaten sind personenbezogene Daten, welche die Wiederinbetriebnahme der ISDN-Anlage nach Systemausfällen oder Datenverlusten gewährleisten sollen. In Sicherungsläufen werden in regelmäßigen Abständen auch per-

sonenbezogene Daten (Stammdaten, Gebührendaten, Telefonbuchdaten, ...) auf Datenträgern gespeichert. Fällt die Anlage oder ein Teilsystem aus, so kann sie wieder in Betrieb genommen werden, indem diese gesicherten Anlagenprogramme und -daten wieder eingespielt werden. Veränderungen der Daten, die in der Zeit seit der letzten Sicherung eingetreten sind, z.B. Gebührendaten, können allerdings verloren gehen. Sicherungsdaten enthalten sehr sensitive personenbezogene Daten wie die Gebührendaten oder Revisionsdaten und sind daher selbst sehr sensitiv.

1.6 Risiken von Telefonsystemen

Auf die vielfältigen Vorteile moderner Telefonsysteme und ISDN-Anlagen wurde bereits in der Darstellung der Technik hingewiesen. Für den einzelnen Teilnehmer liegen sie vor allem in der Einsparung lästiger Routineaufgaben beim Telefonieren und in einer erhöhten Erreichbarkeit. Für den Betreiber liegen sie vor allem in den Kosteneinsparungen durch eine rationellere Abwicklung von Telefonvorgängen und eine verbesserte Transparenz der Gebührenabrechung. Außerdem kann mit neuen Telefonleistungsmerkmalen und computerunterstütztem Telefonieren der Kundenservice verbessert werden.

Obwohl die Risiken von Telefonsystemen und ISDN-Anlagen bereits seit Jahren diskutiert werden, sind viele Risiken kaum bekannt.[45] Dies gilt insbesondere in bezug auf Schäden, die in Folge von Mängeln in der Datensicherheit entstehen. Im folgenden werden die wichtigsten Risiken im Überblick dargestellt. In den weiteren Kapiteln werden sie für die Untersuchung von Gestaltungsmaßnahmen dataillierter auf einzelne Merkmale der Technik bezogen und um weitere Risiken ergänzt.

Störung des Betriebsablaufes

Die meisten Organisationen und Betriebe sind in hohem Maße von Telefonkommunikation abhängig geworden. Der Ausfall von Telefonsystemen kann schon heute Auftragsverluste und Verzögerungen des Betriebsablaufes bewirken. Werden mit ISDN-Anlagen Bürokommunikationsnetze für die innerbetriebliche Text- und Datenkommunikation aufgebaut, kann sich das Schadenspotential erheblich erhöhen. Der Ausfall der ISDN-Anlage führt dann nicht mehr nur zum Stillstand des Telefonverkehrs, sondern betrifft darüber hinaus alle Anwendungen der Text- und Datenübertragung (Verhinderung der Diensteerbringung). Die zunehmende Abhängigkeit von der Telekommunikation, deren integraler Be-

---

[45] Siehe hierzu näher Pordesch/Hammer/Roßnagel 1991, 25 ff. Zur bisherigen Diskussion im ISDN siehe z.B. Klumpp/Rose 1991, 103 ff.

standteil ISDN-Anlagen werden sollen, macht Sabotage für Angreifer, welche die Organisation schädigen wollen, zu einem lukrativen Ziel.[46]

Leider ist es durch Eingabe einiger Betriebsbefehle an einer ISDN-Anlage möglich, den Telefonverkehr vollständig zu unterbinden. Werden dabei Datenbestände oder sensitive Teile des Programmsystems zerstört, so kann eine aufwendige Inbetriebnahme durch Fachkräfte erforderlich werden, die mehrere Tage dauern kann. Die größten Angriffsmöglichkeiten hierfür haben das Betriebspersonal des Betreibers und Servicetechniker des Herstellers. Sie haben von ihrer Aufgabe her Zutrittsrechte zu den Räumen der Betriebstechnik und verfügen darüber hinaus über das nötige Wissen. Störungen können aber auch durch Externe verursacht werden, die sich über die Fernbetriebsführung Zugang verschaffen.

Ein noch nicht abschätzbares Risiko geht aber auch von der Teilnehmerseite aus. Den Teilnehmern werden immer mehr Leistungsmerkmale zur Verfügung gestellt, mit denen sich durch geschickte Kombination auch Verkehrswege und Anschlüsse blockieren lassen.[47] Sofern Rechnerprozesse Verbindungen herstellen und entgegennehmen, kann das Schadenspotential durch mehrfaches Auftreten einzelner Schadensereignisse in Folge (Multiplikationsschäden) ansteigen, wenn fehlerhafte oder manipulierte Programme zum Einsatz kommen.[48]

Finanzielle Schädigung durch Gebührenbetrug

Die Inanspruchnahme von Telekommunikationsdienstleistungen kostet Geld, wenn Verbindungen in öffentliche Netze aufgebaut werden. Netzteilnehmer könnten von daher ein Interesse daran haben, auf Kosten anderer Teilnehmer oder des Betreibers Privatgespräche zu führen.

Gebührenbetrug ist Teilnehmern durch den Mißbrauch von bestimmten Leistungsmerkmalen möglich. So können teilweise allein durch Probieren an zugänglichen Telefonapparaten Personen- oder Projektkennziffern ermittelt werden. Ihre Verwendung führt dann zu einer falschen Verrechnung der Gebühren. Daß der Mißbrauch von Kennungen (PINs) zum Gebührenbetrug bei Einführung entsprechender Leistungsmerkmale tatsächlich vorkommt, zeigen Beispiele aus den USA. Dort werden Ferngespräche in Weitverkehrsnetzen von den Betreibern über Zugangscodes angeboten. Durch Mißbrauch dieser Codes werden Schäden in Millionenhöhe verursacht.[49] Künftig können unter Umständen Telefontools für das Scannen von PIN-Nummern verwendet werden.

Auch durch trickreiche Verwendung vorhandener Leistungsmerkmale können ohne Zusatzwissen in bestimmten Fällen Gespräche auf Kosten Dritter geführt

---

46 Siehe hierzu ausführlich Roßnagel/Wedde/Hammer/Pordesch 1990a, 79 ff. und 101 ff.

47 Siehe hierzu z.B. das Leistungsmerkmal Direktes Ansprechen Kapitel 4.1.6

48 Roßnagel/Wedde/Hammer/Pordesch 1990a, 73.

49 Computerwoche vom 11.9.1987, 2. Millionenschäden gab es durch Kennungsmißbrauch auch bei der NASA und der US-Drogenbekämpfungsbehörde (Computerwoche vom 21.11.1990).

werden. Dies kann beispielsweise mit den Merkmalen Direktes Ansprechen und Aufschalten möglich sein.[50]

Neben Mißbräuchen müssen aber auch technische Fehler oder Bedienfehler als Ursache von falschen Gebührenabrechnungen bedacht werden. So konnten die Autoren in Versuchen mit einer kleinen Anlage beobachten, daß ISDN-Endgeräte die Verbindung in seltenen Fällen nicht ordnungsgemäß abbauen. Fehler dieser Art dürften beim Einsatz komplexer Softwareprodukte für Telefonanwendungen wahrscheinlicher werden. Hier besteht das Risiko, daß unerkannt gebührenpflichtige Verbindungen bestehen bleiben, obwohl am Endgerät selbst nichts zu erkennen ist. Besonders groß dürfte dieses Risiko sein, wenn Ansageeinrichtungen antelefoniert werden, weil diese, anders als Menschen, die Verbindung nicht automatisch beenden, wenn sich der Gesprächspartner nicht mehr meldet.

Gesprächsüberwachung

In einigen Ländern ist es erlaubt, die Telefongespräche der Mitarbeiter direkt zu überwachen. In den USA sollen beispielsweise Mitarbeiter der Steuerverwaltung von einem "supervisor" in ihren telefonischen Kontakten zu Klienten überwacht werden, ohne daß der Aufschaltvorgang von ihnen oder den Kunden bemerkt werden kann.[51] Auch in Deutschland sind derartige Fälle bekannt geworden. So war im Landratsamt von Fürth nachweislich über Jahre eine Einrichtung installiert, mit der der Landrat beliebige Gespräche jederzeit mithören konnte.

Für die Überwachung von Gesprächen mußten bei herkömmlichen Anlagen besondere Zusatzeinrichtungen installiert werden. Angeboten wurde dies für die Überwachung von Amtsleitungen, also für Amtsgespräche von Mitarbeitern. Es ist anzunehmen, daß es derartige Einrichtungen auch bei ISDN-Anlagen gibt. Vorgesehen ist das Mithören von Gesprächen durch Dritte auch bei Leistungsmerkmalen für die Zuschaltung von Zeugen. In diesem Fall wird aber vorausgesetzt, daß wenigstens einer der Gesprächspartner von der Zuschaltung wissen muß. Auch durch die trickreiche Verwendung von Konferenzschaltung können Gesprächsteilnehmer in einigen Fällen in bestehende Verbindungen oder Konferenzen hinzugeschaltet werden.[52]

Abhören von Räumen

Neben dem Abhören von Gesprächen besteht bei modernen Telefonsystemen ferner das Risiko, daß Räume und die in ihnen stattfindenden Gespräche abgehört werden.

Heute sind in nahezu allen digitalen Apparaten Mikrophone eingebaut, die unter bestimmten Umständen ohne Wissen der Betroffenen eingeschaltet werden können. Bei diesen Endgeräten besteht die Möglichkeit, eine Freisprechverbindung aufzubauen und dann den Raum zu verlassen. In ISDN-Anlagen können

---

50 Siehe hierzu näher Leistungsmerkmal Aufschalten, Kapitel 4.1.15

51 DIE ZEIT vom 6.5.1989, 23.

52 Siehe hierzu Leistungsmerkmal Variable Konferenz Kapitel 4.1.11

ferner über einige Merkmale, beispielsweise das direkte Ansprechen, Mikrophone auch eingeschaltet werden, ohne daß das betreffende Endgerät bedient wird.[53]

Ausforschung von Kommunikationskontakten
Interesse an der Ausforschung von Kommunikationsbeziehungen könnte beispielsweise der Betreiber der Anlage bzw. (sofern nicht identisch damit) der Arbeitgeber haben. Gefährdet sind in diesem Zusammenhang vor allem betriebliche Interessenvertretungen.

Risiken der Ausforschung von Kommunikationskontakten ergeben sich zunächst durch die detaillierte Gebührenabrechnung.[54] Eine Ausforschung aktuell bestehender Kommunikationsbeziehungen kann aber auch mit einigen Leistungsmerkmalen möglich sein. So kann mit der Anzeige der gewählten Rufnummer oder im ISDN der Anzeige der Rufnummer des Rufenden oft schon im Vorbeigehen erkannt werden, mit wem ein bestimmter Teilnehmer telefoniert. Rufer können aber unter Umständen auch an anderen Apparaten erkannt werden, wenn besondere Team-Leistungsmerkmale zum Einsatz kommen.[55] Auch wenn die Rufnummern von Rufern gespeichert werden, die bei Abwesenheit angerufen haben, bestehen verstärkt derartige Risiken. Hier können nämlich unter Umständen Dritte am Endgerät oder über die Betriebstechnik auf diese Daten zugreifen.

Kommunikationsprofile
Personenbezogene Daten von Netzteilnehmern könnten auch von anderen Netzteilnehmern oder Externen verwendet werden, um diese gezielt zu schädigen oder sich unberechtigterweise Informationen über diese zu beschaffen.

Kommunikationsprofile können vor allem dann gebildet werden, wenn Verbindungsdaten erfaßt und für detaillierte Gebührendatenabrechnungen ausgewertet werden. Insbesondere Einzelgebührendaten von Privatgesprächen können Informationen über intime persönliche Verhältnisse von Netzteilnehmern enthalten, wie etwa Kontakte zu Ärzten, Freunden, Kreditvermittlern, Schuldnerberatungsstellen, Anwälten, Polizei oder Presse, die in keinem Fall Dritten bekanntwerden sollen. Auch wenn nur selten derartige Gespräche von der Arbeitsstelle aus geführt werden, beinhalten die Daten durch die lange Aufzeichnungsdauer - teilweise mehrere Monate - in ihrer Summe sensible Kommunikationsprofile, die über die Betroffenen und ihre Lebenssituation von hohem Aussagewert sein können. Nicht ausgeschlossen werden kann, daß Betriebsleitungen in den Gebührendateien gezielt nach Informanten von Betriebsräten oder aber externen Stellen, wie der Presse, der Polizei oder von Umweltschutzbehörden suchen. So hat das Bundesjustizministerium 1988 in der Bundesanwaltschaft aufgrund von Gebührenaufzeichnungen nach einem Informationsleck gesucht, aus dem während der Debatte um die Begnadigung von RAF-Gefangenen Indiskretionen an

---

53 Siehe hierzu näher das Leistungsmerkmal Direktes Ansprechen Kapitel 4.1.6

54 Siehe im folgenden Abschnitt Kommunikationsprofile.

55 Siehe hierzu Leistungsmerkmal Heranholen Kapitel 4.1.10.

"DIE WELT" lanciert worden sein sollen.[56] Das Spektrum möglicher Schäden für die Betroffenen reicht von der Verächtlichmachung durch Kollegen bis hin zu Mutmaßungen über die Unzuverlässigkeit oder gar Erpressbarkeit der Teilnehmer von seiten der Arbeitgeber.

Anwesenheits- und Verhaltenskontrollen
Bereits in der Vergangenheit sind zahlreiche Fälle bekannt geworden, in denen Computersysteme zur Überwachung von Beschäftigten mißbraucht wurden. Auch die bei der Nutzung von ISDN-Anlagen anfallenden personenbezogenen Daten lassen sich für die Überwachung des Verhaltens von Mitarbeitern nutzen.[57]

Dies gilt zunächst für die dauerhaft gespeicherten personenbezogenen Daten der Gebührendatenverarbeitung. So ist selbst bei Nichterfassung der Zielrufnummern nicht auszuschließen, daß Personalchefs Anzahl und Dauer von Privatgesprächen von Mitarbeitern auswerten oder aus Verkehrsdaten Rückschlüsse auf die Anwesenheit oder das Gesprächsverhalten ziehen.

Auch der Mißbrauch von Leistungsmerkmalen für derartige Zwecke kann nicht ausgeschlossen werden. So kann beispielsweise nicht ausgeschlossen werden, daß das Leistungsmerkmal automatischer Rückruf von Vorgesetzten angewendet wird, um unbemerkt festzustellen, wann Beschäftigte morgens oder nach Mittagspausen ihr Telefon betätigen - an vielen kommunikationsintensiven Arbeitsplätzen ein zuverlässiger Indikator für die (Wieder)Aufnahme der Arbeit.

Leistungskontrollen
Im Bereich der Datenverarbeitung sind schon viele Fälle bekannt geworden, in denen Computersysteme zur Leistungsbewertung von Beschäftigten verwendet wurden. So wurden zum Beispiel in den rheinland-pfälzischen Finanzbehörden ohne Zustimmung des Personalrates über zehn Jahre lang die Leistungen von 300 Datentypistinnen automatisch erfaßt und ausgewertet.[58] Nach Untersuchungen des Office of Technology Assessment (OTA) werden elektronische Anlagen dazu benutzt, um die Produktivität der Mitarbeiter, die Telefonbenutzung, die Anwesenheit am Arbeitsplatz und die Anzahl gemachter Fehler zu kontrollieren.[59]

Je nachdem, welchen Stellenwert die Telefonkommunikation im Rahmen von Tätigkeiten der Beschäftigten hat, besteht das Risiko, daß auch Telefondaten zur Leistungskontrolle und vergleichenden Leistungsbewertung verwendet werden. Die permanent gespeicherten Gebührendaten von Beschäftigten , deren Tätigkeit sehr viel in der Abwicklung von Telefongesprächen besteht, könnten verwendet werden, um festzustellen, wieviele telefonische Kontakte zu einem Kunden Angestellte durchschnittlich benötigen, um einen Vertragsabschluß zu erzielen oder

---

[56] Siehe z.B. Tageszeitung vom 15.6.1989.
[57] Siehe hierzu auch Höller 1987, 13.
[58] DER SPIEGEL Nr.50 vom 12.12.88.
[59] Vgl. OTA 1985, 4.

wie sich die Anzahl von Telefongesprächen zum erzielten Umsatz verhält. Besonders hoch dürfte dieses Risiko beispielsweise mit Telefonvorgangssystemen für das Telemarketing oder den Kundenservice sein.

Störung des Betriebsfriedens

Angriffe müssen nicht direkt auf den damit erzielbaren Nutzen für den Angreifer oder eine direkte Schädigung des Betreibers zielen. Vielmehr kann auch mit der Vortäuschung eines Mißbrauchs aus völlig anders gelagerten Gründen beabsichtigt werden, den Anlagenbetreiber zu schädigen. So kann schon ein in einem Fotokopierer absichtlich liegengelassener Einzelgebührennachweis für die Beschäftigten ein Anlaß sein, umfangreiche Mißbräuche zu vermuten und das Vertrauensverhältnis zwischen Betreiber und Teilnehmern bzw. Arbeitgebern und Beschäftigten erheblich beeinträchtigen. Würde dann auch noch der durch den Betriebsrat alarmierte Datenschutzbeauftragte eine mögliche Manipulation am System feststellen, die nicht ausgeschlossen und aufgeklärt werden kann, könnte dies zu einer erheblichen Beeinträchtigung des Betriebsfriedens führen.

Unsicherheit und Verwirrung in der Telefonkommunikation

Je mehr Merkmale Telefonsysteme aufweisen und je flexibler diese genutzt werden können, desto mehr besteht auch das Risiko, daß Telefonteilnehmer die Kommunikationssituation nicht mehr durchschauen. So kann bei Freigabe der Merkmale Anzeige der Rufnummer des rufenden Teilnehmers der Rufer nicht mehr wissen, ob der Angerufene ein Gespräch nicht annimmt, weil er nicht am Platz ist oder gerade nicht mit ihm sprechen möchte.[60] Diese Situation ist noch schwerer zu durchschauen, wenn ein Teilnehmer sein Endgerät so programmieren kann, daß die Rufe bestimmter Teilnehmer erst gar nicht durchgestellt oder Rufe umgeleitet werden.

Telefonierzwang

Nachteilhaft ist es für Teilnehmer auch, wenn sie gezwungen werden, bestimmte Telefongespräche zu führen. Ein Zwang zum Abarbeiten von Telefongesprächen oder zum Ertragen einer andauernden Belästigung durch Ruftöne kann sich beispielsweise durch ein automatisches Abarbeiten von Rückrufen ergeben.[61] Zwänge zum Annehmen von Gesprächsverbindungen ergeben sich ferner in bestimmten Fällen bei Anklopfen[62] und bei Leitungstasten.[63] Auch durch die Umleitung von Anrufen können sich zusätzliche Belastungen ergeben.

Zu einem regelrechten "Telefonstreß" können sich die Belastungen durch Telefongespräche ausweiten, wenn Mitarbeiter sehr viel mit der Bearbeitung von Telefonanrufen beschäftigt sind. Insbesondere bei Telefonvorgangssystemen im

---

60 Höller/Kubicek 1989, 166.

61 Siehe auch Höller 1987, 15.

62 Siehe hierzu die Leistungsmerkmale Anklopfen Kapitel 4.1.13 und Frei für zweiten Anruf Kapitel 4.1.14

63 Siehe hierzu Leistungsmerkmal Leitungstasten Kapitel 4.1.7.

Telemarketing können Gespräche automatisch zugeteilt werden, ohne daß die Teilnehmer darauf Einfluß nehmen können.

2. Grundrechtliche Anforderungen und rechtliche Kriterien

2.1 Rechtsgemäße Technikgestaltung

2.1.1 Grundrechtsrelevanz der Telekommunikationstechnik

Über Telefon- oder ISDN-Systeme wird kommuniziert. Kommunikation ist das Medium der Persönlichkeitsbildung. Identität entsteht nur in Kommunikation, Individualität wird nur in der durch Kommunikation vermittelteten Erfahrung des Andersseins gebildet. Selbständiges Lernen und selbstbestimmtes Herausbilden und Aneignen eigener Werte und Beurteilungskriterien setzen Kommunikation voraus.[1] Information, Meinungsfreiheit, Wissen und Kunst gründen auf Kommunikation. Berufliche Arbeit ist auf kommunikativen Austausch angewiesen. Neue Kommunikationsformen vermögen sogar neue Berufe zu schaffen. Kollektive Interessenvertretung, Versammlungs-, Vereinigungs- und Koalitionsfreiheit setzen Kommunikation voraus. Politische Willensbildung und die Organisation politischer Interessen erfordern eine freie Kommunikation ebenso wie die wirtschaftliche Betätigung oder der private und familiäre Austausch. Gesellschaftliche Integration, demokratische Willensbildung und staatliche Wirkungseinheit sind ohne Kommunikation nicht möglich. Die soziale und personale Basisfunktion von Kommunikation und Information für die Grundrechtsausübung muß daher selbst unter den Schutz der Grundrechte fallen.

Außerhalb der Rufweite ist Kommunikation auf technische Unterstützung angewiesen. Telekommunikation ist somit Voraussetzung für die Wahrnehmung

---

1 Siehe hierzu z.B. Podlech 1989, 212, 254, 265f.; Luhmann 1965, 61 ff., 66 ff., 72; Suhr 1976, 80 ff., 88f. mwN.

nahezu aller Grundrechte. Sie erweitert jedoch nicht nur die räumlichen und zeitlichen Möglichkeiten von Kommunikation und Information, sondern setzt diese auch neuen Begrenzungen, Zwängen und Gefährdungen aus. Sie ist nicht nur ein neutrales Medium zur freien Gestaltung der Kommunikation. Sie legt vielmehr die Strukturen fest, innerhalb derer der Einzelne agieren kann.

Telekommunikationssysteme erbringen aktive Leistungen und zwingen - je komfortabler sie sind, umso mehr - den Nutzern ihre Bedingungen auf.[2] Ihre Nutzung führt zu einem Konflikt zwischen der Unterstützung des einzelnen bei der Wahrnehmung seiner Selbstbestimmungschancen und der Bevormundung seiner Aktivitäten.[3]

Die jeweils spezifische Technik der Kommunikationsvermittlung und Informationsverarbeitung ist somit grundrechtsrelevant. Verändert sich das technische und organisatorische System der Telekommunikation und verursacht diese Veränderung neue Risiken, so müssen auch die Grundrechte neu konkretisiert werden, um die Schutzziele unter veränderten Bedingungen ohne Einbußen gewährleisten zu können.[4]

Die Sicherung der Selbstbestimmung des einzelnen erfordert im Zeitalter der Telekommunikation eine Konkretisierung der Freiheitsrechte, die den neuartigen Gefährdungen gerecht wird. Soweit es der Schutz der Persönlichkeit gegen neue Risiken der Technik erfordert, darf sich "das Recht ... in diesem Punkt der technischen Entwicklung nicht beugen".[5] Dabei darf es nicht genügen, organisatorische Regelungen und Verhaltensanweisungen an die Menschen zu fordern. Vielmehr ist Sicherheit und Gewißheit menschlichen Verhaltens vor allem durch entsprechende **Gestaltung der Technik** zu gewährleisten - also durch Anforderungen an die Technik als verfestigtes menschliches Handeln. Dagegen sind rechtliche Regeln für die Nutzung der Technik, die allein das Verhalten der Menschen den Erfordernissen einer als gegeben hingenommenen Technik anpassen, unzureichend.[6] Sozialunverträglicher Gebrauch der Technik muß nicht mehr verboten und kontrolliert werden, wenn er durch sozialverträgliche Gestaltung technischer Systeme ausgeschlossen ist. Entscheidend ist also, ob aus Grundrechten solche technische Gestaltungsanforderungen abgeleitet werden können. Dabei kommt es darauf an, die Gefährdungen zu vermeiden, ohne die Vorteile

---

2 Siehe hierzu Brinckmann 1986, 25 ff.; Roßnagel/Wedde/Hammer/Pordesch 1990b, 43f.

3 Siehe z.B. Simitis, KJ 1988, 43.

4 Siehe z.B. Podlech 1989, 273; ob die Grundrechte als Abwehrrecht, Schutzpflicht oder Teilhaberecht zu konkretisieren sind, hängt von den Umständen ab, unter denen tatsächliche Grundrechtsausübung ermöglicht werden kann, siehe hierzu auch Roßnagel 1991, 106 ff.

5 BVerfGE 35, 202 (227) zitiert hier BGH, NJW 1966, 2354.

6 Siehe z.B. Scherer 1989, 22f.; Dürig, in: Maunz/Dürig, Art. 10 Rdn 21; Kerkau 1987, 20f.; Simitis, KJ 1988, 37f.; Roßnagel/Wedde/Hammer/Pordesch 1990b, 8, 163 mwN; BVerfGE 65,1 (48, 58 ff.) fordert grundrechtskonforme Voraussetzungen für die Verarbeitung personenbezogener Daten.

für die Ausübung von Grundrechten zu verlieren. Lediglich als zweitbeste Lösung wäre zu erwägen, Risiken durch Verhaltensanforderungen einzuschränken.

2.1.2 Konkretisierung rechtlicher Vorgaben

Da also Telekommunikationstechnik die Verwirklichungsbedingungen von Grundrechten verschlechtert oder verbessert, in jedem Fall aber verändert, sind aus diesen Bewertungskriterien, -vorschläge und Gestaltungsanforderungen, zu gewinnen. Rechtliche Regelungen zu treffen, die die Grundrechtsziele technik- und risikoadäquat konkretisieren, ist Aufgabe des Gesetzgebers, sie genauer auszugestalten, Aufgabe des Verordnungsgebers.[7]

Umfassende, speziell auf die Chancen und Risiken der Telekommunikation bezogene rechtliche Regelungen fehlen jedoch weitgehend.[8] Neben der Verordnung über den Datenschutz bei Dienstleistungen der Deutschen Bundespost TELEKOM (TDSV)[9] und der Verordnung über den Datenschutz bei Dienstleistungen privater Diensteanbieter (UDSV)[10] gibt es keine speziell die Grundrechtsfragen der Telekommunikation berührende Regelungen.[11] Die EG-Kommission hat eine "Richtlinie zum Schutz personenbezogener Daten und der Privatsphäre in öffentlichen digitalen Telekommunikationsnetzen, insbesondere im diensteintegrierenden digitalen Telekommunikationsnetz (ISDN) und in öffentlichen digitalen Mobilfunknetzen" vorgeschlagen[12], die derzeit aber noch nicht verabschiedet ist. Beide Verordnungen und der Richtlinienentwurf betreffen nur die öffentliche Telekommunikation. Die Telekommunikation in betrieblichen oder behördlichen Telefon- oder ISDN-Systemen wird von diesen nicht unmittelbar erfaßt. Wo einzelne Bestimmungen dieser Regelungen auch auf die interne Telekommunikation übertragbar sind, wollen wir sie dennoch heranziehen, da sie helfen, datenschutzrechtliche Anforderungen an die Telekommunikation zu konkretisieren.

Gesetzliche Regelungen zum Schutz von Grundrechten sind nur in den allgemeinen, nicht speziell für die interne Telekommunikation geschaffenen Vorschriften der Datenschutzgesetze und des kollektiven und individuellen Arbeitsrechts zu finden. Insbesondere den Mitbestimmungsregelungen des Betriebsverfassungsgesetzes und der Personalvertretungsgesetze und den auf ihrer Grundlage vereinbarten Betriebs- und Dienstvereinbarungen kommt eine grundrechts-

---

7 Siehe z.B. Roßnagel/Wedde, DVBl 1988, 562 ff.

8 So z.B. auch Walz, CR 1990, 56.

9 BGBl I 1991, 1390.

10 BGBl I 1991, 2337.

11 Diese Verordnungen sind nach dem Beschluß des BVerfG vom 25.3.92, NJW 1992, 1875 verfassungswidrig, soweit sie Grundrechtseingriffe erlauben, weil sie auf keiner ausreichenden Ermächtigungsgrundlage beruhen.

12 EG-Kommission 1990.

schützende Funktion zu.[13] Soweit diesen Gesetzen grundrechtskonkretisierende Regelungen zu entnehmen sind, wollen wir im folgenden jeweils auf das Bundesdatenschutzgesetz (BDSG) und das Bundespersonalvertretungsgesetz (BPersVG) sowie das Betriebverfassungsgesetz (BetrVG) zurückgreifen und für die Ländergesetze beispielhaft das Hessische Datenschutzgesetz (HDSV) und das Hessische Personalvertretungsgesetz (HPVG) berücksichtigen.

Alle diese Regelungen betreffen jedoch nur einen kleinen Ausschnitt der Chancen und Risiken, die für die Grundrechte von der Telekommunikationstechnik zu erwarten sind. Außerdem sind auch diese Regelungen grundrechtskonform für ISDN-Telefonsysteme zu konkretisieren. Wollen wir die Technik von Telefon- oder ISDN-Systemen rechtsgemäß gestalten und anwenden, ist es also erforderlich, aus den Grundrechten selbst Kriterien zur Bewertung und Gestaltung von Telefon- oder ISDN-Systemen zu gewinnen.

Da die betroffenen Grundrechte aber nicht unmittelbar als Beurteilungs- und Gestaltungsgrundlagen an eine Telefon- oder ISDN-Anlage herangetragen werden können, haben wir eine Methode (KORA - Konkretisierung rechtlicher Anforderungen zu technischen Gestaltungsvorschlägen[14]) entwickelt, sie in vier Stufen bis hin zu Anforderungen an die Technik zu konkretisieren.

1. Aus den wichtigsten Grundrechten leiten wir in der ersten Stufe sechs **rechtliche Anforderungen** ab, die die allgemeine Fassung dieser Rechtsgewährleistungen auf die spezifischen Chancen und Risiken der Telefon- oder ISDN-Technik hin konkretisieren.
2. In der zweiten Stufe werden diese Anforderungen zu neun **rechtlichen Kriterien** präzisiert, denen die Ausgestaltung und der Betrieb einer Telefon- oder ISDN-Anlage gerecht werden müssen. Sie werden gewonnen, indem nach Regeln gesucht wird, nach denen die grundrechtlichen Anforderungen gegenüber den spezifischen Eigenschaften, Risiken und Anwendungsbedingungen der Technik erfüllt werden können.
3. In der dritten Stufe fragen wir nach **Zielen technischer Gestaltung**, um eine Anlage kriteriengerecht auszulegen und zu konfigurieren. Die Gestaltungsziele werden dadurch gewonnen, daß von der Technik her gefragt wird, wie müssen die Funktionen, aus denen zum Beispiel Leistungsmerkmale zusammengesetzt sind, spezifiziert sein, um diese Kriterien zu erfüllen.
4. In der vierten Stufe formulieren wir dann konkrete technische Bedingungen, um diese technischen Gestaltungsziele zu erreichen. Auf dieser Ebene technischer Konkretion kann durch einen Vergleich zwischen den Merkmalen einer gegebenen Telefon- oder ISDN-Anlage und den zu erfüllenden Bedingungen bewertet werden, wo die Anlage rechtlichen Anforderungen entspricht und wo sie Defizite aufweist. Zu

---

13 Siehe hierzu auch Steinmüller, CR 1989, 606.

14 Siehe hierzu auch Hammer/Pordesch/Roßnagel 1992.

deren Behebung werden in der Diskussion der einzelnen Leistungsmerkmale **technische Gestaltungsmöglichkeiten** aufgezeigt.

Im weiteren Verlauf dieses Kapitels werden die ersten beiden der insgesamt vier Konkretisierungsschritte im Rahmen einer rechtlich orientierten Systematik dargestellt. In den nachfolgenden Kapiteln werden im Rahmen einer technisch orientierten Betrachtungsweise die Schritte drei und vier erfolgen.

Zuerst gilt es jedoch, die Grundrechte zu identifizieren, die Schutz vor den Risiken der Informations- und Kommunikationstechnik gewährleisten sollen. Dies soll im folgenden Abschnitt (2.2) unternommen werden. Das Grundgesetz enthält allerdings keine normativen Aussagen, die unmittelbar auf technische Systeme anwendbar sind. Aufgabe des dritten Abschnitts (2.3) ist es daher, den Normtext entsprechend den Chancen und Risiken der Technik auf die grundrechtlichen Anforderungen zur Gestaltung von Telefon- oder ISDN-Anlagen zu konkretisieren. Die Grundrechte gewähren jedoch keinen unbeschränkten Schutz. Um legitime Ziele einer Organisation erreichen zu können, müssen deren Mitglieder und Angehörige rechtmäßige Einschränkungen ihrer Grundrechte akzeptieren. Im vierten Abschnitt (2.4) wird daher untersucht, inwieweit die Grundrechte zu diesem Zweck eingeschränkt werden können.

Telefon- oder ISDN-Systeme werden in unterschiedlichen Anwendungsumgebungen eingesetzt. Viele dieser Anwendungsumgebungen unterliegen spezifischen rechtlichen institutionellen Regelungen. Da diese vor und während des Einsatzes moderner Telefon- oder ISDN-Systeme zu berücksichtigen sind, werden einige von ihnen im fünften Abschnitt (2.5) exemplarisch dargestellt. Nach diesen Vorarbeiten können im letzten Abschnitt (2.6) dieses Kapitels auf der zweiten Konkretisierungsstufe neun rechtliche Kriterien zur Bewertung und Gestaltung von Telefon- oder ISDN-Systemen entwickelt werden.

2.2 Betroffene Grundrechte

Je nach Anwendungsfeld werden von Telekommunikationsanlagen viele unterschiedliche Grundrechte berührt. Im folgenden wollen wir uns jedoch auf die Betrachtung der Grundrechte beschränken, die in jedem Fall durch die Nutzung von Telefon- oder ISDN-Systemen betroffen sind.

2.2.1 Fernmeldegeheimnis

Die Vertraulichkeit individueller Kommunikation, soweit sie fernmeldetechnisch übertragen wird, ist das Schutzgut des durch Art. 10 Abs. 1 GG geschützten Fernmeldegeheimnisses. Dieses Grundrecht gewährleistet "die freie Entfaltung der Persönlichkeit durch einen privaten, vor den Augen der Öffentlichkeit verborgenen Austausch von Nachrichten, Gedanken und Meinungen."[15] Ausreichender Schutz gegen die Risiken der Telefon- und ISDN-Technik ist also in erster Linie in einer Konkretisierung des Fernmeldegeheimnisses zu suchen. Denn es schützt nicht nur die Vertraulichkeit des Inhalts, sondern auch das Ob und das Wie der Kommunikation[16]. Es erstreckt sich auf alle Formen der Nachrichtenübertragung, die mit Mitteln des Fernmeldeverkehrs stattfinden - also auch auf alle neuen Formen individueller Telekommunikation.[17] Art. 10 Abs. 1 GG ist also einschlägige Schutznorm, soweit Telekommunikation dem Risiko der Einsichtnahme staatlicher Stellen[18] ausgesetzt ist.[19] Er gewährleistet jedoch keinen umfassenden Schutz gegen alle Risiken, die von den neuen Telekommunikationstechniken für Freiheitsrechte ausgehen können. Denn er gewährleistet zum Beispiel nicht die Transparenz der Kommunikationsvorgänge für alle Beteiligten oder den Entscheidungsspielraum der Kommunikationspartner.[20]

Das Fernmeldegeheimnis schützt lediglich einen speziellen Ausschnitt der Persönlichkeit - nämlich vor Kenntnisnahme des durch Kommunikationssysteme unterstützten Austausches von Informationen.[21] Soweit sein Schutzbereich reicht, geht es anderen Grundrechten vor.[22] Jenseits dieses Schutzbereichs ist aber ein umfassender Schutz gegen verbleibende Freiheitsrisiken moderner

---

15 BVerfGE 67, 157 (171); BVerfG, NJW 1992, 1875.

16 BVerfGE 67, 157 (172); BVerfG, NJW 1992, 1875; siehe hierzu auch § 10 Abs. 1 Satz 3 FAG sowie z.B. VG Bremen, NJW 1978, 67 sowie Roßnagel, KJ 1990, 273f.

17 Siehe z.B. Scherer 1989, 24.

18 Dabei ist umstritten, ob dieses Grundrecht nur die öffentliche Telekommunikation betrifft oder darüber hinaus auch die Telekommunikation innerhalb staatlicher Dienststellen vor Einsichtnahme schützt. Für die Geltung z.B. VG Bremen, NJW 1978, 67; Meyn, NJW 1978, 658; Erichsen, VerwA 1980, 436; Schatzschneider, NJW 1981, 286f.; dagegen OVG Bremen, NJW 1980, 607; Garstka 1988, 667; zweifelnd v. Münch, NJW 1978, 68. Diese Streitfrage ist angesichts der Bindung aller staatlichen Gewalt an die Grundrechte zu bejahen.

19 Entsprechend den technischen Möglichkeiten wurden im Vorgriff auf ISDN die Kontrollbefugnisse des Verfassungsschutzes, des Bundesnachrichtendienstes und des Militärischen Abschirmdienstes auf alle Telekommunikationsdienste und auch auf alle - auch privaten - Anbieter von Telekommunikationsdiensten in dem durch das Poststrukturgesetz neugefaßten § 1 des Gesetzes zur Beschränkung des Brief-, Post- und Fernmeldegeheimnisses ausgeweitet.

20 Ein weiteres Defizit enthält Art. 10 Abs. 1 GG, wenn er ausschließlich staatsgerichtet interpretiert wird und ihm keine mittelbare Drittwirkung zuerkannt wird - siehe hierzu z.B. Gusy, Jus 1986, 92, 95. Siehe jedoch hiergegen mit beachtlichen Gründen, die die Strukturreform der Telekommunikation und die zunehmende Bedeutung von Telekommunikationskontakten berücksichtigen, Schapper/Schaar, CR 1990, 777f.

21 Siehe hierzu z.B. BVerfGE 67, 157 (169 ff.); Gusy, JuS 1986, 89 ff.; Badura 1987, 25; Scherer 1989, 21, 25.

22 BVerfGE 67, 157 (171).

Telefon- oder ISDN-Anlagen nur in einer risikoadäquaten Konkretisierung der Entfaltungsfreiheit und des Persönlichkeitsrechts zu gewinnen.[23]

2.2.2 Entfaltungsfreiheit und Persönlichkeitsschutz

Das durch Art. 2 Abs. 1 gewährleistete "Recht auf freie Entfaltung der Persönlichkeit" schützt zwei Ausprägungen menschlichen Seins[24]: das Handeln oder Unterlassen, das die Freiheit seiner Entfaltung begründet,[25] und - in Verbindung mit dem Schutz der Menschenwürde durch Art. 1 Abs. 1 GG - die Verhaltensweisen, die seine Persönlichkeit konstituieren.[26]

Was aber ist - in Hinblick auf die Risiken moderner Telekommunikationssysteme unter Entfaltung und Schutz der Persönlichkeit zu verstehen? Diese Grundrechte sind für die Technikbewertung nicht nur wegen der Weite ihres Schutzbereichs, sondern vor allem wegen ihrer Funktion bedeutsam, auch gegen "neue Gefährdungen der menschlichen Persönlichkeit" durch die moderne Entwicklung der Technik Schutz zu gewähren.[27] Um dieses Schutzziel zu erreichen, erfordern sie immer wieder zeitgemäße und gefährdungsadäquate Konkretisierungen ihres Schutzgehalts.[28] Um das Schutzziel beider Grundrechte auch gegenüber der neuen Technik durchzusetzen, kommt es daher darauf an, sie im Hinblick auf die speziellen Risiken und das besondere Anwendungsumfeld zu konkretisieren.[29]

Eine den Risiken moderner Telekommunikation adäquate Konkretisierung ist in Anlehnung an diese bereits gefundenen kommunikationsbezogenen Ausprägungen des Grundrechts aus Art. 2 Abs. 1 GG zu suchen. So schützt das aus Art. 2 Abs. 1 GG abgeleitete **Recht am gesprochenen Wort** "die Befugnis ..., selbst zu bestimmen, ob seine Worte einzig dem Gesprächspartner, einem be-

---

[23] Das Fernmeldegeheimnis ist aber insofern weiter, als es auch die Telekommunikation juristischer Personen schützt. Siehe hierzu auch § 1 TDSV.

[24] Soweit es um den Schutz der Entfaltungsfreiheit und der Persönlichkeit im Rahmen von Arbeitsverhältnissen geht, ist dieser Schutz grundrechtsdogmatisch Art. 12 Abs. 1 GG zuzuordnen - siehe z.B. näher Schneider, VVDStRL 43 (1985), 38f.; um auch Fälle außerhalb von Arbeitsverhältnissen zu erfassen, und weil die für Informations- und Komunikationstechniken wichtigen Grundrechtskonkretisierungen des informationellen und kommunikativen Selbstbestimmungsrechts aus Art. 2 Abs. 1 GG abgeleitet worden sind, werden im folgenden trotz des dogmatischen Vorrangs des Art. 12 Abs. 1 GG die Grundrechte des Art. 2 Abs. 1 GG neben denen des Art. 12 Abs. 1 GG dargestellt.

[25] Siehe z.B. BVerfGE 6, 32 (37); 63, 45 (60).

[26] Siehe z.B. BVerfGE 54, 148 (153); 65, 1 (41); 72, 155 (170).

[27] Vgl. hierzu BVerfGE 54, 148 (153); 65, 1 (41); 72, 155 (170); Badura 1987, 13; Schmitt Glaeser 1989, 54.

[28] Siehe hierzu Podlech 1989, 258, 270, 273; für das Verhältnis von Persönlichkeitsrecht und informeller Selbstbestimmung so auch Benda, DuD 1984, 89.

[29] Siehe hierzu näher Roßnagel, KJ 1990, 267 ff.

stimmten Kreis oder der Öffentlichkeit zugänglich sein sollen"[30] und "ob und von wem seine auf einem Tonträger aufgenommenen Worte wieder abgespielt werden dürfen".[31] Es schützt davor, daß dem Grundrechtsträger "Äußerungen in den Mund gelegt werden, die er nicht getan hat und die seinen von ihm selbst definierten sozialen Geltungsanspruch beeinträchtigen".[32] Das Recht am gesprochenen Wort schützt im Rahmen der Telefonkommunikation außerdem "die Befugnis des Sprechenden, den Kreis der Adressaten seiner Worte selbst zu bestimmen".[33] Das ebenfalls aus Art. 2 Abs. 2 GG konkretisierte **Recht am eigenen Bild** schützt "das Verfügungsrecht über Darstellungen der Person. Jedermann darf grundsätzlich selbst und allein bestimmen, ob und inwieweit andere sein Lebensbild oder bestimmte Vorgänge aus seinem Leben öffentlich darstellen dürfen."[34] Zu diesen Konkretisierungen gehört auch das weiter unten näher erörterte **Recht auf informationelle Selbstbestimmung**.[35]

Diese Konkretisierungen sind Ausschnitte bzw. besondere Ausprägungen des allgemeinen Persönlichkeitsrechts[36], umschreiben den Schutz der Persönlichkeit jedoch nicht abschließend.[37] Aufgabe des allgemeinen Persönlichkeitsrechts ist es vielmehr, die konstitutiven Bedingungen der Persönlichkeitsbildung jeweils adäquat zu schützen, "namentlich im Blick auf moderne Entwicklungen und die mit ihnen verbundenen neuen Gefährdungen für den Schutz der menschlichen Persönlichkeit".[38] Unter sich wandelnden Umständen kann der Persönlichkeitsschutz nur zielorientiert verwirklicht werden: Geschützt sind jeweils "die Rechtspositionen, die für die Entfaltung der Persönlichkeit notwendig sind".[39]

In diesem Sinn werden diese beiden Grundrechte im folgenden - wobei wir ihre Bezüge zu anderen betroffenen Grundrechten berücksichtigen - auf die spezifischen neuen Gefährdungstatbestände hin konkretisiert. Als Konkretisierungen, die diese Anforderungen erfüllen, werden im folgenden die Rechte auf Schutz unbefangener Kommunikation, auf kommunikative und informationelle Selbstbestimmung aus dem Schutz der Persönlichkeit, das Recht auf autonome Arbeitsgestaltung aus der Entfaltungsfreiheit abgeleitet.

Als Ausdruck des Persönlichkeitsrechtes und zum Schutz von Vertrauensbeziehungen sind bestimmte, höchstpersönliche Informationen als **private Geheimnisse** rechtlich in besonderer Weise geschützt. Solche Geheimnisse - wie das Patientengeheimnis oder das Mandantengeheimnis - sind vor staatlichen Eingriffen oder - wenn sie wie beim Amtsgeheimnis, Steuergeheimnis oder dem So-

---

30 BVerfGE 54, 148 (155); BGHZ 27, 248 (286); BVerfG, NJW 1992, 815.
31 BVerfGE 34, 238 (246f.); 54, 148 (155).
32 BVerfGE 54, 208 (217).
33 BVerfG, NJW 1992, 816.
34 BVerfGE 35, 202 (220).
35 BVerfGE 65, 1 (43).
36 Siehe z.B. BVerfGE 35, 202 (224).
37 BVerfGE 54, 148 (153f.).
38 BVerfGE 54, 148 (153); 65, 1 (41); 72, 155 (170).
39 BVerfGE 34, 238 (246).

zialgeheimnis staatlichen Behörden offenbart werden müssen - gegen Kenntnisnahme anderer Behörden oder Dritter zu sichern.[40]

Die Entfaltungsfreiheit und das Persönlichkeitsrecht sind hinsichtlich der Telefon- oder ISDN-Systeme aber nicht nur aus dem Blickwinkel der Risikoabwehr zu berücksichtigen. Sie beinhalten vielmehr auch positive Zielsetzungen, die Technik so zu gestalten, daß sie dem einzelnen zusätzliche Chancen bietet, sich zu entfalten.

Denn zum einen ist die Gewährleistung der Entfaltungsfreiheit zu verstehen als "Eröffnung eines Freiraums zu eigener, bewußter und gestaltender Selbstentfaltung".[41] Das impliziert die Entfaltung nach je eigenem Entwurf. Jeder soll selbstverantwortlich als autonomes Individuum über seine Entfaltung frei entscheiden können.[42] Welche Mittel er wählt, um sich zu entfalten, ob er zum Beispiel seine Entfaltung durch technische Mittel unterstützt oder nicht, soll er selbst frei entscheiden können.

Zum anderen sind die Möglichkeiten für ein isoliertes Individuum, sich zu entfalten, beschränkt. Der einzelne erfährt seine Erweiterung erst im Miteinander, im Bezug zu und Kontakt mit anderen als "Bedingungen, Mittel, Verstärker und Vervielfältiger" eigener Freiheit.[43] Entfaltung ist somit auch eine interaktionistische und kommunikative, sie braucht die Beziehung zum Mitmenschen und hat sie zum Gegenstand.[44] Kommunikationstechnik kann und soll diese kommunikative Komponente der Entfaltungsfreiheit unterstützen.

2.2.3 Freiheit der Berufsausübung

Viele Berufe können ohne Telekommunikationstechnik gar nicht ausgeübt werden. Sie erfordern eine Vielzahl von Fernkontakten, unmittelbaren, zeitgleichen Informationsaustausch oder die ständige Erreichbarkeit. Für viele andere Berufe erleichtern Telefon- oder ISDN-Technik die Arbeit. Sie bieten Hilfestellungen für die Telekommunikation an, nehmen bestimmte Arbeitsschritte ab und erhöhen den Bedienungskomfort. Sie können aber auch diejenigen, die mit ihnen arbeiten müssen, neuen Belastungen und Zwängen aussetzen. Die Nutzung von Telefon- oder ISDN-Systemen berührt daher unmittelbar die Freiheit der Berufsausübung.[45]

Die Berufsfreiheit des Art. 12 Abs. 1 GG schützt die Tätigkeiten, die mit einer gewissen Nachhaltigkeit auf den Erwerb der Lebensgrundlagen gerichtet sind.

40 Siehe hierzu näher unten 2.4 (A6).
41 Erichsen 1989, 1194.
42 Siehe Podlech 1989, 263.
43 Suhr, EuGRZ 1984, 535.
44 Erichsen 1989, 1194.
45 Siehe hierzu näher Schneider/Stitzel, zfo 1/1990, 45 ff.; Nake 1988; Hermann, 1988, 525 ff.; Herrmann/Heß/Meise 1988, 62 ff.; Schapper/Schaar, CR 1990, 719; Bräutigam/Kölbach 1990; Siemens, ISDN - Information und Argumente, 18f.

Sie gilt sowohl für die Berufstätigkeit von Selbständigen als auch für die Berufsausübung von Arbeitern, Angestellten und Beamten.[46] Von der Berufsfreiheit geschützt ist auch die Unternehmerfreiheit als die eigenverantwortliche Entscheidung des Unternehmers über den Kapitaleinsatz.[47] Die Freiheit der Berufsausübung umfaßt die gesamte Tätigkeit, in der ein gewählter Beruf seinen realen Niederschlag findet. Hierunter fallen auch die Organisation der Arbeitsabläufe und die Auswahl und Verwendung von Anlagen und Geräten.[48] Schließlich garantiert Art. 12 Abs. 1 GG mit freiheitlichen Arbeitsbedingungen zugleich die berufsbezogenen Persönlichkeitsrechte des Arbeitnehmers[49], die ihn vor ungerechtfertigter betrieblicher Überwachung oder Ausforschung schützen.[50]

Viele Berufe setzen eine Vertrauensbeziehung zwischen dem Berufsausübenden und den Betroffenen voraus. Ohne eine geschützte Sphäre vertraulichen Informationsaustausches wäre zum Beispiel die Arbeit von Ärzten, Apothekern, Rechtsanwälten, Psychologen, Steuerberatern, Buchprüfern, Erziehungsberatern, Sozialarbeitern oder Mitarbeitern von Krankenversicherungen nicht möglich. Für diese und ähnliche Berufe ist die Einhaltung der Berufsgeheimnisse eine notwendige Bedingung der Berufsausübung. Für sie ist die Gewährleistung einer vertraulichen Kommunikation Bestandteil der Berufsfreiheit.[51]

2.2.4 Eigentum

Eine Telefon- oder ISDN-Anlage gehört als Produktionsmittel im weitesten Sinn zum Unternehmen. Dadurch kann der Eigentumsschutz des privaten Betreibers in dreifacher Weise berührt sein. Zum einen ist die Anlage im gegenständlichen Sinn sowie ihre ökonomische Nutzung durch Art. 14 Abs. 1 geschützt.[52] Grundsätzlich entscheidet der Eigentümer über die Anschaffung der Anlage und bestimmt die Form und den Umfang ihrer Nutzung. Soweit er sie in seinem Betrieb einsetzt, ist er zu einer Kontrolle ihres wirtschaftlichen Einsatzes berechtigt.

Zum anderen erfaßt der Schutzbereich dieses Grundrechts nicht nur das sachenrechtliche Eigentum, sondern grundsätzlich jede vermögenswerte Rechtsposition. Für die Geschäftskommunikation heißt dies, daß Art. 14 Abs. 1 GG die Kommunikationsinhalte schützt, die als Geschäfts- oder Betriebsgeheimnisse

---

46 BVerfGE 50, 290 (350).

47 Siehe Breuer 1989, 919.

48 Siehe Breuer 1989, 919; Schneider, VVDStRL 43 (1985), 30; Stein, 1967, 269 ff; Benda 1984 Festschrift für Stingl, 35 ff.

49 Siehe zum dogmatischen Vorrang des Art. 12 Abs. 1 GG vor Art. 2 Abs. 1 GG oben Fn 24.

50 Siehe z.B. Schneider, VVDStRL 43 (1985), 33, 42; Badura 1973, 25; Löwisch, AuR 1972, 359 ff.

51 Siehe hierzu auch Kapitel 2.4 (A6).

52 Siehe z.B. Rittstieg 1989, 1091, 1103.

ein vermögenswertes Recht darstellen.[53] Dies ist der Fall, wenn Informationen im Augenblick ihrer Verfügbarkeit oder zu einem späteren Zeitpunkt vom Unternehmen wirtschaftlich genutzt werden können oder deren Offenlegung oder Verwertung durch Dritte für das Unternehmen wirtschaftlich nachteilig ist.

Schließlich ist die Anlage Teil des Unternehmens als organisatorische Einheit. Ob das "Recht am eingerichteten und ausgeübten Gewerbebetrieb" unter den verfassungsrechtlichen Schutz des Art. 14 Abs. 1 GG fällt, ist allerdings rechtlich unsicher. Während der Bundesgerichtshof dieses Recht zu den Objekten der Eigentumsgewährleistung zählt,[54] hat das Bundesverfassungsgericht die Frage ausdrücklich offen gelassen, ob der eingerichtete und ausgeübte Gewerbebetrieb als organisatorische Gesamtheit unter den Eigentumsschutz fällt.[55] Jedenfalls gehe sein Schutz nicht weiter als der Schutz, den die Produktionsmittel als seine wirtschaftliche Grundlage genießen.[56] In keinem Fall sind jedoch die mit einer Telefon- oder ISDN-Anlage verbundenen Verbesserungen der Erwerbschancen oder Gewinnaussichten durch das Eigentum geschützt.[57] Denn Art. 14 Abs. 1 GG schützt nur das "Erworbene, das Ergebnis der Betätigung". Der "Erwerb, die Betätigung selbst" werden allenfalls Art 12 Abs. 1 GG zugerechnet.[58]

Die Eigentumsrechte an der Telefon- oder ISDN-Anlage begründen für den Betreiber jedoch nicht das Recht, frei darüber zu entscheiden, ob und in welcher Weise die Anlage von anderen zu nutzen ist. Denn das Arbeiten mit einer solchen Anlage beeinflußt die Bedingungen, unter denen die Arbeitnehmer ihre Grundrechte im Betrieb wahrnehmen.[59] Die Ausübung der Eigentumsrechte an der Anlage stehen deshalb unter dem Vorbehalt, daß sie nicht gegen die Regeln der betrieblichen Mitbestimmung, des individuellen Arbeitsrechts, des Datenschutzrechts und des Schutzes anderer Grundrechte verstoßen.[60]

2.3 Grundrechtliche Anforderungen

Die beschriebenen rechtlichen Vorgaben werden in diesem Abschnitt auf die spezifischen Risiken der Informations- und Kommunikationstechnik hin zu sechs

53 Siehe Taeger 1988, 60 ff. mwN.

54 Siehe z.B. BGH, NJW 1980, 2457; ebenso auch Leisner 1989, 1064 ff.

55 Siehe BVerfGE 51, 193 (221f.).

56 Siehe BVerfGE 58, 300 (353).

57 BVerfGE 45, 142 (150); siehe z.B. auch Pieroth/Schlink 1991, 235.

58 BVerfGE 30, 292 (334f.); 68, 193 (222); 74, 129 (148). Dagegen hält Schneider, VVDStRL 43 (1985), 39 eine Abgrenzung danach geboten, ob der Eingriff in die Rechtssphäre des Bürgers einen stärkeren Sach- oder Personenbezug hat.

59 Zur "Fremdbestimmung" dieser Grundrechte durch die unternehmerische Leitungsbefugnis siehe BVerfGE 50, 290 (349).

60 Siehe hierzu z.B. § 75 Abs. 2 BetrVG.

rechtlichen Anforderungen konkretisiert. Diese sollen im folgenden als Ausgangspunkt rechtlicher Bewertung und Gestaltung der Telefon- oder ISDN-Technik dienen. Zum Teil hat der Gesetz- oder Verordnungsgeber solche Konkretisierungen etwa im Datenschutz- oder Arbeitsrecht bereits vorgenommen. Zum Teil müssen diese Anforderungen aber auch unmittelbar aus den genannten Grundrechten gewonnen werden.

(A1) Entfaltungsmöglichkeiten

Telefon- oder ISDN-Systeme sollen die Verwirklichungsbedingungen der Entfaltungsfreiheit, der Berufsausübung und der Eigentumsnutzung verbessern, indem sie die Wirkungsmacht des Individuums verstärken und seinen Verhaltensspielraum erweitern.

Telekommunikationtechnik unterstützt die Entfaltungsfreiheit, wenn sie die Möglichkeiten für den einzelnen Nutzer vergrößert, sich durch Kommunikation mit anderen zu verwirklichen. Solche Verbesserungen können beispielsweise darin liegen, durch die Erleichterungen in der Herstellung von Kommunikationsverbindungen Zeit für andere Tätigkeiten zu gewinnen, mehr Telekontakte zu ermöglichen oder die eigene Erreichbarkeit zu erhöhen.

Telekommunikationstechnik kann die Berufsausübung insbesondere der im Bürobereich Beschäftigten unterstützen, wenn sie die zur Durchführung der Berufsarbeit erforderlichen Telekontakte ermöglicht, erleichtert oder effektiviert.

Telefon- oder ISDN-Systeme können die Chancen, den eingerichteten Gewerbebetrieb zu erhalten und zu nutzen, erhöhen. Sie können die Erwerbschancen des Unternehmers verbessern. Zwar stehen die Nutzung des Eigentums und die Chancen auf Erwerb unter dem Vorbehalt, daß dadurch keine rechtlichen Regeln zum Schutze Dritter verletzt werden. Unter dieser Einschränkung vermag die Einführung und Nutzung moderner Kommunikationstechnik die Verwirklichungsbedingungen der Grundrechte aus Art. 12 Abs. 1 GG und Art. 14 Abs. 1 GG zu verbessern.

(A2) Unbefangene Kommunikation

Aus dem durch Art. 2 Abs. 1 GG jedem gewährleisteten Recht auf freie Entfaltung seiner Persönlichkeit und der durch Art. 1 Abs. 1 GG geschützten Würde des Menschen hat das Bundesverfassungsgericht das allgemeine Persönlichkeitsrecht abgeleitet, das in seinem sozialen und kommunikativen Kern das Recht zur autonomen Selbstdarstellung beinhaltet.[61] Für die nicht-öffentliche Kommunikation, die ja auch durch eine Telefon- oder ISDN-Anlage vermittelt werden soll,

61 Siehe hierzu näher BVerfGE 65, 1 (41); Podlech 1989, 207, 212f., 254; Podlech 1979, 51; Rohlf 1980, 163 ff.; Rüpke 1976, 88f.; Steinmüller u.a. BT-Drs. VI/2836, Teil B 47 ff.; Teil C, 81 ff.; Bach 1987, 40f.

nennt das Bundesverfassungsgericht in seinem "Tonband-Beschluß" als Schutzgut des Art. 2 Abs. 1 GG die "Unbefangenheit der nicht-öffentlichen Kommunikation", die gestört sei, "müsse ein jeder mit dem Bewußtsein leben, daß jedes seiner Worte, eine vielleicht unbedachte oder unbeherrschte Äußerung, eine bloß vorläufige Stellungnahme im Rahmen eines sich entfaltenden Gesprächs oder eine nur aus einer besonderen Situation heraus verständliche Formulierung bei anderer Gelegenheit und in anderem Zusammenhang hervorgeholt werden könnte, um mit ihrem Inhalt, Ausdruck oder Klang gegen ihn zu zeugen. Private Gespräche müssen geführt werden können, ohne den Argwohn und die Befürchtung, daß deren heimliche Aufnahme ohne die Einwilligung des Sprechenden oder gar gegen dessen erklärten Willen verwertet wird."[62] Aus diesen Gründen sind sie nicht nur gegen Verdinglichung, sondern gegen jede ungenehmigte Kenntnisnahme zu schützen. Daher ist zum Beispiel jede Überwachung des Telefons ein Eingriff in die geschützte Kommunikation.[63]

Der Schutz unbefangener Kommunikation ist nicht auf den abgeschlossenen Bereich einer 'Privatsphäre' beschränkt, sondern erfaßt als Grundvoraussetzung persönlicher Identitätsbildung auch die selbstbestimmte Kommunikation außerhalb dieser Sphäre.[64] Kommunikationskompetenz[65] ist auch im Rahmen eines dienstlichen Gesprächs oder einer dienstlichen Nachrichtenübermittlung zu gewährleisten. Denn sie sind nur für einen oder eine begrenzte Anzahl von Empfängern bestimmt und in diesem Sinn ebenfalls nicht-öffentliche Kommunikation. "Der dienstliche oder ein geschäftlicher Charakter des Telefongesprächs beseitigt diese Bestimmungsbefugnis nicht ohne weiteres."[66] Die Möglichkeit, unbefangen zu kommunizieren, ist zwar durch den dienstlichen Zweck beschränkt und überlagert, dennoch ist es die individuelle Angelegenheit des jeweiligen Gesprächspartners, in welchem Stil er kommuniziert, welche 'Gesprächstaktik' er verfolgt, wie 'offen' oder 'verschlossen' er sich gibt - wie er sich und seine Aufgabe seinem Gesprächspartner präsentiert.[67] Auch kann "ein dienstliches Telefongespräch mit Mitteilungen verbunden werden ..., die schon von ihrem Inhalt her zwangsläufig gegenüber dem Arbeitgeber vertraulich behandelt werden sollen. Ob dies im Einzelfall so ist, kann im Vorfeld eines solchen dienstlichen Gesprächs nicht beurteilt werden. Dies hängt von dessen Inhalt und Verlauf ab. Die möglichen verschiedenen Inhalte und Vertraulichkeitsgrade dienstlicher Äußerungen verbieten es deshalb, jeden Schutz des dienstlichen vom

62 BVerfGE 34, 238 (24f. 16)

63 Siehe BVerfGE 67, 157 (169); BAGE 40, 37 (42) - siehe hierzu auch Rüpke 1976, 84.

64 Siehe hierzu für den betrieblichen Bereich ausdrücklich BAGE 40, 37 (41); siehe allgemein z.B. Benda 1974, 34; Podlech 1989, 211f., 265f.; Podlech 1979, 51; Hoffmann-Riem 1989, 421; Schatzschneider, NJW 1981, 269; Gusy, JuS 1986, 89f.; Brandner, JZ 1983, 693 - für eine ungenehmigte Tonbandaufnahme in der öffentlichen Sitzung eines Gemeinderats siehe OLG Köln, NJW 1979, 661.

65 Siehe hierzu näher Roßnagel, KJ 1990, 267 ff.

66 BVerfG, NJW 1992, 816.

67 Siehe hierzu auch Roßnagel 1991, 86 ff.

Arbeitnehmer gesprochenen Wortes gegenüber dem Arbeitgeber abzulehnen."[68] Von "fernmündlichen Durchsagen, Bestellungen oder Börsennachrichten" abgesehen, für die "der objektive Gehalt des Gesagten so sehr im Vordergrund (steht), daß die Persönlichkeit des Sprechenden vollends dahinter zurücktritt"[69], muß daher die Unbefangenheit der Kommunikation grundsätzlich auch für dienstliche Gespräche geschützt sein.[70] Daher beeinträchtigen auch heimliche Tonbandaufnahmen am Arbeitsplatz das Persönlichkeitsrecht, sofern der Betroffene auf die Vertraulichkeit der Äußerungen vertrauen durfte.[71] Ebenso ist das unbemerkte Aufschalten des Arbeitgebers auf ein dienstliches Telefongespräch ein Verstoß gegen dieses Grundrecht.[72]

(A3) Informationelle Selbstbestimmung

Hinsichtlich der Risiken der elektronischen Datenverarbeitung für die freie Entfaltung und den Schutz der Persönlichkeit ist das Grundrecht aus Art. 2 Abs. 1 GG zu einem Recht auf informationelle Selbstbestimmung zu konkretisieren. Dieses "Grundrecht gewährleistet die Befugnis des Einzelnen, grundsätzlich selbst über die Preisgabe und Verwendung seiner persönlichen Daten zu bestimmen". Beschränkungen dieses Rechts sind nur "im überwiegenden Allgemeininteresse" zulässig und dürfen nur soweit reichen, "als es zum Schutz öffentlicher Interessen unerläßlich ist". Sie bedürfen einer "gesetzlichen Grundlage, aus der sich die Voraussetzungen und der Umfang der Beschränkungen klar und für den Bürger erkennbar ergeben" und in der "organisatorische und verfahrensrechtliche Vorkehrungen" getroffen sind, welche der Gefahr einer Verletzung des Persönlichkeitsrechts entgegenwirken".[73] Werden personenbezogene Daten unfreiwillig erhoben, setzt dies voraus, "daß der Gesetzgeber den Verwendungszweck bereichsspezifisch und präzise bestimmt und daß die Angaben für diesen Zweck geeignet und erforderlich sind".[74]

---

68 BVerfG, NJW 1992, 816.

69 BVerfGE 34, 238 (247).

70 Siehe z.B. bereits Wiese, ZfA 1971, 288 mwN; Brandner, JZ 1983, 690; Gliss/Wronka 1987, 20 bestimmen dagegen den Schutzbereichs des Rechts am gesprochenen Wort zu eng.

71 Siehe z.B. BAGE 41, 37 (40f.); BGH, NJW 1982, 1398; LAG Berlin, DB 1988, 1024. Die Entscheidungen des BGH, NJW 1964, 165 und JR 1982, 373, nach denen das Mithören eines Telefongesprächs mit geschäftlichem Inhalt auch ohne Wissen des anderen Teilnehmers im Geschäfts- und Wirtschaftsleben grundsätzlich keine Verletzung des allgemeinen Persönlichkeitsrechts darstelle, widersprechen dem verfassungsrechtlichen Schutz der Kommunikation - siehe z.B. BVerfGE 34, 238 (247); 67, 157 (169); BGHZ 73, 120 ff.; OLG Köln, NJW 1979, 661; BayObLG, NJW 1990, 197 sowie neuerdings BVerfG, NJW 1992, 815f.

72 BVerfG, NJW 1992, 815f.

73 BVerfGE 65, 1 (43f.).

74 BVerfGE 65, 1 (46).

Dieses Recht auf informationelle Selbstbestimmung schützt die Entscheidungsfreiheit des einzelnen, Handlungen vorzunehmen oder sie zu unterlassen, einschließlich der Möglichkeit, sich auch entsprechend dieser Entscheidung tatsächlich zu verhalten.[75] Wer dagegen "nicht mit hinreichender Sicherheit überschauen kann, welche ihn betreffenden Informationen in bestimmten Bereichen seiner sozialen Umwelt bekannt sind, und wer das Wissen möglicher Kommunikationspartner nicht einigermaßen abzuschätzen vermag, kann in seiner Freiheit wesentlich gehemmt werden, aus eigener Selbstbestimmung zu planen oder zu entscheiden."[76] Um zu verhindern, daß die "Bürger nicht mehr wissen können, wer was wann bei welcher Gelegenheit über sie weiß"[77], wird der Betroffene mit der Verfügungsbefugnis über 'seine' Daten ausgestattet, muß die Datenverarbeitung bei ihm ihren Ausgang nehmen, ist ihm gegenüber legitimationsbedürftig und muß ihm gegenüber transparent sein.[78]

Der Schutz der Daten, wer mit wem wann wie lange kommuniziert oder zu kommunizieren versucht hat, ist auch vom Fernmeldegeheimnis erfaßt. Es schützt nicht nur den Inhalt der Kommunikation vor Einsichtnahme und Weiterverarbeitung, sondern auch alle mit dem Telekommunikationsvorgang zusammenhängenden - oben dargestellten[79] - Daten.[80]

Das Recht auf informationelle Selbstbestimmung wird durch die Datenschutzgesetze geschützt und beispielsweise in den Regelungen der §§ 1 BDSG oder 1 und 7 HDSG aufgegriffen, die den Schutz dieses Grundrechtes bei der Verarbeitung personenbezogener Daten als Aufgabe des Gesetzes bezeichnen (§§ 1 HDSG, 1 BDSG) und deshalb die Verarbeitung personenbezogener Daten grundsätzlich verbieten und sodann unter einen Erlaubnisvorbehalt stellen (§§ 4 BDSG, 7 HDSG).[81]

Das Recht auf informationelle Selbstbestimmung schützt allerdings nur gegen spezifische Risiken[82] neuer Kommunikationssysteme: es greift nämlich nach herrschender Meinung nur, soweit über den Kommunikationsvorgang oder

---

75 Podlech, DVR 1976, 26; Podlech 1982, 455. Zu weiteren Nachweise zur Entwicklung des Rechts auf informationelle Selbstbestimmung siehe Heußner 1987, 125.

76 BVerfGE 65,1 (43).

77 BVerfGE 65, 1 (43).

78 Siehe hierzu BVerfGE 65, 1 (43 ff.); Simitis NJW 1984, 400 ff.; Denninger KJ 1985, 219 ff; Podlech 1988, 122.

79 Siehe BVerfG, NJW 1992, 1875f.

80 Siehe BVerfGE 67, 157 (172); siehe hierzu auch § 10 Abs. 1 Satz 3 FAG sowie z.B. VG Bremen, NJW 1978, 67; v. Münch, NJW 1978, 67; Dürig, Art. 10 Rdn 18; Erichsen, VerwA 1980, 436; Pappermann 1985 Art. 10 Rdn 18; Schatzschneider, NJW 1981, 268; Badura 1987, 25; Garstka 1988, 666.

81 Siehe hierzu z.B. auch § 2 Abs. 1 TDSV.

82 BVerfGE 65, 1 (41) stellte fest, daß "die bisherigen Konkretisierungen durch die Rechtsprechung .. den Inhalt des Persönlichkeitsrechts nicht abschließend" umschreiben.

-inhalt "Informationen" erhoben, gespeichert oder sonstwie verarbeitet werden.[83] Die damit verbundenen Rechtsprobleme werden bereits erkannt und - wenn auch noch viel zu schwach - diskutiert.[84] Während sich das Recht auf informationelle Selbstbestimmung danach auf personenbezogene Daten als Kommunikations**inhalt** bezieht und die Verfügungsbefugnis über die Informationen gewährleistet, die das soziale Bild des Einzelnen prägen[85], schützt es nicht die Kommunikation als **aktuellen Prozeß** der Identitätsbildung und Selbstdarstellung.[86] Daher muß das informationelle Selbstbestimmungsrecht durch ein Recht auf kommunikative Selbstbestimmung ergänzt werden, wie es im folgenden entwickelt wird.

(A4) Kommunikative Selbstbestimmung

Die Technik der Telekommunikation gefährdet die Persönlichkeitsrechte der Bürger also nicht nur durch die mit ihr verbundene Datenverarbeitung. Sie greift in die Kommunikation von Menschen ein und formt und bestimmt diese. Sie beeinflußt dadurch unmittelbar die sozialen Voraussetzungen für die freie Entfaltung und Entscheidung des Individuums.

Das allgemeine Persönlichkeitsrecht gewährt nicht nur einen Anspruch auf Abschirmung einer privaten oder gar intimen Vertrauenssphäre, sondern schützt ebenso die zentralen Voraussetzungen für das Tätigwerden der Person in den Beziehungen mit (nicht vertrauten) Dritten und für das Tätigwerden in der Öffentlichkeit. In seinem sozialen und kommunikativen Kern beinhaltet das allgemeine Persönlichkeitsrecht daher das Recht zur autonomen Selbstdarstellung.[87] Dabei geht es nicht nur - wie im Falle der allgemeinen Handlungsfreiheit - um den Schutz einzelner Betätigungen, sondern um deren wesentliche Voraussetzungen.[88]

Damit beinhaltet die kommunikationsbezogene Ausprägung dieses Grundrechts den "dem Schutz der Persönlichkeit zugrundeliegenden Gedanken der Selbstbestimmung: Der Einzelne ... soll grundsätzlich selbst entscheiden können, wie er sich Dritten oder der Öffentlichkeit gegenüber darstellen will, ob und inwieweit

---

83 Siehe BVerfGE 65, 1 (43); nach Schmitt Glaeser 1989, 85 mwN ist es sogar auf "Daten" in "Dateien" beschränkt; siehe dagegen z.B. Groß, AöR 1988, 166, der für den Grundrechtsschutz keinen Unterschied macht, ob eine Information manuell oder automatisch verarbeitet wird.

84 Siehe als jüngstes Beispiel ITG 1990a.

85 Dies können auch Informationen über Kommunikationsprozesse sein.

86 Roßnagel, KJ 1990, 277.

87 Siehe hierzu näher BVerfGE 65, 1 (41); Podlech 1989, 207, 212, 254; Podlech 1979, 51; Saladin 1984, 203; Rohlf 1980, 163 ff.; Steinmüller u.a., BT-Drs. 6/2836, Teil B, 47 ff.; Teil C, 81 ff.

88 Man könnte davon sprechen, daß hier die "soziale Identität" geschützt wird, während es bei der Abschirmung der privat- und Intimsphäre um die "individuelle Identität" geht. Siehe hierzu Jarass, NJW 1989, 859; siehe hierzu auch BVerfGE 54, 148 (153); Schmitt Glaeser 1989, 53, 59.

von Dritten über seine Persönlichkeit verfügt werden kann".[89] Die Selbstbestimmung setzt voraus, daß der von dem einzelnen "selbst definierte soziale Geltungsanspruch" nicht beeinträchtigt wird und daß es "nur Sache der einzelnen Person sein (kann), über das zu bestimmen, was ihren sozialen Geltungsanspruch ausmachen soll".[90]

Dieses Selbstbestimmungsrecht betrifft nicht nur die Entscheidung zu einer Kommunikation, in der sich der einzelne darzustellen vermag, und deren Inhalt, sondern sie muß auch die Kommunikationspartner[91], den Kommunikationsort und die Kommunikationsart[92] sowie das Kommunikationsmedium umfassen. Die Freiheit, über die relevanten Umstände der Kommunikation entscheiden zu können, muß in vergleichbarer Weise gewährleistet sein wie in der unmittelbaren Kommunikation ohne technisches Medium.[93] Durch die Verwendung von Technik darf eine gewährleistete Freiheit nicht eingeschränkt werden.

Autonome Selbstdarstellung[94], Freiheit zur eigenen Entscheidung und zu ihrer Umsetzung[95] setzt Selbstbestimmung in der Kommunikation mit anderen voraus. Kommunikative Kompetenz entscheidet auch über die Entscheidungs- und Handlungskompetenz. Über die Möglichkeiten zu kommunizieren darf daher nur unter Kenntnis des Betroffenen und unter seiner Mitwirkung entschieden werden.[96] Dieses Recht auf kommunikative Selbstbestimmung[97] schließt als notwendige Voraussetzung autonomer Selbstdarstellung nicht nur das Recht ein, den Gesprächsinhalt, sondern auch die Gesprächspartner und die Gesprächssituation frei zu wählen.[98] Jede Kommunikation - auch zur Erfüllung dienstlicher oder arbeitsvertraglicher Aufgaben - dient grundsätzlich zumindest auch der individuellen Selbstdarstellung. Somit beinhaltet die durch Art. 2 Abs. 1 GG[99] gewährleistete kommunikative Selbstbestimmung das Recht eines jeden, grund-

---

89 BVerfGE 54, 148 (155); 54, 208 (218); 63, 131 (142). Schmitt Glaeser 1989, 65 ff. faßt daher diese kommunikationsbezogenen Ausprägungen des Art. 2 Abs. 1 GG zu dem Recht auf Selbstdarstellung zusammen.

90 BVerfGE 54, 148 (155f.); 54, 208 (217).

91 BverfG, NJW 1992, 815f.

92 Siehe z.B. BVerfGE 63, 131 (142).

93 Ähnlich auch Gusy, JuS 1986, 90.

94 Siehe Roßnagel 1991, 98 ff.; Podlech 1989, 207, 212f., 254.

95 BVerfGE 65, 1 (43).

96 Siehe z.B. auch Simitis, KJ 1988, 46.

97 Siehe zu diesem ausführlicher Roßnagel, KJ 1990, 267 ff. und Roßnagel 1991, 86 ff.

98 Siehe BVerfG, NJW 1992, 815f.

99 In Verbindung mit dem Schutz der Menschenwürde und allen kommunikationsbezogenen Grundrechten. Diese betreffen jeweils Aspekte der kommunikativen Selbstbestimmung und gehen insoweit dem Grundrecht aus Art. 2 Abs. 1 GG vor. Sie können aber das Grundrecht auf kommunikativen Selbstbestimmung nicht lückenlos ersetzen. Siehe etwa zur begrenzten Geltung des Art. 5 Abs. 1 GG für die Telekommunikation Scherer 1989, 30 mwN.

sätzlich selbst darüber zu bestimmen, mit wem er wann wo über welchen Inhalt und mittels welchen Mediums kommunizieren will.[100]

(A5) Autonome Arbeitsgestaltung

Die Freiheit zur eigenen Entscheidung ist jedoch nicht auf die kommunikative Selbstbestimmung beschränkt, sondern bezieht grundsätzlich auch die Freiheit in den Schutzbereich ein, am Arbeitsplatz selbst über die Art und Weise zu entscheiden, wie die übertragenen Dienst- oder Arbeitsaufgaben zu erfüllen sind. Denn Arbeit und Beruf fungieren in der Realität als Kristallisationspunkte der individuellen Freiheitsentfaltung und Selbstverwirklichung.[101] Die freie Entfaltung der Persönlichkeit und die Freiheit der Berufsausübung umfassen daher im Rahmen der Gewährleistung freier Arbeitsformen und Arbeitsbedingungen auch die Wahl der Arbeitsmittel und die Organisation der Arbeitsabläufe.[102]

Somit ergibt sich aus beiden Grundrechten ein Recht auf autonome Arbeitsgestaltung. Aus diesem folgt grundsätzlich die Befugnis, im Rahmen der beamtenrechtlich und arbeitsrechtlich zulässigen Einschränkungen[103] selbst über die Art und Weise zu entscheiden, in der die übertragenen Aufgaben erfüllt werden sollen. Dies gilt insbesondere für die Reihenfolge der Arbeitsvorgänge und die Auswahl der zum Einsatz kommenden Informations- und Kommunikationsmedien. Dabei ist auch darauf zu achten, daß keine technischen Sachzwänge entstehen, die durch andere technische oder organisatorische Gestaltung vermeidbar wären.

Auch die Erwerbsttätigkeit des Arbeitnehmers ist durch die Berufsfreiheit grundrechtlich geschützt.[104] Gegenüber dem Staat als Arbeitgeber kann er sie unmittelbar geltend machen. Gegenüber dem privatrechtlichen Arbeitgeber kann er sich zumindest auf ihre mittelbare Drittwirkung[105] berufen. In diesem Fall ist die effektive Verwirklichung dieses Grundrechts zumindest als Interpretationsmaßstab für die Auslegung anderer Rechtsvorschriften zu berücksichtigen. Das

---

[100] Siehe hierzu auch Podlech 1989, 212f., 270; Gusy, JuS 1986, 90 ff.; Hoffmann-Riem 1989, 421f.; Hoffmann-Riem 1983, 389 ff.; Rüpke 1976, 81 ff.; Brandner, JZ 1983, 690; Steinmüller u.a. BT-Drs. 6/2836, Teil C, 81 ff.; Scherer 1989, 31 subsumiert diese Befugnis unter das Recht auf informationelle Selbstbestimmung. Siehe hierzu z.B. auch die Art. 12 Abs. 2 und 17 des Vorschlags einer EG-Richtlinie zum Datenschutz im ISDN (EG-Kommission 1990).

[101] Siehe Breuer 1989, 898.

[102] Siehe Breuer 1989, 919; Schneider, VVDStRL 43 (1985), 30.

[103] Schneider, VVDStRL 43 (1985), 30 weist in diesem Zusammenhang darauf hin, daß es hier um Konkordanz und Abwägungsentscheidungen zwischen kollidierenden Grundrechten des Arbeitnehmers und des Arbeitgebers im Prozeß "kooperativer" Grundrechtsausübung geht.

[104] Siehe BverfGE 50, 290 (350); Breuer 1989, 897; Rittstieg 1989, 992; Schneider, VVDStRL 43 (1985), 25.

[105] Siehe hierzu näher unten 2.4.2.

Grundrecht wird so zum Maßstab der rechtlichen Ausgestaltung des Arbeitsverhältnisses, wie es etwa durch die Arbeitsordnungen und Weisungen des Arbeitgebers gestaltet wird.[106] Dieses Recht zu schützen, ist darüberhinaus der Fürsorgepflicht des Arbeitgebers[107] - und des Betriebsrates - anvertraut. Denn § 75 Abs. 2 BetrVG verpflichtet den Arbeitgeber und den Betriebsrat, "die freie Entfaltung der Persönlichkeit der im Betrieb beschäftigten Arbeitnehmer zu schützen und zu fördern".[108] Für die Bewertung und Gestaltung der Telefon- oder ISDN-Technik ist es also auch im privaten Arbeitsverhältnis zu berücksichtigen.

(A6) Schutz von Geheimnissen

Für die Gestaltung von Telefon- oder ISDN-Systemen ist weiterhin zu beachten, daß die Kommunikationsinhalte Geheimnisse darstellen können, die besonders zu schützen sind. Als solche Geheimnisse sind zum einen Betriebs- und Geschäftsgeheimnisse, zum anderen private Geheimnisse, drittens Berufsgeheimnisse, viertens Amtsgeheimnisse und schließlich das Fernmeldegeheimnis und das Datengeheimnis zu beachten.

Allgemein versteht man unter **Betriebs- oder Geschäftsgeheimnissen** Tatsachen, die im Zusammenhang mit einem wirtschaftlichen Geschäftsbetrieb stehen, nur einem eng begrenzten Personenkreis bekannt sind, nach dem erklärten Willen des Antragstellers geheimgehalten werden sollen und Gegenstand eines berechtigten wirtschaftlichen Geheimhaltungsinteresses bilden.[109]

Private Geheimnisse sind Informationen über eine Person, die nach den herrschenden Auffassungen oder nach besonderen Rechtsvorschriften als persönliche oder private Angelegenheiten zu betrachten sind. Rechtlich anerkannt sind beispielsweise das Mandantengeheimnis, das Patientengeheimnis, das Steuergeheimnis oder das Sozialgeheimnis.

Soweit der Umgang mit privaten Geheimnissen zur Ausübung eines Berufes gehört, sind diese Geheimnisse aus dem Blickwinkel des Berufsausübenden auch als dessen **Berufsgeheimnisse** geschützt. Solche - sogar strafrechtlich - geschützten Berufsgeheimnisse sind in § 203 Abs. 1 StGB genannt. Zu diesen geschützten Berufsgeheimnissen gehören nicht nur die Inhalte der Kommunikation, sondern auch die Tatsache von Kontakten als solche.[110]

---

106 Rittstieg 1989, 993.

107 Siehe hierzu z.B. Gamillscheg 1989, 46 ff.; Schneider, VVDStRL 43 (1985), 36; Löwisch, AuR 1972, 359 ff.

108 § 75 Abs. 2 BetrVG, ähnlich die Bestimmung des § 60 Abs. 1 HPVG: "Dienststelle und Personalrat arbeiten ... zum Wohle der Beschäftigten zusammen".

109 Siehe z.B. Taeger 1988, 80.

110 So ist die Deutsche Bundespost Telekom beispielsweise nach § 6 Abs. 9 TDSV verpflichtet, bei der Erteilung von Einzelentgeltnachweisen solche Kontakte auszunehmen.

Alle privaten Geheimnisse sowie die Betriebs- und Geschäftsgeheimnisse sind nach § 30 VwVfG als **Amtsgeheimnisse** zu schützen, sofern eine Behörde von ihnen Kenntnis erhält. Dies ist für das Steuergeheimnis in § 30 AO und für das Sozialgeheimnis in § 67 ff. SGB-X noch einmal ausdrücklich angeordnet. Neben diesen zum Schutz der Grundrechte von Bürgern bestehenden Amtsgeheimnissen gibt es noch Verschwiegenheitspflichten über behördliches Wissen, um die Effizienz des Verwaltungshandelns nicht zu gefährden. Solche Pflichten zur Verschwiegenheit ergeben sich für Beamte zum Beispiel aus §§ 61 und 62 BBG und 39 BRRG und für ehrenamtlich Tätige aus § 84 VwVfG.

Schließlich ist für alle Formen der Telekommunikation auch das durch Art. 10 Abs. 1 GG gewährleistete **Fernmeldegeheimnis** zu beachten.[111] Es verpflichtet nicht nur die Angehörigen der Deutschen Bundespost Telekom (§ 10 Abs. 1 FAG), sondern auch alle Anbieter öffentlicher (§ 10 Abs. 1 FAG) und privater (§ 11 FAG) Telekommunikationsdienste.[112] Das Fernmeldegeheimnis ist somit auch von dem Betriebspersonal von Nebenstellenanlagen zu schützen.[113] Es gilt sowohl für die Telekommunikation von natürlichen Personen wie auch für "Einzelangaben über Verhältnisse einer bestimmten oder bestimmbaren juristischen Person".[114]

Das gleiche gilt für das **Datengeheimnis**. Den mit der Datenverarbeitung beschäftigten Personen ist es nach §§ 5 BDSG, 9 HDSG untersagt, personenbezogene Daten unbefugt zu verarbeiten und zu nutzen. Sie dürfen solche Daten also weder zur Kenntnis nehmen noch anderen zugänglich machen.

2.4 Grenzen grundrechtlicher Anforderungen

Soweit Grundrechte als rechtliche Anforderungen der Technikgestaltung berücksichtigt werden sollen, ist allerdings zu beachten, daß diese keinen unbeschränkten Schutz gewähren: Um legitime Ziele einer Organisation wie einer Behörde oder einer Unternehmung erreichen zu können, müssen deren Angehörige recht- und verhältnismäßige Einschränkungen ihrer Grundrechte akzeptieren. Diese Einschränkungen können ebenfalls grundrechtlich legitimiert sein.[115] Nicht jeder, der die Anlage nutzt, wird sich daher immer und unbeschränkt auf

111 Siehe hierzu auch Art. 7 Abs. 1 EG-Kommission 1990.

112 Siehe z.B. Pieroth/Schlink 1991, 201.

113 Siehe hierzu näher oben Kapitel 2.2.1

114 Siehe hierzu auch § 1 TDSV.

115 Siehe zu den Grenzen der Grundrechtsausübung im Geltungsbereich des Rechts auf kommunikative Selbstbestimmung Roßnagel 1991, 106 ff.; zur Zulässigkeit von Grundrechtseinschränkungen durch die Informations- und Kommunikationstechnik in Arbeitsverhältnissen siehe z.B. auch Wohlgemuth 1988 mit einer Vielzahl weiterer Nachweise.

seine Grundrechte berufen können. Da viele Nutzer in solche Organisationen eingegliedert sind, soll im folgenden untersucht werden, ob und inwieweit die Geltung oder die Ausübung der Grundrechte dadurch eingeschränkt ist, daß der Nutzer Beamter oder Arbeitnehmer ist.

Nicht alle Nutzer aber sind Angehörige solcher Organisationen. Für **externe Teilnehmer**, die von außerhalb der Organisation anrufen oder außerhalb angerufen werden, gelten daher die genannten grundrechtlichen Anforderungen uneingeschränkt. Die Rechte Externer muß der Anlagenbetreiber zumindest insoweit berücksichtigen, als er für die interne Verarbeitung der externen Telekommunikationskontakte verantwortlich ist und sie beeinflussen kann. Für die Art und Weise, in der sie im Verantwortungsbereich der Deutschen Bundespost TELEKOM oder privater Dienstanbieter verarbeitet werden, trifft ihn allerdings keine Verantwortung.

2.4.1 Gesetzliche Ausübungsschranken - Grundrechte im Beamtenrecht

Soweit die rechtlichen Anforderungen Ausprägungen des Grundrechts aus Art. 2 Abs. 1 GG sind, unterliegen sie den dort genannten Ausübungsschranken. Nach dessen Wortlaut könnten sie also durch die "Rechte anderer", "die verfassungsmäßige Ordnung oder das Sittengesetz" eingeschränkt werden. Nach überwiegender Meinung können grundrechtliche Ausprägungen des Persönlichkeitsschutzes aber nur durch ein **förmliches Gesetz** eingeschränkt werden, da sie wegen der Verbindung zur Garantie der Menschenwürde in Art. 1 Abs. 1 GG eines besonderen Schutzes bedürfen.[116] Das gleiche gilt für Einschränkungen der Berufsfreiheit und des Fernmeldegeheimnisses.[117] Die Grundrechte gelten für Beamte unmittelbar. Sie können auch in dem "besonderen Gewaltverhältnis" des Beamtenrechts in der Regel nur durch Gesetze eingeschränkt werden.[118]

Eine solche gesetzliche Grundlage, die genannten Rechte einzuschränken, könnten zum Beispiel das Weisungsrecht des Vorgesetzten und die Gehorsamspflicht des Beamten nach §§ 55 BBG, 70 HBG sein. Danach darf der Vorgesetzte nicht nur erforderliche individuelle oder generelle Weisungen erteilen, sondern auch kontrollieren, ob der Beamte sein Amt ordnungsgemäß führt und die Weisungen befolgt. Außerdem gilt im öffentlichen Bereich, in dem der wirtschaftliche Einsatz von Steuergeldern sicherzustellen ist, das Gebot der wirtschaftlichen und sparsamen Haushaltsführung. Das Weisungsrecht und die Dienstaufsicht gelten daher auch für die dienstliche Nutzung einer Telefon- oder ISDN-Anlage. Soweit der Beamte Weisungen erhält oder seinem Dienstherrn

---

116 Siehe z.B. BVerfGE 65, 1 (44); 78, 77 (85); 78, 38 (49); Jarass, NJW 1989, 859, 861; siehe aber aus der älteren Rechtsprechung BVerfGE 34, 238 (246) für das Recht am gesprochenen Wort. Siehe hierzu auch Podlech 1989, 259f.; Jarass/Pieroth 1989, Art. 2 Rdn 25 ff., 36.

117 Art. 10 Abs. 2 Satz 1 GG

118 Siehe hierzu z.B. v. Münch 1982, 61 mwN.

Rechenschaft über seine Amtsführung schuldet und soweit hierfür Telekommunikationskontakte oder Informationen über diese erforderlich sind, können durch §§ 55 BBG, 70 HBG die Rechte auf kommunikative Selbstbestimmung, auf unbefangene Kommunikation, auf autonome Arbeitsgestaltung sowie das Fernmeldegeheimnis eingeschränkt werden.[119]

Allerdings darf das Ausmaß der Einschränkung nie weiter gehen, als Sinn und Zweck des Beamtenverhältnisses dies unabweislich fordern.[120] Soweit es die Nutzung der Telefon- oder ISDN-Anlage betrifft, dürften es Sinn und Zweck des Beamtenverhältnisses selten unabweislich fordern, dem Beamten sein Informations- und Kommunikationsverhalten sowie seine Arbeitsgestaltung detailliert vorzuschreiben. Solange keine Weisung oder Richtlinie besteht, die diese Anforderung erfüllt, haben auch die Beamten volle Autonomie in der Gestaltung ihrer Arbeitsabläufe und ihres kommunikativen Verhaltens.

Für Einschränkungen des informationellen Selbstbestimmungsrechts hat das Bundesverfassungsgericht darüber hinaus als weitergehende Anforderungen geltend gemacht, daß das einschränkende Gesetz gemäß dem Grundsatz der Normenklarheit die Voraussetzungen und den Umfang der Beschränkung bereichsspezifisch, klar und präzise beschreibt.[121] Diese Anforderungen werden durch die allgemeinen Vorschriften der Beamtengesetze in der Regel nicht erfüllt, so daß sie das Recht auf informationelle Selbstbestimmung nicht einzuschränken vermögen.

Eine bereichsspezifische Regelung der Datenverarbeitung personenbezogener Daten in Dienst- und Arbeitsverhältnissen ist jedoch § 34 Abs. 1 HDSG. Danach dürfen öffentliche Stellen "Daten ihrer Beschäftigten nur verarbeiten, wenn dies zur Eingehung, Durchführung, Beendigung oder Abwicklung des Dienst- oder Arbeitsverhältnisses oder zur Durchführung innerdienstlicher organisatorischer, sozialer und personeller Maßnahmen erforderlich ist, oder eine Rechtsvorschrift, ein Tarifvertrag oder eine Dienstvereinbarung es vorsieht". Als Beispiel für eine organisatorische Maßnahme technischer Art gilt die Errichtung und Nutzung einer Telefon- oder ISDN-Anlage.[122] Die Verarbeitung von Beschäftigtendaten in der Anlage ist danach insoweit erlaubt, als sie zur Durchführung der organisatorischen Maßnahme, also dem Betrieb einer Kommunikationsanlage, erforderlich ist. Diese Erforderlichkeitsprüfung ist für jedes einzelne Leistungsmerkmal durchzuführen, das zu einer Verarbeitung von personenbezogenen Daten führt. Erforderlich ist ein Leistungsmerkmal nur dann, wenn der Betrieb der Kommunikationsanlage "ohne die mit der Aktivierung dieser Leistungsmerkmale anfallenden Daten unmöglich oder außerordentlich erschwert wäre".[123] Bloße Komfortsteigerungen durch einzelne Leistungsmerkmale können nach § 34

---

[119] Siehe hierzu OVG Bremen, NJW 1980, 607; Erichsen, VerWA 1980, 437f.; Meyn NJW, 1978, 658; anderer Ansicht VG Bremen, NJW 1978, 67.

[120] Siehe hierzu z.B. v. Münch 1982, 61.

[121] BVerfGE 65, 1 (44).

[122] Siehe hierzu Nungesser 1988, § 34 Rdn 47.

[123] Landesbeauftragter für den Datenschutz der Freien Hansestadt Bremen 1989, 5.

Abs. 1 HDSG den Eingriff in das informationelle Selbstbestimmungsrecht der Betroffenen nicht rechtfertigen. Zu beachten ist dabei außerdem, daß § 34 Abs. 1 HDSG nur erlaubt, die Daten von Beschäftigten, nicht aber die von Bürgern zu speichern, die von der Anlage aus angerufen werden. Dies ist nach § 11 Abs. 1 HDSG nur zulässig, wenn die Speicherung für die Aufgabenerfüllung und den konkreten Verwaltungszweck der Behörde erforderlich ist.

Insgesamt ermöglicht das Beamtenrecht zwar aufgabenspezifische Einschränkungen der Grundrechte, jedoch sind diese Möglichkeiten sehr differenziert. Für das Anforderungsprofil an die Telefon- oder ISDN-Anlage kann daher nicht von einer allgemeinen Einschränkung der Grundrechtsgeltung ausgegangen werden. Die Anlage muß allen Fallkonstellationen gerecht werden können und muß sich daher an dem höchst möglichen Freiheitsgrad der Betroffenen orientieren.

2.4.2 Einwilligung in Grundrechtseinschränkungen - die Lage im Arbeitsrecht

Für das Verhältnis zwischen Privaten - etwa im Rahmen eines Arbeitsverhältnisses - ist umstritten, ob die Grundrechte unmittelbar[124] oder nur indirekt über die Auslegung arbeitsrechtlicher Vorschriften wirken.[125] Zwar richten sich Grundrechte grundsätzlich nur gegen staatliche Eingriffe.[126] Das Verhältnis zwischen Privaten wird dagegen vorrangig durch deren Privatautonomie und die Freiheit zur vertraglichen Bindung bestimmt.[127] Grundrechte können daher grundsätzlichen keinen Schutz gewähren, wenn die Privatrechtssubjekte vertraglich in die Einschränkung ihrer Grundrechte einwilligen. Doch setzt Privatautonomie als Grundlage der Privatrechtsordnung Selbstbestimmung voraus. Einschränkungen dieses Rechts sind daher nur unter der Berücksichtigung der Privatautonomie im Kommunikationsverhalten des jeweiligen Vertragspartners zulässig. Sie sind daher durch den Abschluß eines Arbeitsvertrags als solchen nicht zureichend gerechtfertigt, sondern bedürfen der besonderen, informierten Einwilligung der Betroffenen.[128]

---

124 Siehe hierzu z.B. BAG, AP Nr.2 zu § 13 KSchG; Gamillscheg 1989, 28 ff.

125 Siehe z.B. BVerfGE 7, 198 (209).

126 Dies ist herrschende Meinung - siehe z.B. BVerfGE 52, 131 (173). Das Bundesarbeitsgericht geht weitergehend von einer Drittwirkung der Grundrechte auch im Verhältnis zwischen Privaten aus - siehe z.B. BAGE 1, 185 (193f.); 24, 438 (441); 46, 98 (102).

127 Dagegen setzen die Vertreter einer Drittwirkung der Grundrechte an dem Machtgefälle zwischen Arbeitgebern und Arbeitnehmers an und wenden die Grundrechte im Wege der Analogie direkt an. Gamillscheg 1989, 32: "Beeinträchtigungen der Grundrechte und -freiheiten, die der Staat sich selbst verbietet, können auch dem Inhaber privater Macht nicht gestattet sein. Es gilt hier sogar ein 'Erst-Recht-Schluß'".

128 Siehe z.B. Simitis, NJW 1984, 398 ff.; Mallmann, CR 1988, 93 ff; ebenso für die Verträge mit Telekommunikationsdienstleistungsanbieter BVerfG, NJW 1992, 1876.

Einschränkungen der Grundrechte können daher durch das Direktionsrecht des Arbeitgebers allein nicht gerechtfertigt werden. Zwar willigt nach allgemeiner arbeitsrechtlicher Auffassung der Arbeitnehmer mit Abschluß des Arbeitsvertrags in die allgemeine Direktionsbefugnis des Arbeitgebers ein. Dieser kann im Rahmen des Arbeitsvertrages, der Tarifverträge und der Betriebs- bzw. Dienstvereinbarungen über den Einsatz der Arbeitskraft bestimmen. Auch hat der Arbeitgeber ein berechtigtes Interesse, die Arbeit der Mitarbeiter zu kontrollieren. Diese Kontrolle darf sich auch auf die Nutzung der Telekommunikationsmittel erstrecken.[129] Da beispielweise der Unternehmer die Kosten der Anlage trägt, hat er grundsätzlich ein berechtigtes Interesse an der sparsamen Nutzung der Anlage für Dienstkommunikation und an einer Abrechung der Privatkommunikation.[130]

Weisungen und Kontrollen des Arbeitgebers dürfen aber immer nur soweit gehen, wie sie erforderlich und verhältnismäßig sind, um die arbeitsvertraglich übertragenen Aufgaben zu erfüllen oder sicherzustellen.[131] Auch trägt dieser für seine Arbeitnehmer eine Fürsorgepflicht, deren Persönlichkeitsrechte zu achten und zu wahren.[132] Er darf also keine Weisungen erteilen, die Persönlichkeitsrechte der Arbeitnehmer verletzen oder gefährden würden.[133] Schließlich verbleibt, auch wenn der Arbeitgeber die Arbeit durch einzelne Weisungen strukturiert, den Arbeitnehmern immer ein gewisser selbstbestimmter Eigenbereich. Die Spielräume menschlicher Entfaltung und Verwirklichung dürfen nicht zu eng werden.[134] Außerdem besitzen die Arbeitnehmer zumindest in den Bereichen, in denen keine zulässigen Weisungen ergangen sind, eine Autonomie in der Erfüllung der ihnen übertragenen Tätigkeiten. Dieser letzte Bereich darf dann nicht noch durch technische Sachzwänge eingeengt oder genommen werden.[135]

Auch wer diese eingeschränkte unmittelbare Grundrechtsgeltung zwischen Privaten ablehnt, muß anerkennen, daß das Grundrecht zumindest als Teil der objektiven Rechtsordnung wirkt und - etwa vom Arbeitsgericht - im Streitfall in der Auslegung zivilrechtlicher Regelungen zu beachten ist.[136] Wer den Arbeitsvertrag und das aus ihm abgeleitete Direktionsrecht im "Lichte des Grundrechts" interpretiert, gelangt am Ende zu dem gleichen Ergebnis: Arbeitsvertrag und Direktionsrecht als solche beinhalten keine Einschränkungsmöglichkeit der kommunikativen Selbstbestimmung. Wird im Rahmen eines Arbeitsgerichtsprozesses

---

129 Siehe BAG, BB 1986, 1087; Gliss/Wronka 1987, 9; Fernsprechvorschriften des Landes Hessen, StAnz 1986, 720.

130 Siehe hierzu z.B. näher Schulin/Babl, NZA 1986, 46 ff.; Versteyl, NZA 1987, 9f.

131 Siehe z.B. BAG, BB 1987, 1461; Heither, BB 1988, 1050.

132 Siehe z.B. § 2 Abs. 1 und 75 Abs. 2 BetrVG. Siehe hierzu z.B. Gamillscheg 1989, 46 ff.; Schneider, VVDStRL 43 (1985), 36; Löwisch, AuR 1972, 359 ff.

133 Siehe BVerfG, NJW 1992, 815.

134 Siehe z.B. Podlech 1989, 263f.

135 Siehe hierzu auch Däubler 1986, 3.5.2 und 5.2.

136 Zur "Ausstrahlung" objektiv-rechtlicher Grundrechtsgehalte auf das Privatrecht siehe z.B. BVerfGE 7, 198 (204f.); 34, 269 (281); 54, 148 (151f.); 73, 261 (269 ff. mwN).

über Reichweite und Grenze der Direktionsbefugnis des Arbeitgebers gestritten, so muß der Arbeitsrichter zumindest diese "Austrahlungswirkung" des Grundrechts berücksichtigen. Betriebsräte können es im Rahmen von §§ 80 Abs. 1 Nr. 1 und 87 Abs. 1 Nr. 6 sowie § 90 Abs. 2 BetrVG geltend machen.

Solange kein Gesetz vorliegt, das - wie § 34 Abs. 1 HDSG für das Recht auf informationelle Selbstbestimmung der im öffentlichen Dienst Hessens Beschäftigten - die Bedingungen erfüllt, um die Grundrechte einzuschränken, können Telekommunikationssysteme, die gegen rechtliche Anforderungen verstoßen, nur genutzt werden, wenn eine **Einwilligung** der Betroffenen vorliegt. Eine solche kann nicht bereits in der Nutzung der Telefon- oder ISDN-Anlage, in dem Führen von Dienstgesprächen oder in der Kenntnis von technischen Möglichkeiten zur Einschränkung von Grundrechten gesehen werden.[137]

Eine Einwilligung könnte zum einen durch einzelvertragliche Regelung erteilt werden. Nicht selten dürfte es im Verhältnis zwischen Arbeitgeber und Arbeitnehmer aber an den "tatsächlichen Grundlagen einer freien Selbstbestimmung" des Arbeitnehmers fehlen. Denn dieser willigt oft nicht freiwillig, sondern fremdbestimmt in die Grundrechtseinschränkung ein.[138] Die Nutzung von Telekommunikationssystemen unter diesen Voraussetzungen steht aber im Widerspruch zum Grundgedanken der Selbstbestimmung.[139] Zu berücksichtigen bliebe für solche Einwilligungen allerdings zum einen, daß sie, soweit sie die Verarbeitung von Personendaten betreffen, nach § 7 Abs. 2 HDSG nur nach ausreichender Aufklärung und schriftlich erfolgen können. Zum anderen ist immer zu beachten, daß innerhalb einer Kommunikationsbeziehung jeder immer nur über seine Grundrechte und nicht über die seiner Kommunikationspartner verfügen kann.[140]

Zum anderen kann dem Einwilligungsvorbehalt aber auch durch eine kollektivrechtliche Regelung in **Betriebs- oder Dienstvereinbarungen** entsprochen werden.[141] Zumindest im betrieblichen und behördlichen Bereich besteht somit eine rechtliche Möglichkeit, Telekommunikationssysteme auf der Basis von Betriebs- oder Dienstvereinbarungen - vorübergehend - auch dann zu nutzen, wenn sie noch nicht grundrechtskonform gestaltet sind. In der Regel kann ein Betriebs- oder Personalrat einer grundrechtsverletzenden oder -gefährdenden Nutzung der Anlage aber nicht zustimmen. Er wird den Abschluß der Vereinbarung vielmehr davon abhängig machen, daß risikoausschließende oder -mindernde Regelungen der Ausgestaltung und der Nutzung dieser Systeme getroffen werden.

Im folgenden wollen wir jedoch von der Möglichkeit einer besonderen Einwilligung absehen. Vielmehr wollen wir uns an den Regeln des "Normalarbeits-

---

137 BVerfG, NJW 1992, 815f; BVerfG, NJW 1992, 1876.

138 Hermes, NJW 1990, 1767; BVerfG, NJW 1990, 1769 ff.

139 Siehe für das Recht auf informationelle Selbstbestimmung z.B. Mallmann, CR 1988, 94.

140 So ausdrücklich BVerfG, NJW 1992, 1876, siehe hierzu z.B. auch Gliss/Wronka 1987, 15.

141 Siehe hierzu Roßnagel 1991, 106 ff.

verhältnisses" orientieren. In diesem sind Grundrechtseinschränkungen über die arbeitsvertraglichen Verpflichtungen hinaus nur aufgrund eines materiellen Gesetzes möglich, das heißt also nur aufgrund eines Bundes- oder Landesgesetzes, einer Rechtsverordnung, eines Tarifvertrags oder einer Betriebs- oder Dienstvereinbarung, die sich im zulässigen Schrankenrahmen der Grundrechte halten.[142]

2.5 Institutionelle Anforderungen

Für die Gestaltung der Technik sind nicht nur grundrechtliche Vorgaben zu beachten, sondern auch solche, die aus institutionellen Zusammenhängen erwachsen. Diese Anforderungen hängen aber unmittelbar mit dem Einsatzbereich und dem Anwendungszweck der Anlage zusammen. Daher können diese Anforderungen im folgenden nicht wie bei den Grundrechten zu einzelnen Anforderungen zusammengefaßt und konkretisiert werden, sondern sind im konkreten Einsatzumfeld zu erfassen und - eventuell entsprechend der hier entwickelten Methode - zu konkretisieren. Wir wollen im folgenden an zwei Beispielen einige solcher institutionellen Anforderungen erwähnen, um einen Eindruck davon zu vermitteln, auf was beim Einsatz einer Telefon- oder ISDN-Anlage zu achten ist.

2.5.1 Auftragsdatenverarbeitung

Das erste Beispiel betrifft die Sicherung der rechtlichen Verantwortlichkeit des Auftraggebers für die Auftragsdatenverarbeitung.[143] Sind mehrere Unternehmen oder mehrere Dienststellen über eine Telefonanlage oder ein Netzwerk mehrerer Anlagen verbunden, so wird in der Regel eine Instanz als Betreiber der Anlage oder des Netzwerks fungieren. Zwischen dieser und den anderen Institutionen besteht dann ein datenschutzrechtliches Auftragsverhältnis. Soweit in der Anlage personenbezogene Daten verarbeitet werden, die andere Unternehmen oder Dienststellen betreffen, verarbeitet der Betreiber diese Daten im Auftrag des jeweiligen Unternehmens oder der jeweiligen Dienststelle. Verantwortlich für die rechtsgemäße Verarbeitung dieser Daten bleiben jedoch, auch bei Datenverarbeitung im Auftrag, die Auftraggeber (§§ 11 BDSG, 4 HDSG). Sie haben durch entsprechende organisatorische Vorgaben dafür zu sorgen, daß die Daten so verarbeitet werden, daß sie

[142] Siehe hierzu z.B. Däubler 1987, 61f.
[143] Siehe zum folgenden auch Pordesch/Hammer/Roßnagel 1991, 39 ff.

- der Zweckbestimmung gemäß, zu der sie in den anderen Unternehmen oder Dienststellen erhoben werden, auch in der Anlage des Betreibers verarbeitet werden,
- entsprechend §§ 9 BDSG, 10 HDSG gegen Mißbrauch geschützt sind,
- den Regelungen in Betriebs- oder Dienstvereinbarungen in den anderen Unternehmen oder Dienststellen entsprechen,
- von den Datenschutzbeauftragten der Auftraggeber überprüft werden können
- entsprechend den subjektiven Rechten der betroffenen Angehörigen der anderen Unternehmen oder Dienststellen ausgedruckt, berichtigt, gesperrt und gelöscht werden können.

Der Auftraggeber bleibt also für die Erfüllung dieser Rechtspflichten verantwortlich, auch wenn er nicht selbst die Datenverarbeitung durchführt. Aus dieser verbleibenden Verantwortung treffen ihn drei Pflichten: Er muß erstens sicherstellen, daß die Daten entsprechend den genannten Vorgaben verarbeitet werden. Zweitens muß er verhindern, daß überhaupt die Möglichkeit besteht, sie entgegen seinen Weisungen zu verarbeiten.[144] Schließlich muß er sich durch geeignete Kontrollen davon überzeugen, daß sein Auftrag in der gebotenen Weise vom Betreiber der Telefon- oder ISDN-Anlage erfüllt wird. Die Anlage darf aus rechtlicher Sicht nur dann betrieben werden, wenn sie dem Auftraggeber die Erfüllung dieser drei Pflichten nicht unmöglich macht.

2.5.2 Selbstverwaltung und Mitbestimmung

Als ein Beispiel weiterer anwendungsbezogener Rechtsregeln, die beim Einsatz einer Telefon- oder ISDN-Anlage zu beachten sind, seien im folgenden die spezifischen Rechtsregeln genannt, die in einer Hochschule gelten. Wir orientieren uns dabei beispielhaft an den Vorschriften des hessischen Hochschulrechts. Die Benutzer der Anlage in einer Hochschule sind nicht nur Beamte, Arbeitnehmer oder Studenten. Vielmehr üben manche Benutzer zusätzlich besondere Funktionen im Rahmen der Hochschulselbstverwaltung aus, deren besonderer Schutz berücksichtigt werden muß.

Die Hochschulen "sind rechtsfähige Körperschaften des öffentlichen Rechts und zugleich staatliche Einrichtungen. Sie haben das Recht der Selbstverwaltung im Rahmen der Gesetze" (s. z.B. § 1 Abs. 1 HHG). Sie erfüllen zwar sowohl ihre Auftragsangelegenheiten als auch ihre Selbstverwaltungsangelegenheiten durch eine einheitliche Verwaltung, doch besitzen die verschiedenen Selbstverwaltungsorgane eine Autonomie, die auch für den Betrieb einer Telefon- oder ISDN-Anlage zu beachten ist. Die Selbstverwaltungsorgane der Hochschule (Konvent und Senat bzw. Konvent und Rat), der Fachbereiche (Fachbe-

---

[144] Siehe Nr. 8 der Anlage zu § 9 BDSG bzw. § 10 Abs. 3 Nr. 8 HDSG; siehe hierzu auch Nungesser, § 10 Rdn 46f.; Gliss/Wronka 1987, 35f.

reichsrat und Dekan) und der Studentenschaft (Studentenparlament und AStA) unterliegen nur einer Rechtsaufsicht, jedoch keiner Fachaufsicht. Soweit sie in Selbstverwaltungsangelegenheiten die Telefon- oder ISDN-Anlage benutzen, kann die Hochschulleitung ihnen keine Weisungen erteilen und darf sie nicht kontrollieren.

Die Selbstverwaltungsorgane können sich, obwohl sie Untergliederungen der Hochschule sind, auf das Grundrecht der Wissenschaftsfreiheit des Art. 5 Abs. 3 GG berufen.[145] In Selbstverwaltungsangelegenheiten können ihre Autonomiespielräume im Hinblick auf ihre Arbeitsgestaltung, ihre Kommunikation und ihre informationelle Selbstbestimmung nicht eingeschränkt werden. Die Gestaltungsanforderungen an die Anlage werden also zusätzlich von der Autonomie der Personen geprägt, die in diesen Funktionen tätig sind.

Hinsichtlich der Professoren und Assistenten kommt hinzu, daß die Erfüllung ihrer Hauptpflichten durch das Grundrecht auf freie wissenschaftliche Forschung und Lehre vor Einwirkungen Dritter geschützt ist.[146] Professoren werden von §§ 43 HRG, 39 Abs. 1 HUniG und 28 Abs. 1 HFHG als die "entsprechend ihrer Aufgabenstellung hauptberuflich in Wissenschaft und Kunst, Forschung und Lehre in ihren Fächern selbständig tätigen Beamten und Angestellten" bezeichnet. Die Selbständigkeit in ihrer Aufgabenerfüllung ist nicht nur im Rahmen der Dienstaufsicht zu beachten, sondern auch hinsichtlich der einzelnen Ausprägungen der Telefon- oder ISDN-Anlage.

2.6 Rechtliche Kriterien

Aus den genannten grundrechtlichen Anforderungen und aus der grundsätzlichen Berücksichtigung besonderer institutioneller Anforderungen ergeben sich als weiterer Schritt der Konkretisierung die folgenden allgemeinen rechtlichen Kriterien für die Bewertung und Gestaltung von Telefon- oder ISDN-Systemen. Sie werden entweder direkt aus diesen verfassungsrechtlichen Anforderungen abgeleitet oder finden ihre Anerkennung in einfachem Gesetzesrecht, insbesondere den Datenschutzgesetzen. Sie werden als **Kriterien** formuliert, die für die Auswahl einer Anlage, für deren Gestaltung und die rechtliche Regelung ihrer Anwendung in einer Betriebs- oder Dienstvereinbarung relevant sind.

---

145 Siehe hierzu Denninger 1989, 580 ff.

146 Siehe z.B. Staff 1983, 339, 341.

(K1) Transparenz

Um ihre Rechte auf informationelle und kommunikative Selbstbestimmung überhaupt geltend machen und sich gegen rechtswidrige Eingriffe wehren zu können, muß die Kommunikationsbeziehung und die Verarbeitung personenbezogener Daten für alle Betroffenen transparent sein.[147]

Diese Transparenz ist zum einen funktionsbezogen zu gewährleisten. Die wesentlichen Merkmale der Kommunikationsbeziehung, die ausgeführten Funktionen und der Status der beteiligten Endgeräte müssen für alle Beteiligten unmittelbar vor, während und nach der Kommunikationsverbindung erkennbar sein.[148] Um Mißbrauch auszuschließen, muß dem Teilnehmer außerdem auch außerhalb der Zeit einer Verbindung transparent sein, in welchem Zustand sich sein Apparat befindet.[149]

Zum anderen ist die datenschutzrechtlich geforderte Transparenz zu gewährleisten. Die für die Kommunikation erforderlichen personenbezogenen Daten sind nach §§ 13 Abs. 1 BDSG, 12 Abs. 1 HDSG "grundsätzlich bei dem Betroffenen mit seiner Kenntnis zu erheben".[150] Soll also eine selbstbestimmte und unbefangene Kommunikation ermöglicht werden, müssen alle Partner im voraus darüber informiert sein, welche und wie die anfallenden Daten der Kommunikationsverbindung verarbeitet werden und wer in welcher Form an dem Informationsaustausch teilnimmt. Nur so kann das Recht, selbst über die Preisgabe und Verwendung seiner Daten zu bestimmen, gewährleistet werden.[151]

Einer der Teilnehmer kann sich durch eine automatisch sendende oder empfangende Endeinrichtung, die durch ihn voreingestellt wird oder eine speichervermittelnde Einrichtung (Server) vertreten lassen. Dies kann beispielsweise für den Anrufer für eine als Terminruf abgesandte voice-mail-Nachricht sinnvoll sein. Der Angerufenen wird möglicherweise während seiner Abwesenheit einen Anrufbeantworter einschalten. Wenn der Teilnehmer zum Zeitpunkt des Anrufs nicht anwesend ist, kann er nicht unmittelbar auf besondere Situationen auf der Gegenseite reagieren. Im ersten Beispiel könnte der Terminruf durch eine Umleitung einen Teilnehmer erreichen, für den er nicht bestimmt war. Im anderen Fall könnten spät aktivierte Rückrufe zu Verwirrung oder umgeleitete Anrufe zu zusätzlicher Arbeitsbelastung führen. In diesen Fällen ist zur Gewährleistung der

---

147 So auch die Forderung Podlechs nach "Transparenz des Informationsverhaltens" als Bedingung eines Systemdatenschutzes, Podlech 1982, 454f.

148 Siehe hierzu auch Höller 1991; Höller 1993, 217f.

149 Zur Sicherung der Transparenz siehe z.B. auch §§ 6 Abs. 10, 8 Abs. 2, 9 Abs. 5 TDSV, Art. 12 Abs. 3, 14 Abs. 2 und 3, 15 Abs. 1 EG-Kommission 1990.

150 Zum Grundsatz der Primärerhebung personenbezogener Informationen siehe Podlech 1976b, 321.

151 Siehe hierzu näher die Gesetzesbegründung der Hessischen Landesregierung LT-DrS 11/4749, 29; Nungesser, 1988, § 12 Rdn 2f.; Simitis/Walz, RDV 1987, 158f., 161; Burkert 1985, 14f., 24f.; Höller in: Kitzing u.a. 1988, 84f., 87.

Transparenz erforderlich, daß alle Bedingungen unter denen eine Nachrichtenübermittlung stattfindet, für den Sender **voraussehbar** sind.

Schließlich hat sowohl der Betreiber als auch der Nutzer Anspruch auf ausreichende Transparenz der Gebührenentstehung und -berechnung, soweit er für diese aufkommen muß. In der Regel müssen bei Dienstgesprächen der Betreiber und bei Privatgesprächen der Verursacher so viele Informationen erhalten, daß sie kontrollieren können, ob sie zu Recht mit den Kosten der ihnen zugerechneten Verbindungen belastet werden. Dieser Anspruch darf allerdings nicht zu Lasten des informationellen und kommunikativen Selbstbestimmungsrechts der Nutzer gehen. Vielmehr ist hier ein Kompromiß im Wege der praktischen Konkordanz beider Interessenkreise zu suchen.

(K2) Entscheidungsfreiheit

Um das Recht auf kommunikative Selbstbestimmung zu gewährleisten, müssen alle Randbedingungen einer Kommunikationsbeziehung (Kommunikationspartner, -zeit und -umstände) so rechtzeitig signalisiert werden, daß alle Kommunikationspartner die Möglichkeit haben, auf die spezifische Situation zu reagieren. Auch dieses Kriterium ist sowohl datenschutzbezogen als auch funktionsbezogen zu gewährleisten.

Die Verarbeitung personenbezogener Daten darf hierbei ebenfalls nur erfolgen, wenn der Betroffene einwilligt oder eine Rechtsvorschrift dies erlaubt (§§ 4 BDSG, 7 HDSG). Selbst wenn der Betroffene generell in die Verarbeitung seiner Daten bei Nutzung der Telefon- oder ISDN-Anlage eingewilligt hätte[152], oder die Zulässigkeit der Verarbeitung sich aus einer Rechtsvorschrift ergäbe, ist ihm der spezifische Zweck der Verarbeitung im Einzelfall anzuzeigen (§ 12 Abs. 4 HDSG), damit er entscheiden kann, ob er in diesem Fall die Kommunikationsbeziehung lieber abbricht.[153]

Zur Wahrung der Entscheidungsfreiheit und der Transparenz sind Einflußmöglichkeiten auf den - zunehmend technisch vermittelten - Kommunikationsprozeß oder zumindest eine Abbruchmöglichkeit für die Kommunikationsbeziehung vorzusehen, die einzelfallbezogen benutzbar ist.[154] Jeder Teilnehmer muß selbst darüber entscheiden können, ob und in welcher Form er mit einem bestimmten Partner kommuniziert.

Die Entscheidungsfreiheit der Beteiligten ist auch sicherzustellen, um den Schutz ihrer Geheimnisse zu gewährleisten. Soweit die Betroffenen über die Ge-

---

152 Diese generelle Einwilligung reicht für Grundrechtseingriffe, die in "jede Kenntnisnahme, Aufzeichnung und Verwertung von kummunikativen Daten" zu sehen sind, nicht aus - BVerfG, NJW 1992, 1876.

153 Siehe hierzu auch Höller in: Kitzing u.a. 1988, 87; Höller 1993, 218f.

154 Zur Sicherung der Entscheidungsfreiheit siehe z.B. auch §§ 6 Abs. 2, 9 Abs. 1 bis 5, 10 Abs. 3, 11 Abs. 2 und 3, 15 Abs. 1 TDSV und Art. 7 Abs. 2, 12 Abs. 2, 14 Abs. 1, 16 Abs. 2, 17 EG-Kommission 1990.

heimhaltung bestimmter Tatsachen disponieren können, müssen sie frei darüber verfügen können, ob sie ihre Geschäfts- und Betriebsgeheimnisse offenlegen oder ihre privaten Geheimnisse offenbaren. Sie dürfen durch das technische Kommunikationssystem nicht dazu gezwungen werden, ihre geheimen Nutzdaten dem Zugriff Dritter preiszugeben. Sie müssen über die Umstände der Kommunikation und die mit ihnen verbundenen Gefährdungen ihrer Geheimnisse informiert sein, um kompetent darüber entscheiden zu können, ob sie diese dem Risiko der möglichen Kenntnisnahme durch Dritte aussetzen.[155]

Läßt sich einer der Teilnehmer durch eine automatisch sendende oder empfangende Endeinrichtung oder eine speichervermittelnde Einrichtung (Server) vertreten, kann er zum Zeitpunkt der Kommunikation der Verbindung keinen Einfluß mehr auf die Nachrichtenübermittlung nehmen, sie also z.B. nicht mehr abbrechen. Daher erfordert die Entscheidungfreiheit, daß die Randbedingungen der Nachrichtenübermittlung **flexibel** festlegbar sind (zulässige Partner, Zeiten der Übermittlung bzw. des Empfangs).

In beiden Fällen, bei Anwesenheit der Kommunikationspartner oder bei automatisch unterstütztem Empfangen oder Senden, müssen sich die Kommunikationspartner über die Bedingungen der Kommunikation einigen (können). Daher ist es möglich, daß eine Kommunikation zwischen beiden nicht zustande kommt, wenn ihre Bedingungen der Kommunikation nicht übereinstimmen - beispielsweise der Sender eine Nachricht nur an den von ihm gewählten Empfänger übermitteln will, dieser aber eine Weiter- oder Umleitung der Nachricht aktiviert hat. Da das Zustandekommen einer Kommunikation aber kein Wert an sich ist, muß der Entscheidungsfreiheit der Beteiligten Vorrang eingeräumt werden.

Der Teilnehmer darf auch nicht dazu gezwungen werden, Gebühren für Verbindungen zu übernehmen, ohne daß er dies beeinflußen kann.[156] Er muß informiert und frei darüber entscheiden können, ob und welche finanziellen Verpflichtungen er durch die Nutzung der Anlage eingeht.

(K3) Erforderlichkeit

Jede im Rahmen der erörterten Grundrechtsschranken zulässige Beeinträchtigung ist - auch im Rahmen einer Einwilligung oder auf der Grundlage einer Rechtsvorschrift - auf das unbedingt erforderliche Mindestmaß zu beschränken, das zur Erfüllung der gesetzlichen, dienstrechtlichen oder arbeitsvertraglichen Aufgabe und zur Erreichung des konkreten Zwecks notwendig ist. Eine Grundrechtsbeeinträchtigung, die über dieses Mindestmaß hinausgeht, ist rechtswidrig. Für die Datenverarbeitung ergibt sich dieses Kriterium aus §§ 13 Abs. 1 BDSG, 11

---

155 Siehe hierzu auch § 3 Abs. 5 TDSV.

156 Beispiele hierfür in Pordesch, DuD 1990, 560 ff; Pordesch/Hammer/Roßnagel 1991, 25 ff; Pordesch IKÖ 1992, 14 ff.

Abs. 1 und 34 Abs. 1 HDSG.[157] Die Anlage muß also sicherstellen, daß die Autonomie am Arbeitsplatz, die kommunikative Selbstbestimmung, die Unbefangenheit der Kommunikation sowie der Schutz geschäftlicher, betrieblicher, amtlicher oder privater Geheimnisse nicht über das Maß hinaus eingeschränkt werden, wie dies zur Erfüllung der Dienst- und Arbeitsaufgaben zulässig ist. Sie darf Daten nur insoweit erheben und verarbeiten, als dies für den jeweiligen konkreten Verwaltungszweck bzw. zur Durchführung der "organisatorischen Maßnahme Telefon- oder ISDN-Anlage" unbedingt erforderlich ist. Sie darf sie auch nur solange speichern, wie dies für diese Zwecke unabdingbar ist.[158]

Die Erforderlichkeit ist dabei stets im Hinblick auf das zu schützende Grundrecht zu bestimmen und nicht anhand der technischen Gegebenheiten der konkret installierten Anlage. So ist etwa nach § 34 Abs. 1 HDSG die Datenverarbeitung zulässig, soweit dies zum Betrieb des Systems erforderlich ist.[159] Das darf aber nicht eindimensional so mißverstanden werden, daß die Beschäftigten alle Einschränkungen des Rechts auf informationelle Selbstbestimmung hinzunehmen hätten, die sich durch die technischen Gegebenheiten der derzeit verfügbaren Anlage und deren Mängel ergeben. Eine solche Interpretation würde das Grundrecht einem Vorbehalt technischer Möglichkeiten aussetzen.[160] Die Erforderlichkeit im Sinn des § 34 Abs. 1 ist vielmehr im Hinblick auf das zu schützende Grundrecht zu bestimmen. Die Nutzung eines technischen Informations- und Kommunikationssystems ist danach nur insoweit zulässig, als durch technische und organisatorische Verbesserungen die Grundrechtseinschränkungen in einem ansonsten zulässigen Techniksystem nicht mehr weiter reduziert werden können.[161]

Das Kriterium der Erforderlichkeit bezieht sich jedoch nicht nur auf das 'Wie', sondern auch auf das 'Ob' der Anwendung von Telefon- oder ISDN-Systemen. Für ihre Nutzung und für jedes einzelne Leistungsmerkmal muß die Erforderlichkeit in ihrem Verhältnis zur Aufgabenerfüllung des Anlagenbetreibers und zur Gefährdung der genannten Grundrechte geprüft werden. Unterstützen solche Leistungsmerkmale beispielsweise nur die Aufgabenerfüllung oder erhöhen sie nur den Komfort der Benutzer, so können die Eingriffe in das informationelle und kommunikative Selbstbestimmungsrecht nicht gerechtfertigt werden. Sie sind dann unzulässig und könnten nur aufgrund einer Dienstvereinbarung oder eines Tarifvertrags gerechtfertigt werden.[162]

---

157 Siehe z.B. auch §§ 30 Abs. 2 PostVerfG, 3 Abs. 2, 12 Abs. 1 TDSV, Art. 5 Abs. 1, 10 Abs. 1, 16 Abs. 1 EG-Kommission 1990.

158 Siehe hierzu z.B. Garstka 1988, 688; Schmidt 1988, 318, 325; Walz 1988, 214; Höller in: Kitzing u.a. 1988, 84; Schapper/Schaar, CR 1989, 311.

159 Vgl. auch die ähnlichen Bestimmungen zum Arbeitnehmerdatenschutz in §§ 16b DSG Bremen, 25 DSG Nordrhein-Westfalen, 28 DSG Hamburg.

160 So aber sind offenbar die Ausführungen von Gliss/Wronka 1987, 14, 15 zu verstehen.

161 Siehe hierzu auch Nungesser, § 34 Rdn 12.

162 Vgl. hierzu auch Nungesser, § 11 Rdn 12f.

(K4) Zweckbindung

Die Zweckbindung soll Mißbrauch verhindern. Sie ist sowohl funktionsbezogen als auch datenschutzbezogen zu gewährleisten. Die Zweckbindung der vielfältigen Funktionen einer Telefon- oder ISDN-Anlage soll ausschließen, daß die jeweilige Funktion über ihren rechtmäßigen Zweck hinaus auch für andere - rechtlich nicht zulässige - Zwecke verwendet werden kann. So sollen zum Beispiel einzelne Leistungsmerkmale oder die Gebührendatenverarbeitung den ihnen in Betriebs- oder Dienstvereinbarungen zugedachten Zweck erfüllen, die Telekommunikation zu erleichtern oder Abrechnungsgrundlagen zu schaffen. Die Zweckbindung muß jedoch sicherstellen, daß diese technischen Möglichkeiten nicht zusätzlich auch zur - in der Vereinbarung vielleicht sogar ausdrücklich ausgeschlossenen - Anwesenheits-, Verhaltens- und Leistungskontrolle oder zur Erstellung eines Kommunikationsprofils verwendet werden können.

Datenschutzrechtlich soll die Zweckbindung das Recht auf informationelle Selbstbestimmung dahingehend schützen, daß die Betroffenen jederzeit wissen und nachprüfen können, "wer was wann und bei welcher Gelegenheit über sie weiß".[163] Soweit personenbezogene Daten verarbeitet werden, darf dies immer nur zu einem bestimmten Zweck erfolgen, der sich aus der Einwilligung des Betroffenen oder aus einem im überwiegenden Allgemeininteresse ergangenen Gesetz ergibt.[164] Die Daten dürfen grundsätzlich nicht für andere Zwecke verwendet werden (§§ 14 Abs. 1, 28 Abs. 1 BDSG, 11 Abs. 1 in Verbindung mit 13 Abs. 1 HDSG).[165] Dies gilt - wie sich etwa aus §§ 30 VwVfG, 30 AO und 67 ff. SGB-X ergibt - in besonderem Maße für private Geheimnisse, Betriebs- und Geschäftsgeheimnisse, Steuergeheimnisse oder Sozialgeheimnisse. Im Umkehrschluß heißt dies, daß Datenverarbeitung immer dann verboten ist, wenn im Zeitpunkt der Erhebung oder sonstiger Verarbeitung personenbezogener Daten kein bestimmter oder bestimmbarer Verwendungszweck festliegt.[166]

Nur wenn der Betroffene sicher sein kann, daß die Verarbeitung der bei der Nutzung von Telefon- oder ISDN-Systemen entstehenden und übertragenen personenbezogenen Daten auf den ihm bekannten Zweck kanalisiert und gegenüber einer Verarbeitung zu anderen Zwecken abgeschottet ist, entsteht für ihn die erforderliche Transparenz (K1), zu überschauen, wer was wann bei welcher Gele-

---

163 BVerfGE 65, 1 (43).

164 Siehe z.B. auch § 3 Abs. 2 und 3 TDSV und Art. 4 des Vorschlags für eine EG-Kommission 1990.

165 So fordert Nungesser, den Zweck bereits vor der Erhebung und nachfolgenden Verarbeitung festzulegen, Nungesser, § 6 Rdn 8 ff.

166 Zum "Grundsatz des Erhebungsverbots pragmatikfreier personenbezogener Informationen" siehe Podlech 1976b, 318.

genheit über ihn weiß, und die Chance, dieses Wissen für die Ausübung seiner Entscheidungsfreiheit zu berücksichtigen.[167]

Die Zweckbindung verbietet daher die multifunktionale Verwendung von einmal gespeicherten personenbezogenen Daten, was einen der gerade von der Datenverarbeitung erhofften Rationalisierungseffekte ausmachen sollte. Dieses Verbot als eine Voraussetzung zur Wahrung informationeller Selbstbestimmung, der Transparenz und politischer Freiheit könnte deshalb in der Praxis durch eine großzügige Bestimmung des Verwendungszwecks umgangen werden. Je weiter aber der Zweck gefaßt wird, umso tiefer wird in den Bereich der informationellen Selbstbestimmung eingegriffen. Es können nicht nur zahlreiche Daten erhoben, sondern sie können innerhalb des weiten Zwecks auch vielfältig verwendet werden, ohne daß der Betroffene dies jeweils erfährt. Je enger der Zweck bestimmt wird, umso weniger Daten sind zu seiner Erreichung erforderlich, umso enger werden ihre Verwendungsmöglichkeiten und umso besser kann dann die Verhältnismäßigkeit des Grundrechtseingriffes beurteilt werden.[168] Den Zweck eng zu bestimmen, ist somit auch eine zwingende Folge des Verhältnismäßigkeitsprinzips, das Grundrechtseingriffe auf das erforderliche Maß beschränkt.[169]

Zu weit wäre daher die Zweckbestimmung "Telekommunikation im Rahmen einer Telefon- oder ISDN-Anlage".[170] Das Ziel der Zweckbindung, eine sorgfältig eingeschränkte Verarbeitung personenbezogener Daten, ist vielmehr nur zu erreichen, wenn der Verwendungszweck selbst jeweils eng auf die Realisierung einzelner Leistungsmerkmale, die Mißbrauchskontrolle oder Gebührendatenerfassung begrenzt wird.[171]

Damit steigt auch die Transparenz beim Betroffenen, da für jeden neuen Zweck die Daten wieder bei ihm mit seiner Kenntnis zu erheben sind. Eine solche einschränkende Regelung ist übrigens im HDSG selbst prototypisch bereits enthalten: Für die Protokolldaten ist in den §§ 14 Abs. 4 BDSG, 13 Abs. 5 und 34 Abs. 7 HDSG eine Zweckbegrenzung der Verarbeitung ausdrücklich formuliert.[172]

Aus dem Kriterium der Zweckbindung folgt weiterhin das "strikte **Verbot der Sammlung** personenbezogener Daten **auf Vorrat**".[173] Daten dürfen nicht zu un-

---

[167] Siehe hierzu z.B. Benda 1974, 38; Heußner 1981, 174f.; Simitis, NJW 1984, 402; Denninger, KJ 1985, 225; Däubler 1987, 70f.; Badura 1987, 15, 27 ff.; Schmidt 1988, 318, 327.

[168] Nungesser, § 6 Rdnr. 11 fordert eine Begrenzung auf die "engste Bezeichnung ... die noch alle mit der Datei zu erfüllenden Aufgaben erfaßt".

[169] Siehe hierzu auch Däubler 1987, 69f; Simitis/Walz, RDV 1987, 160.

[170] So aber wohl Schmidt 1988, 326f. und auch § 3 Abs. 3 TDSV. Dagegen unterscheidet EG-Kommission 1990 in Art. 4 Abs. 1 spezifische Zwecke innerhalb des "Telekommunikationszwecks".

[171] Siehe hierzu die Entschließung der Konferenz der Datenschutzbeauftragten vom 18. April 1986 zum Entwurf der TKO sowie Walz 1988, 214; Schapper/Schaar CR 1989, 311.

[172] Siehe hierzu näher Simitis/Walz RDV 1987, 165.

[173] BVerfGE 65, 1 (47), Hervorhebung durch die Autoren.

bestimmten oder nicht bestimmbaren Zwecken gesammelt werden. Im Grunde genommen ist allerdings jede Datei eine Sammlung von Daten auf Vorrat. Sie soll Daten für künftige Gebrauchsfälle zur Verfügung halten.[174] Einen Sinn macht dieses Verbot jedoch durch seinen Bezug zur Zweckbindung. Die künftigen Bedarfsfälle müssen klar und präzise umrissen und daher für den Betroffenen vorhersehbar sein. Bleiben sie diffus und unbestimmt, liegt eine verbotene Vorratssammlung vor.

Aus der Zweckbindung ergibt sich weiterhin das **Verbot**, Daten, die zu verschiedenen Zwecken erhoben worden sind, zu einem **Personenprofil** zu verknüpfen.[175] Denn Entscheidungs- und Handlungsfreiheit können nur erhalten werden, wenn sich ihr Freiheitsgehalt auch auf das Recht am eigenen Profil erstreckt. Unzulässig ist danach nicht nur die Erstellung eines Profils, sondern schon zuvor jede Maßnahme zu dessen Vorbereitung, etwa die systematische Sammlung von Daten über eine Person.[176] Denn dies "wäre ... ein entscheidender Schritt, den einzelnen Bürger in seiner ganzen Persönlichkeit zu registrieren und zu katalogisieren".[177] Und schließlich darf es nicht möglich sein, mit Hilfe der Anlage Anwesenheits- oder Kommunikationsprofile zu erstellen.[178]

Die Zweckbindung zu sichern, ist eine Aufgabe der Datensicherungsmaßnahmen der §§ 9 BDSG, 10 HDSG (s. unten, Techniksicherung (K9)). Hierbei ist insbesondere technisch sicherzustellen, daß die personenbezogenen Daten nicht zweckentfremdet verwendet werden können, denn es darf technisch nicht möglich sein, was rechtlich oder organisatorisch verboten ist.[179]

Innerhalb der Anlage muß also verhindert werden können, daß Daten, die zu einem Zweck erhoben wurden, für andere Zwecke verwendet werden. Nirgendwo in der Anlage dürfen Daten auf Vorrat, also für verschiedene, eventuell auch noch unbestimmte Zwecke gespeichert werden. Und schließlich darf es nicht möglich sein, mit Hilfe der Anlage Anwesenheits- oder Kommunikationsprofile zu erstellen. Denn es darf technisch nicht möglich sein, was rechtlich verboten ist.

Die Zweckbindung ist grundsätzlich für alle während, vor oder nach einer Sprachübermittlung etwa im Rahmen von 'Voice-mail' übertragenen personenbezogenen Daten sicherzustellen. Sie betrifft daher auch die Inhalte der übertragenen Nachrichten - die im Gegensatz zur durchschaltevermittelten Sprachkommunikation - im Regelfall selbst als Daten weiterverarbeitet werden können. Da

---

174 Siehe hierzu Denninger, KJ 1985, 224.

175 Siehe hierzu BVerfGE 65, 1 (42, 56f.); siehe näher Denninger KJ 1985, 227 mwN.; Landesbeauftragter für den Datenschutz der Freien Hansestadt Bremen 1989, 5.

176 Siehe hierzu z.B. BVerfGE 27, 1 (6); 65, 1 (42); Benda 1974, 37; Podlech 1979, 56; Gusy, Jus 1986, 92f.; Däubler 1987, 68.

177 BVErfGE 65, 1, (57).

178 Zum Verbot der Profilbildung siehe auch § 6 Abs. 5 TDSV, Art. 4 Abs. 2, 16 Abs. 2 Art. 12 Abs. 3, 14 Abs. 2 und 3, 15 Abs. 1 EG-Kommission 1990.

179 Siehe hierzu die Vorschläge von Podlech 1982, 454 ff.; Podlech DVR 1976, 38 zu einem Systemdatenschutz.

die Zweckbindung für die Weiterverarbeitung übermittelter Nachrichten in angeschlossenen Datenverarbeitungsanlagen aber nicht durch eine Gestaltung der ISDN-Anlage selbst sichergestellt werden kann, muß der Zweckbindung auch bei der Gestaltung der über die Anlage realisierten EDV- und Kommunikationssysteme und -anwendungen Rechnung getragen werden. Das Kriterium der Zweckbindung ist in diesem Falle maßgeblich für die Bewertung von Leistungsmerkmalen, die diese anwendungsbezogene Gestaltung ermöglichen (z.B. geschlossene Benutzergruppen).

(K5) Werkzeugeignung

Aus der grundrechtlichen Anforderung, die autonome Arbeitsgestaltung (A5) möglichst wenig einzuengen, ist die Forderung abzuleiten: Die Anlage muß geeignet sein, daß der einzelne Beschäftigte sie autonom nutzen kann. Die Erfüllung dieser Forderung setzt zumindest voraus, daß er sie in ihren Funktionen durchschauen und beherrschen kann. Der Nutzer muß wissen können, unter welchen Bedingungen er kommuniziert, und er muß in der Lage sein, diese Bedingungen zu beeinflussen. Sofern eine automatisch tätige Einrichtung sendet und empfängt, muß er in der Lage sein, diese Bedingungen zu beeinflussen. Insofern berühren sich das Kriterium der Werkzeugeignung und die Kriterien der Transparenz (K1) und der Entscheidungsfreiheit (K2).

Der Schutz der Betriebs- und Geschäftsgeheimnisse, der privaten und der Amtsgeheimnisse setzt voraus, daß die Benutzer darüber informiert sind, wie und an wen ihre Daten weitergeleitet, zwischengespeichert und weiterverarbeitet werden.

Wird während der Nachrichtenübermittlung einer der Teilnehmer durch eine automatisch sendende oder empfangende Endeinrichtung oder eine speichervermittelnde Einrichtung (Server) vertreten, so müssen die Beteiligten festlegen können, wer wann zu welchem Zweck die Nachricht erhält. In beiden Fällen müssen die Nutzer die Bedingungen der Kommunikation - im voraus oder nach ihrer Signalisierung ad hoc - möglichst flexibel bestimmen können.

Darüberhinaus ist die Anlage umso werkzeuggeeigneter, je weniger technische Sachzwänge sie enthält, die die Autonomie des Nutzers in der Gestaltung seiner Arbeit einengen. Sie muß ihm, soweit er keinen Weisungen unterliegt, ausreichende Freiheitsgrade in der Organisation der eigenen Arbeitsabläufe bieten. Gegen diese Forderung spricht nicht, daß der Nutzer im Rahmen von Dienst- oder Arbeitsverhältnissen diese Spielräume oft gar nicht hat. Denn in diesen Fällen verlagert sich das Autonomieproblem nur auf eine andere Hierarchieebene. Denn dann muß die Technik es dem Beschäftigten ermöglichen, Weisungen seines Vorgesetzten zu befolgen. Soweit ihn daran technische Sachzwänge hindern, wird dadurch die Arbeitsautonomie des Vorgesetzten beeinträchtigt. Über das Ob und das Wie einer Kommunikation darf also - im Rahmen der Leistungsfähigkeit des Systems - nur der Nutzer, nicht jedoch die Technik bestimmen.

(K6) Arbeitserleichterung

Noch weiter als die Werkzeugeignung geht hinsichtlich positiver Anforderungen das Kriterium der Arbeitserleichterung. Mit seiner Hilfe können alle die Funktionen einer Anlage als positiv bewertet werden, die die Verwirklichungsbedingungen der Entfaltungsfreiheit und der Freiheit der Berufsausübung fördern. Leistungsmerkmale der Telefon- oder ISDN-Anlage sollten daher so ausgelegt sein, daß sie die Telekommunikation unterstützen, erleichtern und effektivieren.

Dagegen können sich ständig wiederholende oder komplizierte Bedienschritte bei der Nutzung des Telefons die Arbeitsautonomie eines Nutzers beeinträchtigen. Daher sollten die Leistungsmerkmale und die Bedienung der Endgeräte so gestaltet werden, daß Belastungen reduziert werden. Von Vorteil für die Arbeitsautonomie und die Entfaltungsmöglichkeiten des Nutzers können technische Möglichkeiten sein, die dessen Mobilität erhöhen. So kann es arbeitserleichternd wirken, wenn der Nutzer von vielen Orten aus kommunizieren kann oder an vielen Orten erreichbar ist.

Dieses Beispiel zeigt zugleich aber auch, daß die gleichen technischen Lösungen auch zu einer Arbeitserschwerung führen können. Aus einer erhöhten Erreichbarkeit kann etwa auch folgen, daß die eigentliche Arbeit nur noch unter erschwerten Bedingungen durchgeführt werden kann. Dies verweist auf das Erfordernis, die einzelnen Gestaltungskriterien im Zusammenhang zu sehen. Die erhöhte Erreichbarkeit wirkt nur dann arbeitserleichternd, wenn für den Nutzer auch zugleich das Kriterium der Entscheidungsfreiheit über diese Möglichkeit gewährleistet ist. Diese notwendige Zusammenschau der Kriterien führt für das Kriterium der Arbeitserleichterung ganz allgemein dazu, daß es nicht als Möglichkeit mißverstanden werden darf, die Telefonnutzung anderer ohne deren Einfluß zu rationalisieren. Denn dadurch wird in der Regel das Telefonieren intensiviert und damit die Arbeit verdichtet und die psychische Belastung erhöht.

Das Gestaltungskriterium der Arbeitserleichterung kann aber nicht nur durch andere Kriterien ergänzt und unterstützt werden, sondern zu diesen auch in Widerspruch treten. Fast alle Leistungsmerkmale von Telefon- oder ISDN-Systemen enthalten arbeitserleichternde Aspekte. Gestaltungsvorschläge, die dazu dienen, riskante Aspekte dieser Leistungsmerkmale entsprechend den anderen Gestaltungskriterien zu beseitigen oder zu modifizieren, müssen dafür Sorge tragen, daß diese arbeitserleichternden Aspekte erhalten bleiben. Zurücktreten muß das Kriterium der Arbeitserleichterung allerdings dort, wo sonst die Voraussetzungen anderer Kriterien, beispielsweise der Transparenz (K1), der Entscheidungsfreiheit (K2) oder der Techniksicherung (K9) nicht hergestellt werden können.

(K7) Anpassungsfähigkeit

Eine Telefon- oder ISDN-Anlage muß den spezifischen rechtlichen Anforderungen ihres Anwendungsfeldes angepaßt werden können und Kompromißlösungen im betrieblichen Mitbestimmungsverfahren ermöglichen.[180]

Da die rechtlichen Anforderungen, die aus institutionellen Bezügen[181] an die Telefon- und ISDN-Systeme zu stellen sind, nicht abstrakt für alle Anwendungsfälle bestimmt werden können, entspricht die Anlagentechnik am ehesten diesen rechtlichen Anforderungen, die am leichtesten den jeweiligen Bedingungen angepaßt werden kann. Ziel der Entwicklung muß daher ein hohes Maß an Anpassungsfähigkeit sein. So werden an die Anlage immer dann spezifische Anforderungen gestellt werden müssen, wenn sie zum Beispiel im Rahmen der Auftragsdatenverarbeitung oder von Selbstverwaltungsorganisationen eingesetzt oder von Behörden genutzt wird, die spezifischen Geheimhaltungspflichten unterliegen, über sensitive Kontakte verfügen oder der informationellen Gewaltenteilung unterworfen sind, die Abschottung der Informationen entsprechend ihren unterschiedlichen Zwecken fordert.[182]

Der wichtigste Grund für die Anpassungsfähigkeit der Anlage ist die Forderung nach ihrer **Mitbestimmungseignung**. Die Anlage darf erst in Betrieb gehen, wenn der Betriebsrat oder der Personalrat zugestimmt haben. Denn diese haben zum Schutz der Beschäftigten ein Mitbestimmungsrecht bei Maßnahmen, welche die Freiheits- und Persönlichkeitssphäre der Beschäftigten berühren.[183] Die Einführung einer Telefon- oder ISDN-Anlage erfüllt gleich mehrere Mitbestimmungstatbestände. Sie betrifft im öffentlichen Dienst die Mitbestimmung bei Einführung, Anwendung, wesentlicher Änderung oder Erweiterung automatisierter Verarbeitung personenbezogener Daten der Beschäftigten (§ 81 Abs. 1 HPVG), bei Einführung grundlegend neuer Arbeitsmethoden (§§ 76 Abs. 2 Nr. 7 BPersVG, 81 Abs. 1 HPVG), bei Gestaltung der Arbeitsplätze (§§ 75 Abs. 3 Nr. 16 BPersVG, 74 Abs. 1 Nr. 16 HPVG), bei Fragen der Ordnung des Betriebs und des Verhaltens der Arbeitnehmer (§§ 75 Abs. 3 Nr. 15 BPersVG, 74 Nr. 7 HPVG) und bei Einführung, Anwendung, wesentlicher Änderung oder Erweiterung von technischen Einrichtungen, die dazu geeignet sind, das Verhalten oder die Leistung der Beschäftigten zu überwachen (§§ 75 Abs. 3 Nr. 17 BPersVG, 74 Abs. 1 Nr. 17 HPVG).

Soll eine Telefon- oder ISDN-Anlage in privaten Unternehmen eingeführt werden, ist eine erzwingbare Mitbestimmung gesetzlich vorgesehen, weil es sich um die "Einführung und Anwendung technischer Einrichtungen" handelt, die dazu bestimmt sind, das Verhalten oder die Leistung der Beschäftigten zu überwachen" (§ 87 Abs. 1 Nr. 6 BetrVG) und weil die Anlagennutzung "Fragen der

---

180 Siehe hierzu z.B. auch Höller 1991.

181 Siehe hierzu die Beispiele in 2.5.1 und 2.5.2.

182 Siehe zu letzterem z.B. BVerfGE 65, 1 (44, 49).

183 Siehe hierzu näher Steinmüller, CR 1989, 606 ff. Siehe zur grundrechtlichen Verankerung in Art. 12 Abs. 1 GG Schneider, VVDStRL 43 (1985), 42.

Ordnung des Betriebs und des Verhaltens der Arbeitnehmer" (§ 87 Abs. 1 Nr. 1 BetrVG) betrifft.

Verweigern der Betriebsrat oder der Personalrat ihre Zustimmung, entscheidet eine Einigungsstelle (§§ 76 BetrVG, 69 ff. HPVG). In der Regel einigen sich Arbeitgeber oder Dienststellen und Betriebsrat oder Personalrat untereinander oder durch ihre Vertreter in der Einigungsstelle in einem Kompromiß. Das Mitbestimmungsrecht der Arbeitnehmervertretung läuft jedoch leer, wenn die Anlage aufgrund ihrer technischen Gestaltung es unmöglich macht, Anforderungen an ihre Konfiguration oder ihren Betrieb zu entsprechen. Aus der Gewährleistung des Mitbestimmungsrechts ergibt sich die Gestaltungsforderung, daß die Anlage keine technischen Hindernisse aufweisen darf, berechtigte Forderungen der Arbeitnehmervertretung oder sinnvolle Kompromisse zwischen ihr und dem Arbeitgeber oder der Dienststellenleitung technisch zu verwirklichen. Je flexibler die Anlage ist, desto geeigneter ist sie daher für die Anforderungen des Betriebsverfassungs- oder Personalvertretungsrechts.

Die Mitbestimmungseignung ist jedoch nicht nur ein Kriterium für die Entscheidung, welche Anlage auszuwählen ist, sondern auch für den Betrieb und die organisatorische Einbindung einer Kommunikationsinfrastruktur. Die Konzeption und Entwicklung neuer Anwendungsmöglichkeiten ist ein zeitlich dynamischer Gestaltungsprozeß. Auch zeigen sich viele Auswirkungen, auf die Dienststellenleitung und Personalrat bzw. Arbeitgeber und Betriebsrat zum Schutz der Beschäftigten reagieren müssen, erst im Betriebsablauf und bei steigender Ausnutzung der Anlage. Die Mitbestimmung der Arbeitnehmervertretung kann daher nicht auf einen einzigen Zeitpunkt fixiert werden.[184] Aus diesem Grund muß die Anlage nicht nur zum Zeitpunkt der Errichtung, sondern auch während der gesamten Betriebszeit möglichst flexibel gestaltbar sein, um spätere Einigungen zwischen Dienststellenleitung und Personalrat über die Gestaltung und Nutzung der Anlage nicht durch technische Sachzwänge zu verhindern.

(K8) Kontrolleignung

Zu den wichtigsten und wirksamsten Maßnahmen der Grundrechtssicherung gehört eine effektive Kontrolle der Schutzregeln und der Schutzvorkehrungen gegen Mißbrauch. Präventive Kontrolle gewährleistet die Schutzfunktionen, nachlaufende Kontrolle schafft Gewißheit über die ordnungsgemäße Nutzung der Anlage und schreckt durch die Aufdeckung von Mißbräuchen ab.[185] Kontrolle

---

[184] Siehe hierzu auch Däubler 1988, 6; siehe z.B. zum Initiativrecht des Betriebs- und Personalrats gem. §§ 87 BetrVG, 62 HPVG, allgemein Wohlgemuth 1988, 239f. mwN sowie zur aktuellen Rechtsprechung des BAG Schlömp-Röder, CR 1990, 477 ff.

[185] Siehe hierzu ausführlich Pordesch/Hammer/Roßnagel 1991.

dient somit einem vorgezogenen Rechtschutz.[186] Zu solchen Kontrollen sind verschiedene Beteiligte berechtigt und verpflichtet.

Der **Betreiber der Anlage** ist für deren rechtsgemäßen Betrieb verantwortlich. Er hat alle Vorkehrungen technischer und organisatorischer Art zu treffen, damit die einschlägigen rechtlichen Vorschriften erfüllt werden. Hierzu gehören vor allem

- die Vorschriften der Datenschutzgesetze,
- die Vorschriften des Betriebsverfassungsgesetzes sowie der Personalvertretungsgesetze samt den auf der Grundlage dieses Gesetzes abgeschlossenen Vereinbarungen über die Errichtung und den Betrieb der Anlage,
- die Vorschriften über eine wirtschaftliche und sparsame Haushaltsführung.[187]

Der Betreiber ist nicht nur verpflichtet, durch entsprechende Anordnungen die jeweils Verantwortlichen über die Voraussetzungen eines rechtsgemäßen Betriebs der Anlage aufzuklären und ihnen ein entsprechendes Verhalten vorzuschreiben, sondern auch die Einhaltung der rechtlichen Gebote zu kontrollieren.

Die Vorgaben der Organisationskontrolle nach Nr. 10 der Anlage zu § 6 BDSG bzw. § 10 Abs. 3 Nr. 10 HDSG gelten für die Auftraggeber sinngemäß.

Ebenso ist der **Auftraggeber**, der die Telefon- oder ISDN-Anlage durch einen anderen betreiben läßt, für den rechtsgemäßen Betrieb der Anlage verantwortlich. Er hat dem Auftragnehmer Weisungen zu erteilen, die die Einhaltung seiner Rechtspflichten sicherstellen, sich durch geeignete Kontrollen davon zu überzeugen, daß diese Weisungen auch eingehalten werden, und entsprechend Nr. 8 der Anlage zu § 9 BDSG bzw. § 10 Abs. 3 Nr. 8 HDSG "Maßnahmen zu treffen, die ... geeignet sind, ... zu gewährleisten, daß personenbezogene Daten, die im Auftrag verarbeitet werden, nur entsprechend den Weisungen des Auftraggebers verarbeitet werden können (Auftragskontrolle)".

Um die Einhaltung der Datenschutzgesetze sowie anderer Vorschriften über den Datenschutz - zu denen auch die einschlägigen Passagen einer Betriebs- oder Dienstvereinbarung zählen - sicherzustellen, hat jede datenverarbeitende Stelle einen **betrieblichen** oder **behördlichen Datenschutzbeauftragten** zu bestellen (§§ 28, 29 BDSG, 5 Abs. 2 HDSG). Seine Aufgabe besteht insbesondere darin, bei der Überwachung der nach §§ 9 BDSG bzw. 10 HDSG erforderlichen Datensicherungsmaßnahmen mitzuwirken und zu kontrollieren, ob die einschlägigen Datenschutzvorschriften eingehalten werden. Da auch die Auftraggeber weiterhin für die rechtsgemäße Datenverarbeitung verantwortlich bleiben, bleiben auch deren Datenschutzbeauftragte zu Kontrollen berechtigt und verpflichtet.

---

[186] Siehe BVerfGE 65, 1 (46); Denninger, KJ 1985, 228.

[187] Siehe z.B. die Fernsprechvorschriften des Hessischen Ministers für Finanzen für die Verwaltung des Landes Hessen vom 3. März 1986 - Staatsanzeiger für das Land Hessen 1986, 720 ff.

Im öffentlichen Bereich haben die **Datenschutzbeauftragten des Bundes und der Länder** die Einhaltung der Vorschriften des jeweiligen Datenschutzgesetzes sowie anderer Vorschriften über den Datenschutz durch die datenverarbeitenden Stellen zu überwachen. Hierbei sind sie von diesen zu unterstützen, indem ihnen insbesondere Auskunft zu ihren Fragen und Einsicht in alle relevanten Unterlagen gewähret sowie Zutritt zu allen Diensträumen verschafft wird. Sie können die Datenverarbeitung in der Anlage sowohl im Rahmen von Routinekontrollen als auch im Rahmen einer Verdachtskontrolle auf Hinweis eines Betroffenen überprüfen. Stellen sie Verstöße gegen Datenschutzvorschriften fest, so haben sie diese gegenüber der Dienststelle zu beanstanden und der zuständigen Aufsichtsbehörde mitzuteilen.

Die Betriebs- oder Dienstvereinbarungen, die die Einführung und den Betrieb einer Telefon- oder ISDN-Anlage regeln, treffen Bestimmungen zum Schutz der Rechte auf informationelle und kommunikative Selbstbestimmung der Beschäftigten.[188] Sie unterwerfen die Errichtung und den Betrieb der Telefonanlage einer Reihe inhaltlicher Einschränkungen, die den Einsatzzweck, den Leistungsumfang und die Datenerfassung und -verarbeitung betreffen. Außerdem werden meist die zulässigen Hardware- und Softwarebestandteile der Anlage sowie die zulässigen Anschluß- und Endgerätetypen geregelt. Die Betriebs- und Personalräte haben daher ein großes Interesse, den dieser Vereinbarung entsprechenden Betrieb der Anlage auch überprüfen zu können. Da sie außerdem darüber zu wachen haben, daß die zugunsten der Beschäftigten geltenden Gesetze, Verordnungen, Tarifverträge, Betriebs- und Dienstvereinbarungen sowie Verwaltungsanordnungen eingehalten werden[189], sehen Dienst- oder Betriebsvereinbarungen oft Kontrollrechte der **Beschäftigtenvertretung** vor. Ihr wird danach das Recht eingeräumt, die Einhaltung der getroffenen Regelungen zu überprüfen und zu diesem Zweck Revisionen durchzuführen.

Eine notwendige Voraussetzung für eine wirksame Kontrolle ist die Kontrolleignung der datenverarbeitenden Systeme. Die Anlage muß so beschaffen sein, daß die Kontrollorgane in der Lage sind, durch die Überprüfung des Zustandes und der Betriebsgeschichte der Anlage Verstöße gegen die einschlägigen Regelungen zu erkennen.[190] Vor allem muß sichergestellt sein, daß alle sensitiven Aktivitäten in der Anlage unveränderbar registriert werden, wie dies auch in § 10 Abs. 3 HDSG gefordert wird.[191] Die Kontrolldaten müssen in vollständigem Umfang den wahren Zustand der Anlage und die tatsächlich erfolgten Transaktionen sowie die dafür Verantwortlichen erkennen lassen. Sie müssen

---

188 Siehe hierzu näher Roßnagel, KJ 1990, 267 ff.

189 Siehe z.B. §§ 80 Abs. 1 Nr. 1, 68 Abs. 1 Nr. 2 BPersVG, 62 Abs. 1 Nr. 2 HPVG.

190 Siehe hierzu auch Schapper/Schaar, CR 1990, 777.

191 Siehe hierzu auch Burkert 1985, 16, 29f.; Landesbeauftragter für den Datenschutz der Freien Hansestadt Bremen 1989, 5.

außerdem all diesen Kontrollorganen jeweils für ihren Kontrollzweck in übersichtlicher und nachvollziehbarer Weise zur Verfügung gestellt werden.[192]

Ob und in welchem Umfang dann Kontrollen durchgeführt werden und welche ergänzenden Prüfmittel geschaffen werden, ist in einem Revisionskonzept unter Abwägung weiterer Kriterien - wie der Erforderlichkeit (K3), der Zweckbindung (K4) und der Werkzeugeignung (K5) - zu bestimmen.[193] Insofern berühren sich das Kriterium der Kontrolleignung und das nachfolgend dargestellte Kriterium der Techniksicherung.

(K9) Techniksicherung

Zum Schutz der Grundrechte und zur Verwirklichung der anderen Kriterien sind technische Sicherungsmaßnahmen erforderlich, die gewährleisten, daß Risiken für die Grundrechte im Rahmen der Verhältnismäßigkeit technisch ausgeschlossen sind.[194] Das Kriterium der Techniksicherung ist somit ein "Instrumentalkriterium": es sichert die Verwirklichung der anderen Kriterien. Die Aufgabe der Technikssicherung ist es, vom Techniksystem her sicherzustellen, "daß nicht sein kann, was nicht sein darf".[195] Da dies durch entsprechende Gestaltung moderner Informationstechnik vielfach ermöglicht wird, ist gleichzeitig "allein dieser durch Datensicherung bewirkbare Zustand rechtsstaatlich zulässig".[196]

Für das Recht auf informationelle Selbstbestimmung werden solche Sicherungsmaßnahmen bereits durch Gesetz gefordert. Aber auch zum Schutz der anderen Grundrechte sind vergleichbare Sicherungsmaßnahmen notwendig. Sie sollten, solange gesetzliche Regelungen fehlen, durch Dienstvereinbarungen bzw. Betriebsvereinbarungen oder durch allgemeine Dienstanweisungen eingeführt werden.[197] Auf einige Mißbrauchsrisiken und die Möglichkeiten, sie technisch auszuschließen, weisen wir im folgenden hin.[198]

§ 9 BDSG mit seiner Anlage oder § 10 Abs. 3 HDSG stellen nahezu wortgleich zehn Regeln der Datensicherung auf, die gewährleisten sollen, daß technische und organisatorische Maßnahmen getroffen werden, die "erforderlich und angemessen sind, um die Ausführung der Vorschriften dieses Gesetzes zu gewährleisten".[199] Diese Maßnahmen sollen die Anforderungen an die Recht-

---

192 Zu den Kriterien einer Prüfung des rechtsgemäßen Betriebs von ISDN-Anlagen siehe näher Pordesch/Hammer/Roßnagel 1991, 43 ff.

193 Siehe hierzu ausführlich Pordesch/Hammer/Roßnagel 1991.

194 Siehe hierzu z.B. auch Art. 8 EG-Kommission 1990.

195 Siehe zu diesem "Systemdatenschutz" Podlech 1982, 451 ff. sowie Podlech DVR 1976, 38.

196 Podlech, DVR 1976, 38; Podlech 1982, 454 ff.

197 Siehe hierzu z.B. den Katalog für Sicherungsanforderungen gegenüber Telekommunikationsanlagen bei Bach 1987, 121 ff.

198 Siehe hierzu auch ausführlich Pordesch/Hammer/Roßnagel 1991.

199 Siehe zu diesen Anforderungen für ISDN-Anlagen ausführlich Hammer/Roßnagel, DuD 1990, 394 ff.

mäßigkeit der Datenverarbeitung und die Möglichkeiten der Betroffenen, ihre Rechte wahrzunehmen, gewährleisten. Sie sollen unzulässige Datenverarbeitung verhindern und gebotene Datenverarbeitung (z.B. Sperren oder Löschen) sicherstellen. Die Art und Weise der Maßnahmen richtet sich dabei nach dem jeweiligen Stand der Technik (§ 10 Abs. 1 HDSG).[200]

Die einzelnen Anforderungen des § 10 HDSG werden weiter unten im Zusammenhang mit konkreten Gestaltungsvorschlägen ausführlicher behandelt. Allgemein hat eine am Kriterium der Datensicherung orientierte Gestaltung sicherzustellen, daß mögliche Mißbräuche von seiten der Betriebsführung durch eine Gestaltung von Betriebsbefehlen und Zugangs- und Zugriffskontrollmechanismen minimiert werden. Außerdem müssen Leistungsmerkmale und angeschlossene Datenübertragungs- und Endeinrichtungen und deren Leistungsmerkmale so gestaltet werden, daß eine mißbräuchliche Verwendung ausgeschlossen ist.

Die Aufgabe der Techniksicherung darf allerdings nicht nur datenschutzrechtlich definiert werden, sondern muß auch funktionsbezogen gesehen werden. Technische Sicherungen muß die Telefon- oder ISDN-Anlage nicht nur für den Schutz personenbezogener Daten bieten, sondern auch hinsichtlich des notwendigen Schutzes der anderen Grundrechte. Das Kriterium der Techniksicherung fordert von Telefon- oder ISDN-Systemen, daß deren Technik so beschaffen ist, daß die Funktionen, die zur Erfüllung der anderen Kriterien gefordert werden, bei ihrer Ausführung auch genau das tun, was sie tun sollen. So ist etwa in Konkretisierung des Kriteriums Techniksicherung hin zu technischen Zielen sicherzustellen, daß Verbindungen abgebaut werden, wenn der Teilnehmer den Hörer auflegt, und zu verhindern, daß die Verbindung systemintern weiterbesteht. Leistungsmerkmale dürfen nur so aktiviert, voreingestellt und ausgeführt werden, wie dies der Teilnehmer veranlaßt hat. Signalisierungen von Hör- und Ruftönen, von Leuchten und Anzeigen müssen dem tatsächlichen Anlagenzustand und den wirklichen Abläufen entsprechen.

Soweit dies möglich ist, muß die Anlage darüberhinaus Mißbrauch zu Lasten von Grundrechten ausschließen (Erforderlichkeit (K3), Zweckbindung (K4)). Zumindest muß durch ein effektives Revisionskonzept und durch wiederholte Revisionen sichergestellt sein, daß Mißbräuche nachträglich entdeckt werden.[201]

Technische Sicherungen sind insbesondere auch zum Schutze der oben genannten Geheimnisse[202] erforderlich.[203] Dies gilt vor allem für die Geheimnisse, über die ihre Träger nicht disponieren können. So besteht etwa für die Berufsgeheimnisse oder die Amtsgeheimnisse keine Entscheidungsfreiheit, sie zu offenba-

---

200 Eine Einführung in den "Stand der Technik" des Datenschutzes in Kommunikationssystemen gibt z.B. Ruhland 1987.

201 Siehe hierzu ausführlich Pordesch/Hammer/Roßnagel 1991.

202 Siehe oben Kapitel Grundrechtliche Anforderungen 2.3 (A6).

203 So wird z.B. die Deutsche Bundespost Telekom durch §§ 6 Abs. 9 und 15 Abs. 3 TDSV verpflichtet, die Anomymität von Telekontakten, soweit sie Voraussetzungen der Berufsausübung ist, technisch zu gewährleisten.

ren. Zu diesen Geheimnissen können sowohl Inhalts- als auch Verbindungsdaten gehören. Daher darf die Telefon- oder ISDN-Anlage diese Berufstätigen oder Amtsträger nicht dazu zwingen, durch ihre Nutzung die Geheimnisse zu gefährden.

Die vorgenannten Kriterien beschreiben die Bewertungs- und Gestaltungskriterien, die zu berücksichtigen sind, um den für die Prüfung eines rechtsgemäßen Betriebs einer ISDN-Anlage relevanten Interessen gerecht zu werden. Da in sie unterschiedliche Interessen eingehen, sind die Kriterien nicht widerspruchsfrei. Vielmehr repräsentieren sie die verschiedenen Anforderungen an die Überprüfung von Telefon- oder ISDN-Systemen. Nur in ihrer Gesamtsicht ermöglichen sie, Gestaltungsvorschläge zu optimieren. Sie korrigieren sich teilweise gegenseitig und verhindern die eindimensionale Maximierung eines Zielwerts. In welchem Umfang das eine Kriterium im Verhältnis zu einem anderen im konkreten Fall zur Geltung gelangt, hängt von den konkreten Umständen und vor allem dem konkreten Grundrechtsrisikos ab. Zwischen ihnen ist in jedem Einzelfall ein vernünftiger Ausgleich in der Form zu suchen, daß soweit wie möglich allen Interessen entsprochen und ein Interesse nur soweit eingeschränkt wird, wie dies unbedingt erforderlich ist, um widerstreitende Interessen in dem für sie erforderlichen Ausmaß berücksichtigen zu können (Grundsatz der praktischen Konkordanz).

3. Grundfunktionen der Telefonkommunikation

In diesem Kapitel werden Leistungsmerkmale moderner Telefon- und ISDN-Systeme für die durchschaltevermittelte Telefonkommunikation im Hinblick auf die entwickelten rechtlichen Anforderungen bewertet und daraus technische Gestaltungsziele konkretisiert.

Die Darstellung von Gestaltungsvorschlägen für Telefonleistungsmerkmale wird dadurch erschwert, daß eine sehr große Zahl von Leistungsmerkmalen angeboten wird. Diese unterscheiden sich je nach Hersteller und Modell der Anlage in vielen Details, die für die rechtliche Bewertung relevant sind. Hinzu kommt, daß in Zukunft eine weitere Differenzierung von Leistungsmerkmalen zu erwarten ist. Der Versuch, jedes in irgendeiner ISDN-Anlage angebotene Leistungsmerkmal zu untersuchen, würde daher den Rahmen dieser Untersuchung sprengen.

Wir wählen in unserer Untersuchung einen anderen Weg. Wir untersuchen zunächst ***Grundfunktionen***, aus denen Leistungsmerkmale zusammengesetzt sind, und entwickeln für diese funktionsbezogene Gestaltungsziele. Grundfunktionen sind Teilaspekte von Leistungsmerkmalen, die rechtliche Anforderungen und Kriterien in unterschiedlicher Weise tangieren. Wir unterscheiden die folgenden zwölf Grundfunktionen:

- **Identifizierung**: Während der Ausführung vieler Leistungsmerkmale werden die Rufnummern von Gesprächspartnern übermittelt. Da Rufnummern personenbezogene Daten sind, betrifft diese Funktion die informationelle Selbstbestimmung der Teilnehmer.
- **Mikrophonfunktion im Endgerät**: Leistungsmerkmale können das Sprechen über Mikrophone ermöglichen, die in Endgeräte eingebaut sind. Ziel der Technikgestaltung ist es hier vor allem, die Risiken des unbemerkten Mithörens von Gesprächen auszuschließen.

- **Automatische Verbindungsannahme**: Einige Merkmale ermöglichen es, Verbindungen automatisch, d.h. ohne Zutun des gerufenen Teilnehmers, an seinem Apparat annehmen zu lassen. Ziel der Technikgestaltung ist hier unter anderem, die autonome Arbeitsgestaltung sicherzustellen.
- **Weitervermittlung**: Mit mehreren Merkmalen können Gespräche an Dritte weitervermittelt werden. Hierbei ist unter anderem durch geeignete Maßnahmen dafür zu sorgen, daß die kommunikative Selbstbestimmung und die Arbeitsautonomie der Teilnehmer gewahrt bleibt.
- **Besondere Verbindungsvollendung**: Mit Hilfe zahlreicher Leistungsmerkmale können Verbindungswünsche automatisch weitergeleitet werden. Für diese Leistungsmerkmal ist insbesondere die kommunikative Selbstbestimmung aller Beteiligten zu berücksichtigen.
- **Gesprächsausweitung**: Einige Leistungsmerkmale ermöglichen es, den Kreis der Zuhörer oder der an einem Gespräch Beteiligten zu erweitern. Merkmale, die diese Grundfunktion beinhalten, müssen unter anderem die kommunikative Selbstbestimmung aller Teilnehmer in der Gesprächssituation gewährleisten.
- **Gesprächsaufzeichnung**: Durch einige Merkmale können Aufzeichungen von Gesprächen veranlaßt werden. Die Aufzeichung von Inhaltsdaten ist vor allem datenschutzrechtlich zu bewerten.
- **Senden von Sprachmitteilungen**: Einige Leistungsmerkmale ermöglichen es, Sprachmitteilungen aufzusprechen und zu versenden. Diese Merkmale sind unter anderem so zu gestalten, daß die Nachrichteninhalte gegen Zugriffe Unberechtigter geschützt werden.
- **Zustandsmeldungen**: Einzelne Merkmale stellen am Endgerät Informationen über den Zustand von Anschlüssen anderer Teilnehmer oder abgesetzte Sprachnachrichten zur Verfügung. Diese Merkmale müssen so gestaltet sein, daß unzulässige Eingriffe in das Recht auf informationelle Selbstbestimmung der Betroffenen unterbleiben.
- **Kommunikationsadreßlisten**: Um das Telefonieren oder das Versenden von Nachrichten zu vereinfachen, können Rufnummern in Listen gespeichert werden. Diese Rufnummern sind insbesondere gegen unberechtigte Zugriffe zu schützen.
- **Berechtigungen**: Voraussetzung dafür, daß ein Teilnehmer andere anrufen und Leistungsmerkmale nutzen kann, ist, daß er Berechtigungen hierfür erhalten hat. Durch geeignete Gestaltungsmaßnahmen ist insbesondere dafür zu sorgen, daß institutionellen Anforderungen und Regelungen im Rahmen der Mitbestimmung entsprochen werden kann.

- **Zugriffsschutz am Endgerät**: In Telefonsystemen sind verschiedene Möglichkeiten vorgesehen, die mißbräuchliche Benutzung von Endgeräten und den Zugriff auf personenbezogene Daten zu verhindern. Diese sind insbesondere daraufhin zu untersuchen, inwieweit notwendige technische Maßnahmen zur Techniksicherung eingehalten werden.

Ein Vorteil der Betrachtung von Grundfunktionen ist, daß für sie allgemeine, d.h. nicht auf einzelne Leistungsmerkmale bezogene Ziele für die Technikgestaltung herausgearbeitet werden können. Diese funktionsbezogenen Gestaltungsziele bilden die Grundlage für die Entwicklung von Gestaltungsvorschlägen zu einzelnen Leistungsmerkmalen. Zu diesen kommen wir, indem wir die Gestaltungsziele unter Berücksichtigung merkmalsspezifischer Aspekte konkretisieren.

Wegen der unterschiedlichen Rollen und Interessen der an der Telefonkommunikation Beteiligten, bleibt es nicht aus, daß Zielkonflikte entstehen. Technische Gestaltungsziele sind daher als Sollbestimmungen zu verstehen, von denen in begründeten Ausnahmefällen abgewichen werden kann.

Technische Gestaltungsziele für Grundfunktionen entwickeln wir in den folgenden Teilschritten :

(a) Wir geben eine ***Beschreibung der Grundfunktion*** und nennen Leistungsmerkmale, für die die Grundfunktion eine wesentliche Rolle spielt.

(b) In einer ***rechtlichen Bewertung*** stellen wir abstrakt einige Chancen und Risiken dar und bewerten diese im Hinblick auf die grundrechtlichen Anforderungen, die wir im vorherigen Kapitel aus verfassungsrechtlichen Normen als technikspezifische Konkretisierungen abgeleitet haben. Sie werden im folgenden Kapitel leistungsmerkmalsspezifisch konkretisiert.[1]

(c) Mit Hilfe der aus den grundrechtlichen Anforderungen abgeleiteten rechtlichen Kriterien entwickeln wir ***funktionsbezogene Gestaltungsziele***.

3.1 Identifizierung

(a) Funktionsbeschreibung

Wenn Verbindungen aufgebaut oder Leistungsmerkmale genutzt werden, werden die Teilnehmer einer Verbindung in vielen Fällen wechselseitig oder gegenüber

---

1 Siehe Kapitel 4, Leistungsmerkmale.

Dritten identifiziert. Die Identifizierung erfolgt meist durch Anzeige der Rufnummer oder des Namens im Display des Endgerätes. Die Daten können aber auch abgespeichert oder zentral protokolliert werden. Übliche Merkmale mit Ruferidentifizierung sind:

- **Anzeige der Rufnummer des rufenden Teilnehmers beim Gerufenen:** Mit diesem Merkmal wird dem gerufenen Teilnehmer vor Aufnahme des Hörers angezeigt, wer anruft.
- **Anruferliste**: Bei diesem Merkmal erfolgt die Speicherung von Rufnummern rufender Teilnehmer, deren Rufe nicht entgegengenommen wurden.
- **Fangen**: Mit diesem Merkmal werden die Rufnummern rufender Teilnehmer zentral in einer Datei oder auf Papier protokolliert.
- **Anrufumleitung**: Wird dieses Merkmal ausgeführt, wird dem rufenden Teilnehmer in vielen ISDN-Anlagen angezeigt, wen er erreicht.
- **Frei für zweiten Anruf**: Wenn ein Teilnehmer dieses Leistungsmerkmal einstellt, werden kommende Rufe auch signalisiert und der Rufer identifiziert, wenn der Angerufene gerade ein Gespräch führt.
- **Anklopfen manuell**: Mit diesem Merkmal kann sich ein Rufer beim Angerufenen identifizieren, auch wenn dieser gerade ein Gepräch führt.

(b) Rechtliche Bewertung

Die Information, wer anruft oder wer an einer Verbindung beteiligt ist, kann die Kommunikationssituation für alle an einer Verbindung Beteiligten transparenter machen. Ferner wird dadurch die Möglichkeit eines Teilnehmers verbessert, selbst darüber zu entscheiden, mit wem er sprechen bzw. nicht sprechen möchte. In dieser Hinsicht ist Telefonieren mit Identifikation der Teilnehmer vorteilhaft im Hinblick auf die kommunikative Selbstbestimmung (A4) der Teilnehmer.

Die Identifizierung ohne Wahlmöglichkeit schränkt jedoch die informationelle und kommunikative Selbstbestimmung (A3, A4) des Angezeigten ein. Denn in vielen Fällen möchte dieser gegenüber anderen Teilnehmern anonym bleiben oder er möchte sicher gehen, daß Personen, die zufällig in der Nähe des gerufenen Apparates sind, von der Tatsache des Anrufes keine Kenntnis erhalten. Problematisch ist die Rufnummernübermittlung auch, wenn nicht der Gerufene, sondern andere Teilnehmer von den Kommunikationsverbindungen erfahren. Dies kann der Fall sein, wenn Gesprächsverbindungen umgeleitet oder weitervermittelt werden.[2] Hierdurch kann neben der kommunikativen und informationellen Selbstbestimmung auch der Geheimnisschutz (A6) beeinträchtigt werden. Neben den Rechtsgütern der Mitarbeiter sind die Rechtsgüter rufender oder an-

2 Siehe hierzu Weitervermittlung 3.4 und Besondere Verbindungsvollendung 3.5.

gerufener externer Teilnehmer zu berücksichtigen[3]. Diese haben im allgemeinen kein Einverständnis zur Verarbeitung ihrer personenbezogenen Daten gegeben.

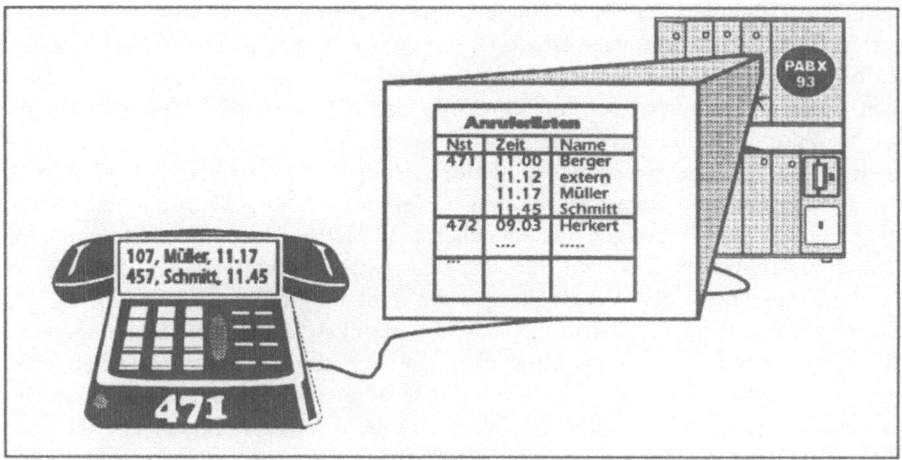

Abb. 3: Rufnummern werden in der Anruferliste gespeichert.

Für die Identifizierung werden die Rufnummerndaten und Namen von Teilnehmern erhoben und in der Anlage gespeichert. Während des Verbindungsaufbaus werden diese Daten abgerufen, im Vermittlungssystem zwischengespeichert, im Endgerät des Gerufenen erneut zwischengespeichert und schließlich auf dem Display angezeigt oder in einem Speicher dauerhaft abgelegt.[4] Die Anzeige der Rufernummer ist daher eine Verarbeitung personenbezogener Daten in einer Datei, die zustimmungspflichtig ist.[5]

Für den Fall, daß der Anrufer von einem Anschluß aus dem Bereich der Nebenstellenanlage anruft, ist die Anzeige zur Durchführung der organisatorischen Maßnahme "interne Telekommunikation" ebensowenig erforderlich (§ 34 Abs. 1 HDSG) wie sie es zur rechtmäßigen Aufgabenerfüllung einer Organisation ist, wenn der Anrufer von außerhalb aus anruft (§§ 13 Abs. 1 BDSG, 11 Abs. 1

3 Siehe hierzu neuerdings BVerfG, NJW 1992, 1875f.

4 Der Hinweis von Gliss/Wronka 1987, 19, die Anzeige der Rufernummer sei kein Übermitteln iSd § 2 Abs. 2 BDSG, geht völlig an dem Problem vorbei. Denn die Anzeige der Rufernummer ist zumindest eine (wenn auch kurzfristige) Speicherung personenbezogener Daten und daher nur zulässig, wenn sie nach §§ 13,14 oder 28 BDSG bzw. § 34 Abs. 1 oder § 11 Abs 1 HDSG erforderlich ist. - siehe hierzu Nungesser 1988, § 2 Rdn 45; Landesbeauftragter für den Datenschutz der Freien Hansestadt Bremen 1989, 11.

5 Siehe hierzu z.B. Schapper/Schaar, CR 1989, 774.

HDSG). Da also eine gesetzliche Grundlage für die Speicherung fehlt, ist sie nur zulässig, wenn der Anrufer damit einverstanden ist.[6]

In privatrechtlichen Beziehungen ist nach § 28 Abs. 1 BDSG die Datenverarbeitung im Rahmen der Zweckbindung eines Vertragsverhältnisses oder eines vertragsähnlichen Vertrauensverhältnisses zulässig. Danach kann die Anzeige der Rufnummer vor allem dann zulässig sein, wenn zwischen dem Angezeigten und dem Kommunikationspartner eine dauernde Geschäftsbeziehung besteht. Solange solche Vertragsbeziehungen oder vertragsähnlichen Vertrauensbeziehungen jedoch fehlen, ist eine zwangsweise Identifizierung unzulässig. Nach § 28 Abs. 1 Nr. 2 BDSG ist die Datenverarbeitung außerdem erlaubt, wenn dies zur Wahrung berechtigter Interessen der speichernden Stelle erforderlich ist und kein Grund zu der Annahme besteht, daß das schutzwürdige Interesse des Betroffenen an dem Ausschluß der Verarbeitung oder Nutzung offensichtlich überwiegt. Zwar verbessert die Identifizierung das kommunikative Selbstbestimmungsrecht des Angerufenen, sie beeinträchtigt aber zugleich das informationelle Selbstbestimmungsrecht des Rufers.[7] Es kann daher nicht davon ausgegangen werden, daß die berechtigten Interessen des Gerufenen die des Rufers immer überwiegen. Eine ausnahmslose Identifizierung verstößt daher gegen diese datenschutzrechtliche Regelung.

(c) Gestaltungsziele

(Z1) Jeder Teilnehmer soll wählen können, ob er sich identifiziert

Jeder Teilnehmer sollte grundsätzlich selbst darüber entscheiden, ob seine Rufnummer an andere Teilnehmer einer Verbindung übermittelt wird (Entscheidungsfreiheit (K2)).[8] Darüber hinaus würde es die Entscheidungsfreiheit verbessern, wenn er selbst darüber entscheiden könnte, wie seine Rufnummer verarbeitet wird, insbesondere ob sie gespeichert, ausgewertet und ausgedruckt wird. Technisch ist eine derartige "Verarbeitungskontrolle" jedoch kaum umsetzbar und würde überdies die Arbeitsautonomie anderer Teilnehmer einschränken. In jedem Fall sollte dem Rufer aber transparent sein (K1), ob eine Speicherung möglich ist bzw. bevorsteht, damit er wenigstens in Abwägung der Risiken frei entscheiden kann, ob er die Telekommunikation dennoch durchführt oder abbricht.

---

6 Der Hinweis von Gliss/Wronka 1987, 13, der Anrufer gebe durch die Anzeige nicht mehr Informationen preis, als er bei Erreichen des Gerufenen vermittelt, verkennt sowohl die Bedeutung des Rechts auf informationelle Selbstbestimmung als auch die tatsächlichen Möglichkeiten Dritter (etwa bei Abwesenheit am Apparat B oder infolge einer Umleitung), von der Anzeige Kenntnis zu nehmen.

7 Siehe hierzu Roßnagel KJ 1990, 286.

8 Siehe hierzu auch § 9 Abs. 1 TDSV und Art 12 Abs. 1 EG-Kommission 1990.

(Z2) Jeder Teilnehmer sollte die Identifizierung anderer Teilnehmer anfordern können
In der Regel sollte niemand gezwungen sein, mit Personen zu telefonieren, die ihm gegenüber anonym bleiben wollen. Daher sollte jeder Teilnehmer frei darüber entscheiden können, ob er von anderen Teilnehmern einer bestehenden oder gewünschten Verbindung verlangt, daß sich diese identifizieren (Entscheidungsfreiheit (K2)).[9] Er sollte nicht gezwungen werden, anonyme Telefongespräche oder - im Falle des Einsatzes von Sprachservern - Sprachmitteilungen anzunehmen. Dies ist auch wünschenswert, um die mißbräuchliche Nutzung des Telefons zu anonymen Belästigungen unterbinden zu können (Zweckbindung (K4)).

(d) Heutige Realisierungen
Die Identifizierung ist in heutigen ISDN-Anlagen noch nicht für alle Merkmale vorgesehen, für die dies denkbar und sinnvoll wäre. So ist bisher keine Realisierung des Merkmals Konferenz bekannt, in der sich hinzugeschaltete Teilnehmer gegenüber anderen Konferenzteilnehmern identifizieren können. Auch ist die Identifizierung in der Regel auf den Verbindungsaufbau beschränkt. Hingegen ist während einer bestehenden Verbindung wechselseitiges Identifizieren nicht mehr möglich. Auch ist es nicht möglich, die Identifizierung wieder zurückzuziehen, was sehr sinnvoll sein könnte, wenn Gespräche weitervermittelt werden.

Ziel der Weiterentwicklung von Telefonsystemen und ISDN-Anlagen sollte es sein, für alle Leistungsmerkmale und Verbindungszustände ein einheitliches Verfahren für die Identifizierung und die Anforderung der Identifizierung vorzusehen. Eine mögliche technische Realisierung hierfür, ein Handshakeverfahren, beschreiben wir exemplarisch für das Merkmal Anzeige der Rufnummer des Rufers beim gerufenen Teilnehmer.[10]

3.2 Mikrophonfunktion im Endgerät

(a) Funktionsbeschreibung
In vielen modernen Telefonapparaten sind, zusätzlich zu dem im Hörer vorhandenen Lautsprecher und dem ebenfalls dort vorhandenen Mikrophon, Lautsprecher und Mikrophon auch im Gerätechassis des Teilnehmerendgerätes eingebaut. Diese können genutzt werden, um Telefongespräche zu führen, ohne dazu den Hörer aufnehmen zu müssen. Damit der Gesprächspartner auch gehört wer-

---

9 Siehe hierzu auch Art 12 Abs. 2 EG-Kommission 1990.
10 Siehe hierzu Anzeige der Rufnummer des rufenden Teilnehmers 4.1.1.

den kann, wird immer auch der Lautsprecher zugeschaltet, wenn das Mikrophon eingeschaltet wird.[11]

Mikrophonfunktionen werden unter anderem bei folgenden Leistungsmerkmalen genutzt:

- **Freisprechen**: Mit diesem Leistungsmerkmal kann ein Teilnehmer ein Telefongespräch annehmen, ohne den Hörer aufnehmen zu müssen. Er drückt einfach eine Freisprechtaste.
- **Automatische Gesprächsannahme**: Dieses Leistungsmerkmal ermöglicht es einem Teilnehmer, seinen Apparat so voreinzustellen, daß bei kommenden Gesprächen Freisprechen automatisch eingeschaltet wird. Er kann, ohne die Freisprechtaste jedesmal zu bedienen, sofort sprechen.
- **Direktes Ansprechen**: Mit diesem Merkmal kann ein Teilnehmer andere Teilnehmer anrufen und von sich aus den Lautsprecher und Mikrophon in deren Endgerät aktivieren.

Auch einige Komfortapparate oder Unteranlagen analoger Telefonanlagen verfügten bereits über eingebaute Mikrophone und Lautsprecher. Allerdings waren die Kosten derartiger Apparate in der Vergangenheit hoch, so daß sie nur für wenige besonders privilegierte Teilnehmer angeschafft wurden. Mikrophonfunktionen wurden im betrieblichen und außerbetrieblichen Telefonverkehr demzufolge nur sehr selten genutzt. Hingegen gehören Lautsprecher und meist auch Mikrophone bei den Digitalapparaten einer ISDN-Anlage zur Regelausstattung. Freisprechen kann damit zu einer üblichen Form des Telefonierens werden. Dadurch werden Nutzen und Risiken der Leistungsmerkmale mit Mikrophonfunktion gegenüber früher quantitativ erheblich erhöht.

(b) Rechtliche Bewertung

Mikrophonfunktionen können das Telefonieren für den Teilnehmer erleichtern. Während des Gespräches bleiben die Hände für andere Tätigkeiten frei, der Teilnehmer kann sogar noch dann sprechen, wenn er einige Meter vom Telefon entfernt arbeitet. Mikrophonfunktionen erhöhen daher die autonome Arbeitsgestaltung (A5) und verbessern Mobilität und Verhaltensspielraum des Teilnehmers (Entfaltungsmöglichkeiten (A1)).

Allerdings besteht auch das Risiko, daß Gespräche in der Nähe der Nebenstelle über das Mikrophon erfaßt und von Teilnehmern einer Verbindung telefonisch mitgehört werden können. Mikrophone im Gerätechassis sind deutlich empfindlicher als solche in Telefonhörern. Mit ihnen können daher auch Gespräche und Geräusche im Umkreis einiger Meter von der Endstelle mitgehört werden. Das Mikrophon kann auch mit Absicht eingeschaltet werden, um über eine unbemerkt aufgebaute Verbindung den Raum gezielt abzuhören.

---

[11] Umgekehrt hat die Aktivierung des Lautsprechers nicht unbedingt die Aktivierung eines Mikrophons zur Folge (Mithören Dritter bei normalem Gespräch über den Hörer).

Schon die Möglichkeit des unbemerkten Mithörens von Gesprächen im Raum über aktivierte Freisprecheinrichtungen kann, unabhängig davon ob dies tatsächlich geschieht, dazu führen, daß sich Beschäftigte in ihrem Kommunikationsverhalten an dieses Risiko anpassen. Die Unbefangenheit der Kommunikation (A2) kann dadurch erheblich beeinträchtigt und der Schutz von Geheimnissen (A6) gefährdet werden.

Abb. 4: Unbemerktes Mithören eines Gesprächs durch einen Dritten über das eingeschaltete Mikrophon im Telefon.

(c) Gestaltungsziele

(Z1) Mikrophonstatus am Endgerät deutlich signalisieren

Alle Personen, die in der Nähe einer Nebenstelle sprechen, müssen klar erkennen können, daß das Mikrophon aktiviert wird (Transparenz (K1)). Damit auch Personen dies erkennen können, die erst nach der Aktivierung den Raum betreten, ist ferner eine Statusanzeige (Mikrophon aktiv) erforderlich. Die Signalisierung muß von anderen Signalen klar zu unterscheiden und deutlich erkennbar sein. Nur so kann der Mißbrauch des Mikrophons zuverlässig ausgeschlossen werden (Zweckbindung (K4), Techniksicherung (K9)).

(d) Heutige Realisierungen

Das Einschalten des Mikrophons wird bei allen den Autoren bekannten Telefonanlagen üblicherweise signalisiert. Jedoch ist die Signalisierung häufig nicht ausreichend deutlich erkennbar, insbesondere für Personen, die sich nicht direkt vor dem Apparat aufhalten und seine Tastatur und das Display nicht im Blickfeld haben. Außerdem kann die Anzeige unter Umständen unsichtbar gemacht werden (Abblenden des Displays). Vorschläge für verbesserte technische Realisierungen der Mikrophonfunktion entwickeln wir für die Leistungsmerkmale Freisprechen und Direktes Ansprechen.[12]

3.3 Automatische Verbindungsannahme

(a) Funktionsbeschreibung

Normalerweise ist es erforderlich, daß ein Teilnehmer den Hörer abnimmt oder Freisprechen einschaltet, um eine Verbindung anzunehmen. Einzelne Merkmale von ISDN-Anlagen ermöglichen es aber, Verbindungen auch ohne Zutun des Apparatinhabers automatisch annehmen zu lassen:

- **Direktes Ansprechen**: Mikrophon und Lautsprecher des Gerufenen können vom (besonders berechtigten) rufenden Teilnehmer eingeschaltet werden.
- **Automatische Gesprächsannahme**: Der gerufene Teilnehmer kann seinen Apparat so einstellen, daß Rufe automatisch angenommen werden.
- **Durchsagerufe**: Der Lautsprecher eines oder die Lautsprecher mehrerer Teilnehmer können von einem Rufer für eine kurze Durchsage eingeschaltet werden.
- **Zuteilen**: Dies ist ein Merkmal von ACD-Anlagen (Automatic Call Distribution), mit dem kommende Rufe Teilnehmern einer Gruppe automatisch zugeteilt werden. Der Teilnehmer, dem ein Ruf zugeteilt wird, wird dann über seine Sprechgarnitur sofort mit dem Rufer verbunden.

(b) Rechtliche Bewertung

Wird ein Ruf automatisch angenommen, so muß der Teilnehmer nicht zu seinem Telefonapparat eilen und den Hörer abnehmen, um ein Gespräch entgegenzunehmen. Dies ist beispielsweise dann von Vorteil, wenn der Teilnehmer einige Meter vom Endgerät entfernt arbeitet und nur eine kurze Mitteilung empfangen soll. In dieser Hinsicht kann die automatische Verbindungsannahme die autonome Arbeitsgestaltung (A5) des Teilnehmers verbessern und seinen Verhaltensspielraum erweitern (A1).

---

12 Siehe hierzu näher Freisprechen 4.1.5 und Direktes Ansprechen 4.1.6.

Die automatische Annahme beeinträchtigt allerdings auch die kommunikative Selbstbestimmung (A4) und die autonome Arbeitsgestaltung (A5) des Teilnehmers, wenn dieser die Annahme der Verbindung und die damit verbundene Unterbrechung seiner Arbeit nicht verhindern kann. Sofern das Mikrophon automatisch eingeschaltet wird, besteht ferner das mit der Mikrophonfunktion verbundene Risiko des Abhörens von Räumen.[13] Außerdem können sich dadurch Risiken ergeben, daß Externverbindungen während der Abwesenheit des Teilnehmers an seinen Apparat weitergegeben werden.[14]

(c) Gestaltungsziele

Die automatische Verbindungsannahme ist eine riskante Funktion von Telefonsystemen. Sofern Leistungsmerkmale mit dieser Funktion bereitgestellt werden, sind besondere Sicherheitsvorkehrungen zu entwickeln.

(Z1) Annahme- bzw. Ansprechschutz

Der Teilnehmer sollte die Möglichkeit haben, sich vor der automatischen Annahme von Gesprächen zu schützen (Entscheidungsfreiheit (K2)). Maßnahmen müssen auch für den Fall ergriffen werden, daß der Teilnehmer bei Verlassen der Nebenstelle vergißt, den Schutz einzustellen (Techniksicherung (K9)). Wenn der Annahmeschutz nicht eingestellt ist, muß dies deutlich zu erkennen sein (Transparenz (K1)).

(d) Heutige Realisierungen

Schutzvorkehrungen gegen das automatische Annehmen von Verbindungen sind nicht in allen Telefon- und ISDN-Systemen vorgesehen. Wo sie eingerichtet werden können, sind sie (wie Mikrophonfunktionen) teilweise nicht klar erkennbar (Transparenz (K1)) oder können durch trickreiche Manipulation am Endgerät außer Kraft gesetzt werden (Zweckbindung (K4), Techniksicherung (K9)). Ziel der Technikgestaltung muß ein dem Risiko angemessener Schutz gegen automatische Annahme sein. Wir untersuchen ihn exemplarisch für das Leistungsmerkmal Direktes Ansprechen.[15]

3.4 Weitervermittlung

(a) Funktionsbeschreibung

Eine Grundfunktion jeder modernen Telefonanlage ist die Weitervermittlung von Gesprächen. Leistungsmerkmale mit Weitervermittlung ermöglichen es einem Teilnehmer A zu einer Gesprächsverbindung mit einem internen oder externen

---

13 Vgl. Mikrophonfunktion 3.2.

14 Siehe hierzu näher Weitervermittlung 3.4 und Direktansprechen 4.1.6.

15 Siehe hierzu Direktes Ansprechen 4.1.6.

Teilnehmer B einen anderen Teilnehmer C zu konsultieren und gegebenenfalls eine Gesprächsverbindung zwischen B und C herzustellen.[16]

Folgende Leistungsmerkmale haben Weitervermittlungsfunktion:

- **Rückfrage**: Der Teilnehmer kann sein augenblickliches Gespräch in Halteposition bringen und einen weiteren Teilnehmer anrufen. Nach Trennen dieser zweiten Gesprächsverbindung ist wieder die erste aktiv.
- **Makeln**: Der Teilnehmer kann zwischen zwei Gesprächsverbindungen hin und herschalten.
- **Übergeben**: Während einer bestehenden Verbindung kann der Teilnehmer eine zweite Verbindung aufbauen. Wenn er dann den Hörer auflegt oder auf eine andere Weise die Verbindung trennt, so werden die anderen Teilnehmer automatisch miteinander verbunden.
- **Übernehmen**: Mit diesem Merkmal kann ein Teilnehmer eine Gesprächsverbindung, die sich bei seinem Gesprächspartner in Halteposition befindet, übernehmen.

(b) Rechtliche Bewertung

Die Weitervermittlung von Gesprächen durch angerufene Teilnehmer ist für externe Rufer von Vorteil. Sie müssen nicht erneut anrufen, um einen anderen Teilnehmer zu erreichen. Auch kann der gerufene Teilnehmer einen weiteren Teilnehmer konsultieren. Die Weitervermittlung erhöht daher den Verhaltensspielraum des Teilnehmers, der weitervermittelt und verstärkt damit dessen Entfaltungsmöglichkeiten (A1).

In einzelnen Fällen kann sich durch das Weitervermitteln eine unerwünschte Belastung durch Anrufe für denjenigen ergeben, an den weitervermittelt wird (autonome Arbeitsgestaltung (A5)). Ein gewisses Risiko liegt auch in der Möglichkeit, gehende Gesprächsverbindungen weiterzuvermitteln. Der Teilnehmer, an den Gesprächsverbindungen weitergegeben werden, kann nämlich meist nicht erkennen, ob er eine Verbindung übernimmt, für die er Gesprächsgebühren zu entrichten hat (Dienst- oder sogar Privatgespräche). Riskant ist es, wenn die Weitergabe mit der automatischen Annahme kombiniert werden kann. In diesem Fall können nämlich ohne Wissen des Teilnehmers mißbräuchlich kostenpflichtige Verbindungen zu seinem Anschluß aufgebaut werden.[17]

---

[16] Unter Weitervermittlung fallen nicht Funktionen, die zu einer automatischen Weiterschaltung führen (näher hierzu Besondere Verbindungsvollendung, 3.5. Vielmehr ist eine Aktivierung durch den zuerst gerufenen Teilnehmer bzw. die Vermittlung notwendig.

[17] Siehe hierzu näher Leistungsmerkmal Direktes Ansprechen, 4.1.6.

(c) Gestaltungsziele

(Z1) Weitervermittlung nur mit Zustimmung des C-Teilnehmers
Verbindungen sollten nicht ohne Zustimmung des C-Teilnehmers und des B-Teilnehmers weitervermittelt werden.[18] Ausnahmen für Abfrageplätze, für die eine solche Zustimmung bei Weitervermittlung zuviel Zeit kostet, sind sinnvoll. Der C-Teilnehmer muß auch erkennen können, ob er eine kostenpflichtige Verbindung übernimmt, und zu wessen Lasten das Gespräch geht (Dienst- oder Privatgespräch).

(Z2) Information für den A-Teilnehmer
Der A-Teilnehmer sollte über die Weitervermittlung Kenntnis erhalten, damit er über den Verbindungszustand informiert ist (Transparenz (K1)). Dies kann beispielsweise mittels einer Ansage erfolgen. Für die Steuerung künftiger asynchroner Leistungsmerkmale kann jedoch auch eine Signalisierung im D-Kanal sinnvoll sein. Sollen asynchrone Nachrichten nicht weitergegeben werden, kann der Sprachserver auf die Signalisierung reagieren.

(d) Heutige Realisierungen
Obwohl die Weitervermittlung eine Funktion nahezu jeder Telefonanlage ist, entspricht die Realisierung in ISDN-Anlagen nicht den genannten Zielen. Die A-Teilnehmer werden, wenn überhaupt, nur durch die andere Rufnummer im Display informiert. Die beiderseitige Zustimmung des B- und des C-Teilnehmers ist nicht vorgesehen.

Tatsächlich sind aus der Praxis kaum Probleme mit dieser Funktion bekannt geworden. Wie am Beispiel der Kombination von Weitervermittlung und automatischer Gesprächsannahme gezeigt, können sich durch Kombination mit anderen Funktionen und Merkmalen aber neue Probleme ergeben, vor deren Hintergrund die Erfüllung der Ziele Z1 und Z2 sinnvoll erscheint.

3.5 Besondere Verbindungsvollendung

(a) Funktionsbeschreibung
Zahlreiche Leistungsmerkmale führen dazu, daß ein Teilnehmer A nicht den von ihm angewählten Teilnehmer B, sondern einen anderen Teilnehmer C erreicht.

Die verschiedenen Leistungsmerkmale mit besonderer Verbindungsvollendung unterscheiden sich darin, wie die Umlenkung zustande kommt:

- **Rufübernahme, Heranholen**: C hört das Klingeln bei B. Auf Tastendruck kann C das einzelne Gespräch von A zu sich umlenken.

---

[18] Siehe hierzu auch § 9 Abs. 4 TDSV sowie Art 14 EG-Kommission 1990.

- **Anrufumleitung**: An der Nebenstelle von B wird eingegeben, daß alle künftigen Gespräche zu C umgelenkt werden. Die Einstellung gilt solange, bis sie wieder zurückgenommen wird.
- **Anrufweiterleitung**: Dieses Merkmal entspricht der Anrufumleitung. Jedoch erreicht ein Rufer A zunächst die Nebenstelle von B. Wird dort das Gespräch nicht innerhalb einer gewissen Zeitspanne entgegengenommen, so wird es zu einem Teilnehmer C umgelenkt.
- **Nachziehen**: Das Merkmal entspricht der Anrufumleitung. Allerdings wird die Umleitung am Zielort, d.h. an der Nebenstelle C, eingestellt.

Einige Merkmale mit besonderer Verbindungsvollendung können auch bei modernen analogen Telefonanlagen genutzt werden. Sie bleiben aber oft besonders privilegierten Teilnehmern vorbehalten, z.B. einer Hauptstelle oder der Vermittlung. Mit ISDN-Anlagen stehen die Umlenkungsfunktionen prinzipiell allen Teilnehmern zur Verfügung, so daß eine erhebliche Ausweitung der Nutzung möglich wird.

(b) Rechtliche Bewertung

Leistungsmerkmale mit besonderer Verbindungsvollendung können die Erreichbarkeit von Teilnehmern erhöhen. Damit kann sich die Bewegungsfreiheit des gerufenen Telefonteilnehmers verbessern (A1). Die digitale Technik bietet ferner über die Displayanzeige am Endgerät die Möglichkeit, Rufer über eine Umleitung in Kenntnis zu setzen. Dieser kann dann erkennen, daß und zu wem sein Gesprächswunsch umgelenkt wird, was seine kommunikativen Selbstbestimmung (A4) verbessert.

Werden kommende Rufe umgelenkt, so kann die Umlenkung aber auch die Kommunikations- und Arbeitsplatzsituation der Beteiligten nachteilig beeinträchtigen. Für den Teilnehmer, zu dem Rufe umgeleitet werden, kann sich zum einen durch zusätzliche Telefonanrufe die Arbeitsbelastung erhöhen. So kommt es bei Freigabe des Merkmals Anrufumleitung durchaus gelegentlich vor, daß gleich Dutzende von Teilnehmern ihre Rufe zu Abfragestellen, zum Pförtner, Sekretariat oder zu anderen bemitleidenswerten Teilnehmern umleiten. Sofern C keine Möglichkeit hat, sich gegen die Umlenkung zu wehren, beeinträchtigt dies seine kommunikative Selbstbestimmung (A4) und seine autonome Arbeitsgestaltung (A5). Zum anderen können für C Probleme daraus entstehen, daß die Anlage ihn gegenüber A (durch Anzeige der Rufnummer oder des Namens) identifiziert. So kann der Fall auftreten, daß C nicht möchte, daß andere wissen, daß B sich bei ihm aufhält. Die Übermittlung der Rufnummer an A ist ein Eingriff in das informationelle Selbstbestimmungsrecht (A3) von C.[19]
Betroffen sind auch die Rechte des B-Teilnehmers. Wenn ein Teilnehmer C an B gerichtete Rufe zu sich umlenkt, so beeinträchtigt dies die autonome Arbeitsgestaltung (A5) und kommunikative Selbstbestimmung (A4) von B.

[19] Siehe hierzu auch Identifizierung 3.1.

Schließlich werden auch die Rechte des rufenden Teilnehmers A von der Umlenkung betroffen. Er möchte möglicherweise B persönlich sprechen. Wird er nun mit C verbunden, so kann ein vertraulicher Kommunikationskontakt bekannt werden.[20] Dies beeinträchtigt die kommunikative Selbstbestimmung (A3). Besteht keine Möglichkeit zu erkennen, daß ein Ruf umgelenkt wird, und muß ein Rufer generell damit rechnen, so kann dies die Unbefangenheit der Telefonkommunikation (A2) gefährden.

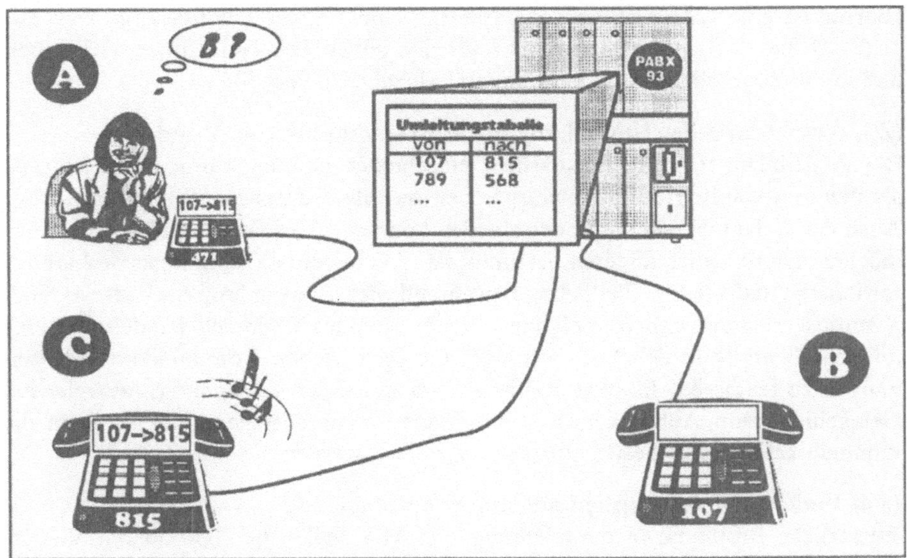

Abb. 5: Besondere Verbindungsvollendung am Beispiel von Anrufum- und Anrufweiterleitung.

(c) Gestaltungsziele

Leistungsmerkmale mit besonderer Verbindungsvollendung erleichtern die Arbeit (K6) und sind daher wünschenswert. Für ihre Gestaltung sind jedoch die folgenden Ziele zu berücksichtigen.[21]

(Z1) Voreinstellung der Umlenkung nur im gegenseitigen Einverständnis von B und C

Das Recht auf kommunikative Selbstbestimmung, konkretisiert in den Kriterien der Entscheidungsfreiheit (K2), der Zweckbindung (K4) und der Werkzeugeig-

20 Z.B. wenn der C-Teilnehmer den A-Teilnehmer an der Stimme erkennt. Möglich ist jedoch auch, daß A bei C identifiziert wird.

21 Für weitere Ziele für die Gestaltung der wechselseitigen Identifizierung siehe 3.1.

nung (K5), fordert, daß die Aktivierung oder Voreinstellung eines Leistungsmerkmals der besonderen Verbindungsvollendung nur mit dem Einverständnis des B- und des C-Teilnehmers erfolgt. Erforderlich ist deshalb ein Abstimmungsprozeß zwischen B und C, der technisch erzwungen werden sollte.[22]

(Z2) Statusabfrage für Umlenkungen
Das Kriterium der Transparenz (K1) erfordert, daß der B-bzw. C-Teilnehmer nachvollziehen kann, welche Gespräche zu ihm umgelenkt werden oder wohin Gespräche von Teilnehmern geschaltet werden, die seinen Apparat anwählen. Hierfür ist eine entsprechende Statusabfrage am Endgerät notwendig. Der Zugriff auf die Abfragefunktion ist nur für den jeweiligen Teilnehmer vorzusehen und in die Zugriffskontrolle am Endgerät einzubeziehen.

(Z3) Aktivierung der Umlenkung mit Einverständnis von A und C
Der A-Teilnehmer sollte frei darüber entscheiden können, ob er einen anderen als den angewählten Teilnehmer sprechen möchte (Entscheidungsfreiheit (K2)). Auch der C-Teilnehmer sollte entscheiden können, ob er ein Gespräch annehmen möchte, das für einen anderen bestimmt ist. Als Minimallösung ist es deshalb erforderlich, daß beide Teilnehmer während des Verbindungsaufbaus darüber Kenntnis erhalten, daß es sich um ein umgelenktes Gespräch handelt.[23] Beide müssen ebenfalls in der Lage sein, auf die spezifischen Kommunikationsbedingungen zu reagieren. Es muß zumindest vor der Gesprächsannahme ausreichend Gelegenheit zum Abbruch des Verbindungsaufbaus bestehen. Nur so kann die kommunikative Selbstbestimmung gewährleistet werden.

(Z4) Verkettung von Umlenkungen nur optional
Zusätzliche Probleme in der Nutzung von Merkmalen der besonderen Verbindungsvollendung können sich durch eine Verkettung von Umleitungen ergeben. Sofern eine Verkettung zulässig ist, muß ein Teilnehmer, der einer Umleitung auf seinen Apparat zugestimmt hat, weitere vorher bestehende und auf B gerichtete Umleitungen entgegennehmen. Außerdem haben andere Teilnehmer, die auf B umgelenkt haben, keine Berechtigung dafür erteilt, daß ihre Anrufe nun zu anderen Teilnehmern (D, E,..) umgelenkt werden. Um diese Probleme zu vermeiden, sollten Verkettungen von Umlenkungen unterbunden werden können (Entscheidungsfreiheit (K2), Zweckbindung (K4)). Da es Anwendungsbereiche geben kann, in denen Mehrfachumleitungen nicht zu Problemen führen, sollte die Verkettung optional freigeschaltet bzw. unterbunden werden können (Anpassungsfähigkeit (K7)).

(d) Heutige Realisierungen

Betrachtet man die technische Realisierung von Leistungsmerkmalen mit besonderer Verbindungsvollendung in Telefon- und ISDN-Anlagen, so fällt auf, daß keine Anlage die genannten Anforderungen erfüllt. Statusanzeigen sind nur

---

[22] Siehe hierzu auch § 9 Abs. 4 TDSV sowie Art. 14 EG-Kommission 1990.
[23] Siehe z.B. § 9 Abs. 5 TDSV sowie Art. 14 Abs. 2 EG-Kommission 1990.

beim Nachziehen vorgesehen, ein Handshake für die Einstellung existiert bisher in keiner Anlage. Eine mögliche technische Realisierung der Zielvorgaben zeigen wir beispielhaft für die Leistungsmerkmale Anrufumleitung und Heranholen.[24]

3.6 Gesprächsausweitung

(a) Funktionsbeschreibung

Telefongespräche werden in der Regel von zwei Teilnehmern geführt. Mit der Einführung der programmgesteuerten Vermittlungstechnik und komfortablen Endgeräten werden zahlreiche Merkmale möglich, mit denen das Gespräch um zusätzliche Teilnehmer erweitert werden kann. Dies kann dadurch geschehen, daß Dritte ein Gespräch über Lautsprecher mithören oder daß Teilnehmer zu einer bestehenden Telefonverbindung hinzugeschaltet werden:

- **Lauthören**: Wenn ein Teilnehmer den Lautsprecher seines Endgerätes aktiviert, können weitere Personen mithören.
- **Variable Konferenz**: Mit diesem Leistungsmerkmal kann ein Teilnehmer eines Gesprächs weitere Teilnehmer zuschalten. Diese können sich aktiv am Gespräch beteiligen.
- **Zeugenzuschaltung**: Ein Teilnehmer kann einen weiteren Teilnehmer als Zeugen zuschalten. Der Zeuge kann (meist unbemerkt) zuhören, nicht aber mitsprechen.
- **Aufschalten**: Mit diesem Merkmal kann ein Teilnehmer sich in ein bestehendes Gespräch einschalten.

(b) Rechtliche Bewertung

Durch die Möglichkeit, zu einem Gespräch weitere Teilnehmer hinzuzuschalten, vergrößert sich der Verhaltensspielraum der Gesprächsteilnehmer (Verbesserung der Entfaltungsmöglichkeiten (A1)). Müssen in einem Team Absprachen getroffen werden und sind nur Zweiergespräche möglich, so müßten ohne Gesprächsausweitung unter Umständen zahlreiche Telefongespräche geführt werden. Die Gesprächsausweitung kann hier für die autonome Arbeitsgestaltung (A5) förderlich sein.

Kann jedoch ein Teilnehmer nicht erkennen, daß weitere Personen am Gespräch partizipieren oder zuhören können, so widerspricht dies der kommunikativen Selbstbestimmung (A4) und gefährdet die unbefangene Kommunikation (A2).

---

24 Siehe hierzu Anrufumleitung, 4.1.8 und Heranholen, 4.1.10.

(c) Gestaltungsziele

(Z1) Gesprächserweiterung allen Beteiligten signalisieren

Zur Wahrung des Rechts am eigenen Wort und zur Erhaltung der informationellen und kommunikativen Selbstbestimmung ist es erforderlich, daß die Gesprächserweiterung von allen Beteiligten erkannt werden kann. Nur dann besteht für alle Beteiligten die Möglichkeit, auf die Gesprächsausweitung, eventuell durch Abbruch der Verbindung, zu reagieren. Deshalb ist es zur Gewährleistung der Transparenz der Gesprächssituation (K1) und der Entscheidungsfreiheit der Kommunikationspartner (K2) erforderlich, daß die Gesprächsausweitung allen Beteiligten signalisiert wird.

Abb. 6: Leistungsmerkmale mit Gesprächsausweitung, hier Konferenz und Lauthören (mit Freisprechen). Teilnehmer ohne Display (hier A) können weder die Konferenz noch das Lauthören erkennen.

(d) Heutige Realisierungen

Das Lauthören wird dem Gesprächsteilnehmer in keiner der heute auf dem Markt angebotenen ISDN und Telefonanlagen signalisiert. Für andere Leistungsmerkmale, z.B. Konferenz, ist die Signalisierung unzureichend oder kann in bestimmten Fällen außer Kraft gesetzt werden. Ziel der Technikgestaltung sollte es sein, eine einheitliche, zumindest aber ähnliche Signalisierung für alle Formen der Gesprächsausweitung - eventuell auch kombiniert mit der Grundfunktion Gesprächsaufzeichnung - vorzusehen, die als Warnhinweis "Achtung, jemand hört mit" verstanden werden kann. Technische Realisierungsmöglichkeiten beschreiben wir exemplarisch für die Merkmale Freisprechen und Lauthören und variable Konferenz.[25]

3.7 Gesprächsaufzeichnung

(a) Funktionsbeschreibung

Wie in herkömmlichen Telefonanlagen bestehen auch in modernen ISDN-Anlagen verschiedene Möglichkeiten, ein Gespräch mitzuschneiden. Hierfür können Mitschneidegeräte an Teilnehmerendgeräte oder an Vermittlungsplätze angeschlossen werden.

(b) Rechtliche Bewertung

Die Möglichkeit, Telefongespräche mitzuschneiden, kann in einigen Fällen vorteilhaft sein, wenn es darum geht, mündliche Vereinbarungen festzuhalten oder bösartige Anrufer zu überführen.

Allerdings greift die Aufzeichnung von Gesprächen ohne ausdrückliche Zustimmung der Betroffenen in die kommunikative Selbstbestimmung (A4) ein. Mit der Aufzeichung können beliebig viele Personen über einen beliebig langen Zeitraum von einem Telefongespräch Kenntnis erhalten. Besteht auch nur die Möglichkeit, Telefongespräche unbemerkt mitzuschneiden, so müssen Telefonteilnehmer sich in ihrem Verhalten darauf einrichten, daß ihre Gespräche aufgezeichnet werden könnten. Die Unbefangenheit der Telefonkommunikation (A2) wird dadurch erheblich beeinträchtigt.

(c) Gestaltungsziele

(Z1) Das Mitschneiden von Gesprächen sollte allen Gesprächspartnern signalisiert werden

Teilnehmern einer Gesprächsverbindung sollten erkennen können, ob ein Gespräch mitgezeichnet wird (Transparenz (K1)). Nur so können sie frei darüber entscheiden (K2), ob und wie sie unter diesen Bedingungen telefonieren möchten.[26]

(Z2) Zugriffsschutz

Es müssen geeignete Maßnahmen getroffen werden, um zu verhindern, daß aufgezeichnete Gespräche bzw. Sprachmitteilungen durch Unbefugte gelesen oder gelöscht werden (Techniksicherung (K9)). Es kann einzelne Anwendungsfälle geben, in denen bestimmte Gespräche aufgezeichnet werden sollen, um die miß-

25 Siehe hierzu Variable Konferenz 4.1.11 und Lauthören, 4.1.4.

26 Davon abweichende Sonderfälle sollten genau geregelt und technisch gegen Mißbrauch gesichert werden.

bräuchliche Nutzung des Telefons aufzuklären (z.B. Notruf). In diesen Fällen ist mit besonderen Sicherungsmaßnahmen für eine Zweckbindung (K4) der Daten zu sorgen.

Abb. 7: Fernabfrage eines Sprachpostfachs im Voice-Mail-Server

(d) Heutige Realisierungen

Leistungsmerkmale und Zusatzgeräte, die die Aufzeichnung von Gesprächen durch den Teilnehmer ermöglichen, finden wachsende Verbreitung. Leider ist eine Signalisierung derartiger Merkmale bisher in keiner Anlage technischen realisiert. Zumindest eine akustische Signalisierung - eventuell die der Gesprächsausweitung - sollte vorgesehen werden.

3.8 Senden von Sprachmitteilungen

(a) Funktionsbeschreibung

Eine Grundfunktion der asynchronen Telefonkommunikation ist die Möglichkeit, Sprachmitteilungen zu versenden. Voraussetzung hierfür ist, daß sie zuvor in ein Sprachspeichersystem eingegeben, d.h. aufgesprochen und abgespeichert wurden. Das Versenden von Sprachmitteilungen ist unter anderem mit folgenden Basismerkmalen von Sprachservern möglich:

- **Versenden an eine andere Sprachbox**: Möglich ist auch, daß die Mitteilung direkt in die Sprachbox eines anderen Teilnehmers versendet wird. Er kann sie sich dann von dort aus abrufen.
- **Benachrichtigungsdienst**: Ein Teilnehmer kann seine Sprachbox so voreinstellen, daß er durch das System telefonisch benachrichtigt wird, sobald eine Mitteilung anderer Teilnehmer in seiner Sprachbox eintrifft oder aufgesprochen worden ist. Er kann dann die Nachricht direkt abrufen.
- **Rundsenden**: Mit diesem Merkmal kann eine Sprachmitteilung an eine Reihe von Telefonteilnehmern versandt werden. Die Empfängerliste wird nur für diese Sprachmitteilung erzeugt.
- **Verteiler**: Mit diesem Merkmal kann ein berechtigter Nutzer Sprachmitteilungen an die Sprachboxen von Teilnehmern versenden, die in einer für einen längeren Zeitraum zusammengestellten Verteilerliste enthalten sind.

Ein denkbares, aber soweit bekannt bisher in der Bundesrepublik nicht realisiertes Merkmal wäre das **Versenden von Sprachnachrichten** an Telefonteilnehmer. Mit diesem Merkmal könnten Sprachmitteilungen zeitversetzt an einen oder mehrere Telefonteilnehmer versandt werden. Die Mitteilung könnte wie ein Telefongespräch signalisiert werden. Nach der Entgegennahme der Verbindung würde die Sprachmitteilung abgespielt. Erreicht werden könnten so auch Teilnehmer, die nicht über eine Sprachbox verfügen.

(b) Rechtliche Bewertung

Durch das Versenden von Sprachmitteilungen kann ein Teilnehmer anderen Teilnehmer Mitteilungen zukommen lassen, auch wenn er diese gerade nicht erreicht und zu einem späteren Zeitpunkt keine Gelegenheit hat, sie anzurufen. Auch wird der Sender nicht gezwungen, ein Telefongespräch zu führen, nur um kurz etwas mitzuteilen. Für den Sender wird daher auch die Möglichkeit zur autonomen Arbeitsgestaltung (A5) erhöht.

Probleme können sich allerdings daraus ergeben, daß eine Mitteilung nicht die angegebenen Empfänger, sondern Dritte erreicht. Dies ist zunächst dadurch möglich, daß der Empfänger Leistungsmerkmale mit besonderer Verbindungsvollendung voreingestellt hat, oder daß eine Person, die sich gerade beim gewünschten Teilnehmer aufhält, die Mitteilung entgegennimmt. Möglich ist aber auch, daß ein Empfänger Merkmale mit Gesprächsausweitung, Weitervermittlung oder Gesprächsaufzeichung aktiviert, während er die Mitteilung erhält. Dadurch kann eine persönliche Mitteilung absichtlich oder unabsichtlich, jedenfalls aber ohne Zustimmung des Senders weitergeleitet werden.

Durch die genannten Gefahren wird die kommunikative und informationelle Selbstbestimmung (A4) des Senders beeinträchtigt. Außerdem ergeben sich Gefahren für den Schutz von Geheimnissen (A6). Ursache für diese Probleme ist letztlich, daß der Sendevorgang automatisch erfolgt und der Sender, anders als während eines normalen Telefongesprächs, keine Möglichkeit hat, auf die spezifischen Kommunikationsbedingungen zu reagieren.

(c) Gestaltungsziele

(Z1) Parametrisierung von Sendeaufträgen
Der Sender sollte seine Sendeaufträge auf mögliche Randbedingungen, die in Telefonverbindungen auftreten können, voreinstellen können. So sollte es möglich sein, die Gesprächsausweitung, Gesprächsaufzeichnung und besondere Verbindungsvollendung durch den oder die Empfänger zu verhindern.

(d) Heutige Realisierungen
In den heute angebotenen Sprachserversystemen ist für kein Merkmal vorgesehen, die Sendeaufträge in der gewünschten Form zu parmetrisieren. Allerdings muß eingeräumt werden, daß wegen der fehlenden Signalisierung von Gesprächsausweitung und besonderer Verbindungsvollendung zum Teil auch wichtige technische Voraussetzungen fehlen.

3.9 Zustandsmeldungen

(a) Funktionsbeschreibung
Einige Merkmale der Sprachkommunikation stellen Teilnehmern Informationen über den Zustand von Anschlüssen anderer Teilnehmer oder abgesendeter Sprachmitteilungen zur Verfügung:

- **Automatischer Rückruf**: Dieses Leistungsmerkmal signalisiert einem Teilnehmer, der einen automatischen Rückruf einstellt, wann an dem gerufenen Anschluß ein Telefongespräch geführt wurde.[27] Er kann dann den Hörer aufnehmen und wird daraufhin mit dem gewünschten Teilnehmer verbunden.
- **Leitungstasten**: Dies sind besondere Namenstasten, die mit einer Zustandsanzeige verbunden sind. Angezeigt wird, ob der Teilnehmer, dessen Rufnummer eingespeichert ist, gerade telefoniert oder ob er "frei" ist.
- **Besetztlampenfeld**: Am Vermittlungsplatz oder mit speziellen Zusatzgeräten wird für bestimmte oder alle Anschlüsse kontinuierlich angezeigt, ob sie besetzt oder frei sind.

---

27 Siehe hierzu Rückruf 4.1.3.

Für die asynchrone Telefonkommunikation sind **Zustellvermerke** vorgesehen, die dem Absender einer Sprachnachricht anzeigen, wie die Zustellung von Nachrichten verlaufen ist. Zustellvermerke können in verschiedener Weise realisiert werden. Neben dem Eingangs- oder Abrufzeitpunkt der Nachricht können sie im Falle von Weiterleitungen auch zusätzlich zum intendierten den tatsächlichen Empfänger beinhalten.

(b) Rechtliche Bewertung

Zustandsmeldungen verbessern die Koordinationsmöglichkeiten der Telefonteilnehmer und erhöhen die Transparenz der Telefonkommunikation. Beim Versenden einer Nachricht kann der Sender nur an einem Zustellvermerk erkennen, ob sie angekommen ist.

Problematisch ist es jedoch, wenn Zustandsmeldungen personenbezogen sind. Sie können in diesem Fall unterschiedlich aussagekräftige Informationen über die Leistung und das Arbeitsverhalten des Empfängers geben. Hat ein Teilnehmer keine Einflußmöglichkeit auf die Art und den Zeitpunkt der Auslösung von Zustandsmeldungen an andere Teilnehmer, so kann er sein Recht, selbst über die Preisgabe seiner Daten zu bestimmen, nicht ausüben. Die informationelle Selbstbestimmung (A3) des Empfängers der Nachricht wird dadurch verletzt.

(c) Gestaltungsziele

(Z1) Zustimmung zur Datenübermittlung

Der von der Datenübermittlung Betroffene muß erkennen können, wann an wen welche Daten übermittelt werden. Grundsätzlich sollte der von der Übermittlung der Zustandsmeldungen betroffene Teilnehmer selbst entscheiden, ob er seine Daten preisgibt und die Übermittlung der Zustandsinformationen daher selbst auslösen.

(d) Heutige Realisierungen

Die heute realisierten Leistungsmerkmale stellen nicht sicher, daß Teilnehmer von der Übermittlung sie betreffender Daten auch nur Kenntnis erhalten.[28]

3.10 Kommunikationsadreßlisten

(a) Funktionsbeschreibung

Um die Suche und Auswahl von Rufnummern zu vereinfachen, bieten einige Leistungsmerkmale die Möglichkeit, Rufnummern und andere für die Kommunikation relevante Daten dauerhaft zu speichern. Möglich ist diese Speicherung von Kommunikationsadressen insbesondere bei folgenden Merkmalen:

---

[28] Vgl. Rückruf 4.1.3.

- **Kurzwahl**: Rufnummern häufig angewählter Teilnehmer können zusammen mit einer kurzen Rufnummer gespeichert werden, die ersatzweise angewählt werden kann, um den Wahlvorgang zu verkürzen.
- **Elektronisches Telefonbuch** (ETB): Mit diesem Merkmal können Vermittlungspersonen über ein Bildschirmgerät mit Hilfe von Namen, Namensfragmenten oder anderen Personendaten nach Rufnummern suchen. Das Merkmal kann auch Teilnehmern als Ersatz für herkömmliche Adreßregister zur Verfügung gestellt werden.

Für die asynchrone Telefonkommunikation ist das Leistungsmerkmal **Verteiler** vorgesehen. Mit Hilfe dieses Merkmals kann das Versenden von Sprachmitteilungen an einen größeren Adressatenkreis vereinfacht werden.

(b) Rechtliche Bewertung

Bereits das Erstellen von Kommunikationsadreßlisten stellt eine Erhebung und Speicherung von personenbezogenen Daten gemäß §§ 3 Abs. 3 BDSG und 2 HDSG dar, **sofern natürliche Personen** zu den hiervon Betroffenen gehören. Dies ist im Geltungsbereich des HDSG grundsätzlich nur zulässig entweder auf der Grundlage eines Gesetzes oder einer Rechtsvorschrift oder wenn es "zur rechtmäßigen Erfüllung der ... Aufgaben ... erforderlich ist"[29] oder aufgrund der vorherigen Einwilligung des Betroffenen gemäß § 7 HDSG. Im Geltungsbereich des BDSG gilt für die Erstellung von Kommunikationsadreßlisten in oder durch öffentliche Stellen und in oder durch private Unternehmen zu geschäftsmäßigen, beruflichen oder gewerblichen Zwecken das gleiche. Auch sie müssen nach §§ 13, 14 und 28 BDSG zulässig sein. Nur rein private Adreßlisten sind nach § 1 Abs. 2 Nr. 3 BDSG von der Geltung dieses Gesetzes ausgenommen.

Soweit Teilnehmer in öffentlichen Organisationen und privaten Betrieben individuell erstellte Adreßlisten zur Erfüllung ihrer gesetzlichen oder vertraglichen Aufgaben tatsächlich benötigen, können diese auch ohne Einwilligung der Betroffenen nach §§ 13,14, und 28 BDSG und § 11 HDSG zulässig sein. Schwieriger stellt sich die Situation jedoch bei zentralen Adreßlisten dar. Da diese von allen Teilnehmern genutzt werden können, ist nicht mehr in jedem Fall davon auszugehen, daß jeder Teilnehmer die Adreßliste zu seiner Aufgabenerfüllung unbedingt und unmittelbar benötigt. So wäre es vorstellbar, daß Teilnehmer zentrale Adreßlisten aufrufen und ihre Zusammensetzung an Externe weitergeben oder sie selbst für nicht-aufgabenbezogene Mitteilungen nutzen. Eine Speicherung eines Teilnehmers in einer zentralen Adreßliste, die allen Nutzern zugäng-

---

[29] § 11 Abs. 1 HDSG. Nach Nungesser gelten in diesem Fall strenge Kriterien für die Zulässigkeit des Leistungsmerkmales: "Ist die Verwendung personenbezogener Daten nur ***zweckmäßig aber nicht unbedingt erforderlich***, dann ist sie ***unzulässig***. Auch die ***Datensammlung "auf Vorrat"*** ohne augenblickliche Notwendigkeit für eine bestimmte Aufgabe ist ***unzulässig***", Nungesser 1988, § 11 Rdn. 13 (Hervorhebungen im Original).

lich ist, benötigt in diesem Fall vor der Erhebung der Daten die Einwilligung des Betroffenen. Da es sich bei der Erhebung für einer Adreßliste grundsätzlich um eine freiwillige Auskunft ohne rechtlich begründete Auskunftspflicht handelt, kann der Betroffene die Speicherung seiner Rufnummer ablehnen. Eine solche Vorgehensweise ergibt sich auch aus den Anforderungen des Rechts auf informationelle Selbstbestimmung (A3) und ist daher bei der Erstellung und Nutzung von zentralen Adreßlisten, denen auch natürliche Personen angehören, einzuhalten.

(c) Gestaltungsziele

Prinzipiell würde es die Zustimmung zur Speicherung in einer Adreßliste, soweit diese erforderlich ist, nahelegen, diese auch technisch sicherzustellen. Da eine solche Zustimmung jedoch teilweise nicht erforderlich ist und mit technischen Maßnahmen in der Regel kaum praktikabel umgesetzt werden kann, ist sie als technisches Gestaltungsziel nicht verallgemeinerbar. Der angestrebte Zweck, Adreßlisten Teilnehmern in dem für ihre Aufgabenerfüllung erforderlichen Umfang zur Verfügung zu stellen, läßt sich deshalb technisch nur durch Zugriffsbeschränkungen sicherstellen.

(Z1) Zugriffsbeschränkungen

Listen von Kommunikationsadressen dürfen jeweils nur durch diejenigen Teilnehmer lesend, schreibend oder zur automatischen Anwahl zugreifbar sein, die sie für die Erfüllung ihrer Aufgaben benötigen. Die Zugriffsberechtigungen müssen entsprechend flexibel festgelegt werden können (Anpassungsfähigkeit (K7), Zweckbindung (K4)). Zur Erhöhung der Techniksicherung (K9) sollten Adreßlisten verschlüsselt werden. Teilnehmerindividuell genutzte Adreßlisten sollten möglichst dezentral, d.h. in Teilnehmerendgeräten gespeichert werden.

(d) Heutige Realisierungen

In heutigen ISDN-Anlagen und Sprachservern sind Kommunikationsadreßlisten in der Regel zugriffsgesichert. jedoch entsprechen die eingesetzte PIN beziehungsweise das Passwortverfahren nicht immer dem Stand der Technik. Ausserdem hat die Betriebsführung oft die Möglichkeit, auf die Daten zuzugreifen.

3.11 Berechtigungen

(a) Funktionsbeschreibung

Bevor ein Leistungsmerkmal von einem Teilnehmer genutzt werden kann, ist es erforderlich, daß er hierfür die Berechtigung erhält. Der meist mehrstufige Prozeß der Berechtigungsvergabe wird in der Regel ausschließlich durch Betriebspersonal durchgeführt. Leistungsmerkmale sind bezogen auf die gesamte

Anlage freizugeben und einem Teilnehmer oder einer Teilnehmergruppe zuzuordnen. In einigen Fällen ist für die Freigabe von Leistungsmerkmalen aber auch keine besondere Einrichtung erforderlich, sondern lediglich der Einsatz besonderer End oder Zusatzgeräte.

Neben der Vergabe von **Berechtigungen für die Nutzung von Leistungsmerkmalen** ist es auch möglich, über systeminterne Berechtigungstabellen zu steuern, welche anderen Nebenstellenteilnehmer und welche Teile des öffentlichen Fernsprechnetzes ein Teilnehmer anwählen kann. Der Vermittlungsrechner prüft dann während des Verbindungsaufbaus, ob die gewählte Rufnummer in der (Verkehrs-)Berechtigungsklasse des rufenden Nebenstellen-Inhabers liegt. Im allgemeinen können folgende Verkehrsberechtigungen und Beschränkungen realisiert werden:[30]

- **Externe Wahlkontrolle**: Für Teilnehmer kann festgelegt werden, ob sie in das öffentliche Netz gebührenpflichtige Verbindungen aufbauen dürfen. Ferner kann über Rufnummerntabellen (Vorwahlnummern, einzelne vollständige Rufnummern) bestimmt werden, welche Teile des öffentlichen Netzes angewählt werden dürfen.
- **Interne Wahlkontrolle**: Auch intern kann für Gruppen von Teilnehmern festgelegt werden, ob diese einander erreichen können. Sofern die Mitglieder einer Gruppe nur untereinander telefonieren können, wird durch die Wahlkontrolle eine geschlossene Benutzergruppe gebildet.
- **Kurzwahl**: Es kann festgelegt werden, daß mit Hilfe der zentralen Kurzwahl einzelne Verbindungen, etwa Fernverbindungen zu Niederlassungen einer Organisation oder zur Feuerwehr aufgebaut werden können, obwohl dies in der Wahlkontrolle bei direkter Wahl verhindert wird.

(b) Rechtliche Bewertung

Das Maß, in dem Leistungsmerkmale und Verkehrsberechtigungen eingeschränkt bzw. freigegeben werden können, bestimmt die Möglichkeiten betrieblicher Mitbestimmung und die Möglichkeit zur Umsetzung institutioneller Anforderungen. Je differenzierter Berechtigungen vergeben werden können, umso größer wird der Spielraum für Regelungen im Rahmen der betrieblichen Mitbestimmung und umso besser können Telefonsysteme an ihre Einsatzumgebung angepaßt werden. Umgekehrt kann das Fehlen der Möglichkeit, ein Leistungsmerkmal oder eine Berechtigung zu sperren, die betriebliche Mitbestimmung einschränken oder dazu führen, daß ein Telefonsystem nicht eingesetzt werden darf.

---

[30] Siehe auch 1.4.1 Basismerkmale der synchronen Telefonkommunikation: Verkehrsberechtigungen

Einerseits können die Berechtigungen moderner ISDN-Anlagen differenzierter festgelegt werden, als dies in analogen Telefonanlagen möglich war, andererseits sind aber auch viele neue Leistungsmerkmale hinzugekommen, für die keine Berechtigungsvergabe vorgesehen ist. So ist es bei einigen ISDN-Anlagen nicht möglich, die Wahl bei aufliegendem Hörer, die Anzeige der gewählten Rufnummer oder die Anzeige der Rufnummer des rufenden Teilnehmers zu unterbinden. In anderen Fällen ist das Sperren von Leistungsmerkmalen nicht überprüfbar. So ist in allen den Autoren bekannten ISDN-Anlagen Freisprechen eine Endgerätefunktion, für die keine zentrale Freigabe des Leistungsmerkmals und keine Berechtigungsvergabe erforderlich ist. Soll Freisprechen dann gesperrt werden, so ist dies nur durch den Einsatz von Endgeräten ohne Mikrophon möglich. Da Endgeräte ohne Mikrophon jedoch in der Regel nur über eine sehr einfache Grundausstattung verfügen, müssen mit dem Verzicht auf das Mikrophon meist auch hohe Komforteinbußen in Kauf genommen werden.

Eine geeignete Möglichkeit zur Freigabe der Funktion, z.B. durch eine Berechtigung oder Tastenprogrammierung, vermeidet den Zielkonflikt zwischen Arbeitserleichterung (K6) und Techniksicherung (K9). Die ergänzende Freigabe auch solcher eher auf Endgeräte bezogenen Leistungsmerkmale durch das Telefonsystem ist auch sinnvoll, da Regelungen durch einen Endgerätetausch umgangen werden können. ISDN bietet durch seine Software-Steuerung Chancen, langfristig Gestaltungsoptionen zu verwirklichen, die mit analoger Technik nicht zu realisieren waren. Eine herstellerübergreifende Lösung setzt allerdings eine entsprechende Erweiterung der Standards voraus.

Problematisch kann es auch sein, wenn Verkehrsberechtigungen nicht hinreichend genau festgelegt werden können. So können bestehende Regelungen zur Arbeitsaufteilung und innerbehördliche Abschottungen der Vorgangsbearbeitung umgangen werden, wenn kommende Rufe an Nebenstellen anderer Abteilungen umgelenkt oder weitervermittelt werden. So wäre es beispielsweise in der Sozialverwaltung rechtlich unzulässig, Gespräche von der Schuldnerberatung zur Meldestelle umzuleiten, weil dann möglicherweise zu Lasten des Rufers Sachbearbeiter von persönlichen Angelegenheiten eines Rufers Kenntnis nehmen können, die sie nichts angehen dürfen.

(c) Gestaltungsziele

Telefonsysteme sollten die Umsetzung betrieblicher Regelungen und institutioneller Anforderungen möglichst nicht einschränken. Daher müssen die Berechtigungen so flexibel festgelegt werden können, daß eine Anpassung an verschiedenste Anforderungen möglich ist (Anpassungsfähigkeit (K7)). Eine festgelegte Berechtigung darf nicht umgangen werden können (Zweckbindung (K4), Techniksicherung (K9)).

(Z1) Berechtigungsvergabe und Sperrmöglichkeit für jedes Leistungsmerkmal und jeden Betroffenen

Jedes Leistungsmerkmal, das grundrechtsrelevant ist, sollte freigegeben beziehungsweise gesperrt werden können. Möglich sein sollte

- die Sperrung für alle Teilnehmer, so daß kein Teilnehmer es nutzen kann (auch durch Endgerätetausch nicht),
- die Freigabe für Gruppen von Teilnehmern oder für einzelne Teilnehmer.

Durch viele Funktionen und Leistungsmerkmale sind mehrere Teilnehmer in verschiedenen Rollen betroffen. Dies gilt beispielsweise für Leistungsmerkmale der besonderen Verbindungsvollendung und der Gesprächsausweitung. In diesen Fällen sollten unterschiedliche Berechtigungen für jede Rolle vorgesehen werden, die das Merkmal aktivieren, voreinstellen oder durch die Ausführung betroffen sein kann (***rollenspezifische Berechtigungen***). Ein Teilnehmer kann über die Berechtigung verfügen, Rückrufe einzutragen. Dagegen würde ein Teilnehmer, der auf keinen Fall Rückrufe bearbeiten will, das Leistungsmerkmal in der passiven Rolle sperren lassen. Dies ermöglicht es, sowohl Leistungsmerkmale gezielt für bestimmte Teilnehmer freizugeben, als auch andere als passiv Betroffene vor Einträgen zu schützen.

(Z2) Flexible Verkehrsberechtigungen
Verkehrsbeschränkungen sollten möglichst flexibel festgelegt werden können (Anpassungsfähigkeit (K7)). Teilnehmer der Anlage und die Rufnummern des öffentlichen Netzes sollten beliebig Rufnummerngruppen zugeordnet werden können. Für die Gruppen sollte zumindest festgelegt werden können:

- ob eine direkte Anwahl zwischen den Gruppen möglich ist,
- ob eine Weitervermittlung zulässig ist,
- ob Rufe umgeleitet werden dürfen.

(Z3) Zulassen des Leistungsmerkmals durch den Teilnehmer
Prinzipiell sollte für alle Leistungsmerkmale, für die dies sinnvoll sein kann, angestrebt werden, daß der Teilnehmer sie unabhängig von der Berechtigungsvergabe durch eine geeigente Voreinstellung in der gewünschten Rolle selbst zulassen oder ausschalten kann. Dies gilt beispielsweise für Leistungsmerkmale wie Identifizieren Anfordern, aber insbesondere für passive Rollen wie für das Identifizieren Zulassen, Zulassen von Rückrufen bei Besetzt oder das Verhindern von Umleitungen als Ziel.

(d) Heutige Realisierungen
Den heute üblichen Verfahren der Berechtigungsvergabe ist gemeinsam, daß sie nicht hinreichend flexibel sind. Viele Merkmale können nicht gesperrt oder auf Gruppen von Teilnehmern eingegrenzt werden. Bei Sprachservern fehlt zum Teil sogar jegliche Berechtigungsvergabe, so daß alle Teilnehmer alle Merkmale nutzen können.

Die verschiedenen technischen Realisierungsmöglichkeiten für die Berechtigungsvergabe sollen hier nicht systematisch untersucht werden, da dies den

Rahmen der Untersuchung sprengen würde. Wir skizzieren jedoch einen Vorschlag für die mögliche Integration der Anforderungen.[31]

3.12 Zugriffsschutz am Endgerät

(a) Funktionsbeschreibung

Die Möglichkeit, kostenpflichtige Gespräche zu führen und entgegenzunehmen sowie Leistungsmerkmale zu nutzen, sind Ressourcen, die vor der Benutzung durch Unberechtigte geschützt werden müssen. Um zu verhindern, daß die Apparate in Abwesenheit des Teilnehmers von Unbefugten genutzt werden, gibt es bei den heutigen Telefon- und ISDN-Anlagen im wesentlichen die folgenden Leistungsmerkmale:

- **Berechtigungsumschaltung mit PIN**: Mit diesem Leistungsmerkmal können Teilnehmer ihren Apparat so schalten, daß nur noch wenige oder keine Leistungsmerkmale mehr genutzt werden können. Außerdem können die Berechtigungen zum Führen von gebührenpflichtigen Gesprächen begrenzt werden. In den meisten Telefonanlagen kann jeder Teilnehmer zwischen zwei Berechtigungsklassen wechseln, in denen Leistungsmerkmale und Berechtigungen gruppiert werden. Das Umschalten ist auch automatisch nach Zeit oder durch die Vermittlung möglich.
- **Elektronisches Sperrschloß**: Mit diesem Leistungsmerkmal kann der Teilnehmer seinen Apparat gegen die Benutzung durch Dritte sperren. Die Benutzung wird meist völlig blockiert. Eine Umschaltungsmöglichkeit durch die Vermittlung ist nicht vorgesehen.

Gewöhnlich greifen die Teilnehmer auf ihre Daten und Leistungsmerkmale von ihrem Endgeräte am Arbeitsplatz zu. Mit einzelnen Merkmalen moderner Telefon- und ISDN-Anlagen können sie jedoch auch von anderen Nebenstellen ihre persönlichen Berechtigungen und Daten nutzen.

- **Personen- oder Projektkennziffern**: Mit diesem Merkmal können die Gebühren einem anderen Teilnehmer oder einer anderen Kostenstelle zugeordnet werden. Damit kann der Teilnehmer auch an einem anderen Apparat Gespräche auf seine Rechnung führen. Für die Aktivierung des Merkmals ist eine besondere Kennzahlwahl vorgesehen.
- **Mobile Teilnehmer**: Mit diesem Leistungsmerkmal können sowohl die Gespräche nachgezogen, als auch Gespräche auf Kosten des Heimapparates geführt werden. Außerdem kann der mobile Teilnehmer am Fremdapparat auch die Leistungsmerkmale nutzen und auf

---

[31] Siehe hierzu Kapitel Integration und Umsetzung 4.4.

Rufnummernspeicher zugreifen, zu denen er an seinem eigenen Apparat Zugang hat. Die Zugangssicherung erfolgt mit PIN oder mit Chipkarte.

Auch für den Nachrichtenabruf und andere Funktionen von **Sprachservern** werden Mechanismen des Zugriffsschutzes genutzt. Meist kommen PIN-Verfahren zum Einsatz.

(b) Rechtliche Bewertung

Wenn Telefonapparate in Unternehmen und Betrieben leicht zugänglich sind, besteht das Risiko, daß Unberechtigte diese Apparate nutzen. Sie können auf Kosten eines Teilnehmers beispielsweise Privatgespräche führen oder Leistungsmerkmale mißbrauchen. Sie können dabei auch auf sensitive Daten (z.B. individuelle Kurzwahlregister, elektronische Telefonbücher, Wahlwiederholungsspeicher, gespeicherte Terminrufe) zugreifen. Besonders sensitiv sind Zugriffsmöglichkeiten auf Sprachboxen in Servern. Die Daten können aus dem Vermittlungssystem abgerufen und dazu verwendet werden, um Kommunikationsprofile zu erstellen (Kurzwahlnummern), Kommunikationskontakte zu überwachen (Anruferliste) oder Gespräche auszuforschen (Sprachboxen). Schließlich können sie bestimmte Anzeigen lesen (z.B. Textmitteilungen oder Anruferlisten, die im Display angezeigt werden). Der Schutz von Geschäfts- oder Privatgeheimnissen (A6) und des Rechts auf informationelle Selbstbestimmung (A3) kann dadurch beeinträchtigt werden.

Besonders groß sind die Risiken dann, wenn Zugriffsmöglichkeiten auf persönliche Daten und Ressourcen auch von anderen Apparaten aus möglich sind. Zwar sind derartige Merkmale prinzipiell wünschenswert, weil sie den Handlungsspielraum der Teilnehmer erheblich ausweiten (Entfaltungsmöglichkeiten (A1)) und die Arbeitsautonomie (A5) verbessern. Allerdings erweitern sich dadurch auch die Angriffsmöglichkeiten erheblich.

Da die Möglichkeit besteht, über Telefonendgeräte auf personenbezogene Daten zuzugreifen, müssen gemäß §§ 9 BDSG, 10 HDSG geeignete Sicherungsvorkehrungen getroffen werden. So fordern § Nr. 3 der Anlage zu § 9 BDSG bzw. § 10 Abs 3 Nr. 3 HDSG (Speicherkontrolle) geeignete Maßnahmen, um die unbefugte Kenntnisnahme, Veränderung und Löschung gespeicherter Daten zu verhindern. Die Benutzerkontrolle (§ 10 Abs 3 Nr. 4 HDSG) sieht ferner vor, grundsätzlich alle Zugriffe zu protokollieren. Wird der Zugriff auf Endgerätefunktionen ausreichend und dem Angriffsrisiko angemessen gesichert, so kann auf eine Protokollierung an Endgeräten verzichtet werden.[32]

[32] Siehe hierzu Hammer/Roßnagel, DuD 1990, 307f.

(c) Gestaltungsziele

(Z1) Flexible Festlegung des Zugriffsschutzes auf Merkmale und Geräte
Grundsätzlich sollten alle Zugriffsmöglichkeiten auf Daten und Funktionen in den Zugriffsschutz einbezogen werden können (Techniksicherung (K9)). So sollte es möglich sein, die Annahme und den Aufbau von Verbindungen und die Benutzung von Leistungsmerkmalen zu unterbinden. Außerdem sollten Displayanzeigen (z.B. Anruferlisten) einbezogen werden. In bestimmten Anwendungsfällen kann es sinnvoll sein, elementare Zugriffsmöglichkeiten zu erhalten (z.B. Notrufe). Aus Gründen der Anpassungsfähigkeit sollte daher der Zugriffsschutz möglichst flexibel, am besten auch durch den Teilnehmer selbst, festgelegt werden können (K7).

(Z2) Kein Zugriff der Vermittlung oder der Betriebsführung auf personenbezogene Daten
Auf die Inhalte von Sprachboxen, Wahlwiederholungs-, Kurzwahl- , Anrufumleitungs-, PIN- und anderen Speichern mit personenbezogenen Daten, sollte nur der Teilnehmer selbst zugreifen können (Zweckbindung (K4), Erforderlichkeit (K3)). Um Anrufumleitungen zurückzunehmen oder vergessene PINs zurückzusetzen, reicht es aus, berechtigten Personen (der Betriebsführung) ein Löschrecht einzuräumen. Lesende Zugriffe der Betriebsführung oder Vermittlung sind für deren Aufgabenerfüllung jedoch nicht erforderlich (K3).

(Z3) Sicheres Zugriffschutzverfahren
Für den Zugriffsschutz muß ein dem Stand der Technik entsprechendes technisches Sicherungsverfahren eingesetzt werden. Wenn Kennwortverfahren (PIN) eingesetzt werden, müssen die Kennwörter durch den Teilnehmer selbst geändert werden können (Techniksicherung (K9)). Außer dem Teilnehmer darf niemand lesend auf die Kennworte zugreifen können (Zweckbindung (K4), Erforderlichkeit (K3)).

(Z4) Schadensbegrenzung
Dem Stand der Technik angepaßte Maßnahmen sind auch zur Begrenzung von Schäden bei erfolgreichen Angriffen vorzusehen. Schäden können dadurch begrenzt werden, daß die Zugriffsmöglichkeiten auf persönliche Ressourcen auf bestimmt Apparate oder Apparategruppen begrenzt werden oder daß nur Gespräche bis zu einer bestimmten Anzahl von Einheiten geführt werden können (Techniksicherung (K9)).

(d) Heutige Realisierungen

In den Zielvorgaben werden Zugriffssicherungsverfahren gefordert, wie sie für die Nutzung von Ressourcen und den Zugriff auf personenbezogene Daten bei modernen DV-Systemen üblich sind. Bei ISDN-Anlagen sind diese Vorkehrungen leider noch nicht im Gebrauch. So können die Benutzer ihre PINs meist nicht selbst ändern und sensitive Zugriffsmöglichkeiten (z.B. auf Kurzwahlregister) werden häufig noch nicht durch die Zugriffskontrolle erfaßt. Wir weisen bei der Behandlung einzelner Merkmale auf entsprechende Lücken hin. Welche technischen Gestaltungsmaßnahmen ergriffen werden müssen, hängt sehr stark von der Anwendungsumgebung, dem Schadenspotential und der Wahrscheinlichkeit der Umsetzung von Mißbrauchsmotiven ab. In einer offenen Umgebung (z.B. Hochschulcampus) sind heute übliche Leistungsmerkmale, mit denen Gebühren anderen Teilnehmern zugewiesen werden können, nicht ausreichend sicher.

4. Leistungsmerkmale

Nachdem wir aus unseren Bewertungskriterien für einzelne Grundfunktionen technische Gestaltungsziele abgeleitet haben, wollen wir in diesem Kapitel untersuchen, mit welchen Gestaltungsmaßnahmen für Leistungsmerkmale diese Ziele erreicht werden können.

Im folgenden werden Gestaltungsmöglichkeiten von Leistungsmerkmalen heutiger ISDN-Anlagen untersucht. Die Auswahl der Leistungsmerkmale orientiert sich an rechtlichen Problemen und vorhandenen Risiken, die eine Gestaltung erforderlich machen. Unser Ziel ist nicht Leistungsmerkmale vollständig und formal zu spezifizieren und dafür in allen Einzelheiten vollständig und formal zu beschreiben. Vielmehr geht es uns darum, Gestaltungsmöglichkeiten aufzuzeigen, mit denen vorhandene Risiken verringert oder beseitigt und Chancen genutzt werden können.

Ausführung, Aktivierung, Voreinstellung und Einrichtung

Für die Entwicklung von rechtlichen Gestaltungsvorschlägen hat es sich als zweckmäßig erwiesen, die Abläufe bei der Nutzung von Leistungsmerkmalen in vier Phasen zu unterteilen: Ausführung, Aktivierung, Voreinstellung und Einrichtung. Sie sollen im folgenden an den Leistungsmerkmalen variable Konferenz und Umleitung beispielhaft erläutert werden.

Die ***Ausführung*** eines Leistungsmerkmals bezeichnet Schaltungen von Verbindungen und die optischen und akustischen Signalisierungen, die eine ISDN-Anlage für die einmalige Nutzung eines Leistungsmerkmals **automatisch** durchführt. Beim Leistungsmerkmal Konferenz ist dies die Einblendung eines Aufmerksamkeitstons und die Zuschaltung zur Konferenz.[1] Das Leistungsmerkmal Anrufumleitung wird vielfach ausgeführt, indem dem Rufer angezeigt wird, daß

---

[1] Unter Ausführung werden hier nur Abläufe verstanden, die Auswirkungen nach außen haben (Signalisierung, Veränderungen in Sprech- und Hörkanälen,...). Systeminterne Vorgänge, die die Ausführung bewirken, werden im folgenden behandelt.

er umgeleitet wird und indem zeitgleich eine Verbindung zum Ziel der Umleitung hergestellt wird.

Der Ausführung zeitlich vorgelagert ist die ***Aktivierung*** eines Leistungsmerkmals. Hiermit werden die Bedienschritte eines Teilnehmers oder automatische ausgeführten Prozeduren bezeichnet, die bewirken, daß ein Leistungsmerkmal **einmalig** ausgeführt wird. Das Leistungsmerkmal variable Konferenz kann ein Teilnehmer dadurch aktivieren, daß er eine Konferenztaste drückt.[2] Das Leistungsmerkmal Anrufumleitung wird automatisch aktiviert. Systemintern wird eine Prozedur gestartet, die - unter anderem durch Auswertung einer Umleitungstabelle - den Ruf umleitet.

Neben einer Aktivierung sind für die Nutzung vieler Merkmale vorbereitende Bedienschritte erforderlich, mit denen **für eine gewisse Zeitspanne** festgelegt wird, ob und wie das Leistungsmerkmal aktiviert und ausgeführt wird. Sie werden zusammenfassend ***Voreinstellung*** des Leistungsmerkmals genannt. Das Leistungsmerkmal Anrufumleitung wird meist voreingestellt, indem zunächst ein Umleitungsziel in einen Speicher eingegeben und danach die Umleitung eingeschaltet wird. Diese Voreinstellung gilt dann solange, bis sie verändert oder gelöscht wird. In dieser Zeit kann das Merkmal mehrfach aktiviert und ausgeführt werden, es kann aber auch vorkommen, daß es nicht ausgeführt wird - im Falle der Umleitung etwa -wenn kein Anruf ankommt. Für eine Voreinstellung können, je nach Leistungsmerkmal, verschiedene Teilschritte oder Phasen unterschieden werden. So ist für die Anrufumleitung die Voreinstellung eines festen Umleitungsziels erforderlich, das für lange Zeit gültig ist. Darüber hinaus muß die Umleitung durch Drücken einer Taste eingeschaltet werden.[3] Ähnlich wie die Aktivierung ist auch die Voreinstellung nicht für jedes Leistungsmerkmal nötig oder möglich. So ist beim Leistungsmerkmal variable Konferenz nur die Aktivierung vorgesehen.

Vorbedingung dafür, daß Leistungsmerkmale genutzt werden können, ist meist, daß das Leistungsmerkmal für den Teilnehmer oder eine Gruppe von Teilnehmern freigegeben wird. Hierfür ist im allgemeinen ein mehrstufiger Prozeß von Grundeinstellungen erforderlich (z.B. ***Leistungsmerkmalsfreigabe*** in der Anlage, Berechtigungsvergabe und Tastenbelegung für den Teilnehmer). Er wird zusammenfassend ***Einrichtung*** eines Leistungsmerkmals genannt. Er wird in der Regel ausschließlich durch das Betriebspersonal über die Betriebstechnik durchgeführt.

---

[2] Zuvor müssen jedoch andere Merkmale aktiviert und ausgeführt worden sein, die bewirken, daß ein zweiter Teilnehmer in Halteposition ist, der hinzugeschaltet werden soll.

[3] Die Einschaltung der Umleitung ist nach dieser Begriffsdefinition also keine Aktivierung, sondern Teil der Voreinstellung. Unter Aktivierung der Umleitung wird immer nur die konkrete Umleitung eines rufenden Teilnehmers verstanden.

Vorgehensweise
Die verschiedenen Leistungsmerkmale der Telefonkommunikation können, je nachdem welche technische Ausstattung dafür erforderlich ist, grob in folgende Kategorien unterteilt werden:

- ***Leistungsmerkmale der durchschaltevermittelten Telefonkommunikation***: Dies sind die Grundmerkmale, die moderne Telefon- und ISDN-Anlagen für die synchrone (zeitgleiche) Telefonkommunikation zwischen Menschen bieten,
- ***Leistungsmerkmale von Sprachservern:*** Asynchrone (zeitversetzte) Telefonkommunikation wird möglich, wenn sich ein oder mehrere Kommunikationspartner durch eine automatische Sende- oder Empfangseinrichtung für Sprachnachrichten vertreten lassen. Als automatische Sende- und Empfangseinrichtungen werden überwiegend zentrale, an das ISDN-Vermittlungssystem angeschlossene Sprachserver genutzt. Ihre Grundmerkmale werden in einem Teilkapitel untersucht.
- ***Komplexe Leistungsmerkmale von Anwendungssystemen***: Durch den Einsatz von PCs als Endgeräte oder den Anschluß von Computersystemen an Vermittlungsrechnern wird es möglich, die Grundmerkmale von ISDN-Anlagen und Servern programmgesteuert zu nutzen. Auf diese Weise können künftig komplexere und flexiblere Leistungsmerkmale realisiert werden. Wir gehen auf einige dieser absehbaren (und teilweise auch schon auf dem Markt angebotenen) Neuentwicklungen ein.

Für jedes Leistungsmerkmal entwickeln wir Gestaltungsvorschläge in mehreren Teilschritten:

Funktionsweise
Zunächst werden Ausführung, Aktivierung, Voreinstellung und Einrichtung des Leistungsmerkmals dargestellt. Die Bedienschritte, Signalisierungen und ausgeführten Funktionen werden dabei exemplarisch in einer oder mehreren der heute üblichen technischen Realisierungen beschrieben. Grundsätzlich stellen wir die Abläufe für moderne Digitalapparate mit Displays und Funktionstasten dar.

Chancen und Risiken
Wir zeigen, wie sich die abstrakten Chancen (+) und Risiken (-) von Grundfunktionen konkret auswirken können und untersuchen leistungsmerkmalsspezifische Aspekte.[4]

---

4 Zu den Grundfunktionen siehe oben Kapitel 3. Zu den Chancen und Risiken von Leistungsmerkmalen siehe auch Kubicek/Höller 1989, Höller/Kubicek 1989, Höller 1987, Schröter 1989, Hübner 1990, ITG 1990a; Linnenkohl/Linnenkohl, BB 1992, 770 ff; Roßnagel, KJ 1990, 267 ff; Kubicek, CR 1990, 659 ff; Kubicek/Bach, CR 1991, 489 ff; Schapper/Schaar, CR 1990, 719 ff und 777 ff.

Technische Gestaltungsmöglichkeiten
Wir konkretisieren die funktionsbezogenen Gestaltungsziele aus dem vorausgegangenen Abschnitt und stellen ergänzend merkmalsspezifische Gestaltungsziele dar. Ferner geben wir exemplarisch an, mit welchen Bedienelementen und Anzeigeelementen, Bedienschritten und Signalisierungen die technischen Vorgaben umgesetzt werden können.

Die einzelnen Gestaltungsvorschläge bewerten wir qualitativ danach, wie sie geeignet sind, die Gestaltungsziele zu erreichen:

- ***nicht rechtsgemäß*** bewerten wir technische Realisierungen, die bei Telefon- und ISDN-Anlagen anzutreffen sind und die den rechtlichen Anforderungen, Kriterien und Gestaltungszielen widersprechen oder mit denen die Gestaltungsziele nicht hinreichend erfüllt werden,[5]
- ***erforderlich*** sind Beispiele für technische Gestaltungsmöglichkeiten, die dem Stand der Technik entsprechen und geeignet sind, rechtliche Vorgaben und Kriterien gerade noch zu erfüllen,
- ***wünschenswert*** sind fortschrittliche technische Gestaltungsmöglichkeiten, die über das Mindestmaß hinaus den Gestaltungszielen entsprechen
- ***optimal*** nennen wir Gestaltungsvorschläge, mit denen sich unserer Auffassung nach die Gestaltungsziele am besten erfüllen lassen.

In unseren Überlegungen zur Gestaltung von Leistungsmerkmalen untersuchen wir nicht systematisch, mit welchen technischen Mitteln die Abläufe signalisiert werden, d.h. ob bei bestimmten Merkmalen LED-Anzeigen, Displayanzeigen, besondere Hörtöne oder besondere Ruftöne eingesetzt werden sollten. Ebensowenig untersuchen wir im Detail, wie die Handhabung im einzelnen ablaufen und welche Bedienelemente vorgesehen werden sollten. Solche und andere Gestaltungsaspekte der Benutzerschnittstelle werden nur exemplarisch als Gestaltungsvorschläge erörtert, denn die Gestaltung der Benutzerschnittstelle erfordert die Einbeziehung ergonomischer Kriterien, deren systematische Erörterung den Rahmen dieser Untersuchung sprengen würde. Wir skizzieren jedoch am Ende dieses Kapitels einige Möglichkeiten, die aus Sicht einer rechtsgemäßen Gestaltung der Leistungsmerkmale zu beachten sind.

---

[5] Ob diese auch rechtswidrig sind und diese Rechtswidrigkeit gerichtlich geltend gemacht werden kann, hängt nicht allein von der technischen Ausgestaltung des Leistungsmerkmals ab, sondern auch von den Anwendungsbedingungen, organisatorischen Regelungen und weiteren spezifischen materiellrechtlichen und prozessualen Umständen. Eine Bewertung als nicht rechtsgemäß rechtfertigt jedoch eine starke Vermutung, daß dieses Leistungsmerkmal im konkreten Fall auch rechtswidrig ist.

4.1 Basismerkmale für die synchrone Telefonkommunikation

4.1.1 Anzeige der Rufnummer des rufenden Teilnehmers

(1) Funktionsweise

Mit dem Leistungsmerkmal Anzeige der Rufnummer des rufenden Teilnehmers wird der rufende Teilnehmer während des Verbindungsaufbaus gegenüber dem gerufenen Teilnehmer identifiziert. Angezeigt wird gewöhnlich die Rufnummer des Rufers. Alternativ oder ergänzend hierzu kann auch ein Name angezeigt werden. Dieser muß mit der Einrichtung des Teilnehmeranschlusses oder über ein zentrales elektronisches Telefonbuch eingetragen werden. An den meisten Anlagen erlischt die Anzeige einige Sekunden nach Aufnehmen des Hörers.

(2) Chancen und Risiken

+ Unterscheidung zwischen erwünschten und unpassenden Gesprächen

Erkennt der gerufene Teilnehmer wer anruft, so kann er in Abhängigkeit vom Rufer entscheiden, ob er das Gespräch annehmen möchte. Will sich der Angerufene in seiner Arbeit nicht unterbrechen lassen, so kann er entscheiden, nur einige dringende Gespräche entgegenzunehmen. Damit wird die kommunikative Selbstbestimmung des Gerufenen verbessert, indem für ihn die Transparenz (K1) erhöht und seine Entscheidungsfreiheit (K2) erweitert wird. Dadurch verbessert sich für ihn auch die Werkzeugeignung (K5) des Telefonsystems.

+ Bevorzugte Behandlung für Rufer

Mit der Anzeige der Rufnummer kann sich der rufende Teilnehmer ausweisen. Er hat so die Chance, daß der Gerufene seinen Gesprächswunsch annimmt, auch wenn er ansonsten keine Rufe mehr annehmen würde (Arbeitserleichterung (K6)).

+ Vorbereitung auf Gesprächspartner und Gespräch

Mit der Kenntnis der Identität des Anrufers kann sich der gerufene Teilnehmer unmittelbar vor Annahme des Gespräches auf den Gesprächspartner einstellen. So kann der gerufene Teilnehmer den Rufer mit dessen Namen begrüßen oder sich noch rasch Unterlagen für das Gespräch zurechtlegen (Arbeitserleichterung (K6)).

+ Aufklärung von mißbräuchlichen Anrufen

Der Anschluß, von dem aus die Verursacher von Belästigungen und Drohanrufen telefonieren, kann erkannt werden. Sofern einzelne Teilnehmer wichtige betriebliche Funktionen haben (etwa Betriebsfeuerwehr), kann die Anzeige der Rufnummer auch von Vorteil sein, um bei mißbräuchlichen Anrufen den Verursacher zur Rechenschaft ziehen zu können. Die damit gegebene Sanktionsmöglichkeit schreckt vor solchen Mißbräuchen ab (Transparenz (K1), Arbeitserleichterung (K6)).

– Ungewollte Identifizierung gegenüber Dritten
In Fällen, in denen ein vertraulicher Anruf getätigt werden soll, kann die Rufnummernanzeige jedoch unerwünscht sein. Dritte, die das Endgerätedisplay im Blickfeld haben, können Kenntnis von der Tatsache eines vertraulichen Anrufes und einer vertraulichen Kommunikationsbeziehung erhalten (Entscheidungsfreiheit (K2)).

– Keine Möglichkeit, anonym zu bleiben
Sofern Rufer bei bestimmten betrieblichen Stellen, etwa bei innerbetrieblichen Beratungsstellen, beim Betriebsrat oder bei betrieblichen Datenschutzbeauftragten anonym bleiben möchten, aber nicht bleiben können, wird die Funktionsfähigkeit dieser Stellen beeinträchtigt. Dies kann bei Anschluß an das öffentliche ISDN auch externe Rufer betreffen. Vergleichbare Risiken bestehen auch, wenn Internteilnehmer Teilnehmer des öffentlichen ISDN anrufen möchten.

– Rechtsverkürzung und Serviceminderung
Problematisch kann die Unterscheidung zwischen "erwünschten" und "unerwünschten" Anrufen an Arbeitsplätzen sein, an denen die Beschäftigten alle Anrufe ohne Auswahl entgegennehmen sollen. In Behörden kann dies dazu führen, daß künftig nach dem Anschluß an das öffentliche ISDN manche Anrufe nicht mehr entgegengenommen werden. Dies kann zu einer Rechtsverkürzung für den Bürger führen.

– Bekanntgabe des Aufenthaltsortes
Benutzt der Teilnehmer den Apparat eines Dritten, so wird dem gerufenen Teilnehmer sein Aufenthaltsort bekannt. Dies ist nicht immer erwünscht (Entscheidungsfreiheit (K2), Erforderlichkeit (K3)).

(3) Technische Gestaltungsmöglichkeiten
Die Möglichkeit anonymer Kommunikation muß gewährleistet bleiben (Identifizieren, Z1). Gleichzeitig sollte jedoch der Angerufene selbst entscheiden können, ob er einen Anruf annehmen möchte (Identifizieren, Z2). Daher ist eine technische Lösung anzustreben, die die kommunikative Selbstbestimmung gewährleistet, ohne die informationelle Selbstbestimmung des Rufers zu gefährden. Wir halten hierfür ein Handshakeverfahren für eine optimale Lösung.

Ausführung

(T1) Nicht rechtsgemäß: Zwangsweise Anzeige der Rufnummer

Es kann zwar Einzelfälle geben, in denen eine Identifizierung vorgesehen werden sollte, die generelle Anzeige der Rufnummer widerspricht jedoch der informationellen und kommunikativen Selbstbestimmung des Rufers. Unzureichend ist es, die Entscheidungsfreiheit des Rufers über die Rufnummernanzeige nur dadurch zu gewährleisten, daß Endgeräte ohne Display eingesetzt werden. Denn der Gerufene könnte sein Endgerät austauschen, ohne daß dies der Rufer erkennen kann. Deshalb muß es eine Möglichkeit für den Rufer geben, die Identifizierung von sich aus zu unterbinden.

Aktivierung

(T2) Erforderlich: Fallweise Unterdrückung der Rufnummer

Für den Rufer muß die Entscheidungsfreiheit erhalten bleiben, indem eine besondere Taste vorgesehen wird, mit der er die Rufnummernanzeige beim gerufenen Teilnehmer unterdrücken kann. Diese Möglichkeit wird für das öffentliche ISDN realisiert werden und wird auch bereits von einzelnen Herstellern von ISDN-Anlagen angeboten.

(T3) Optimal: Handshakeverfahren zu jedem Zeitpunkt einer Verbindung

Die größte Flexibilität bietet ein sogenanntes Handshake-Verfahren für die Aktivierung des Leistungsmerkmals. Dies bedeutet, daß der gerufene Teilnehmer die Identifikation - sofern er diese wünscht - durch einen Tastendruck anfordert. Der Rufende kann dann - sofern er damit einverstanden ist - ebenfalls per Tastendruck die Übermittlung seiner Teilnehmernummer freigeben. Dieses Handshake-Verfahren sollte nicht nur beim Verbindungsaufbau, sondern auch während einer bestehenden Verbindung möglich sein. So sollte es insbesondere möglich sein, daß ein Teilnehmer während der Verbindung die Identifizierung wieder zurücknimmt. Dies ist beispielsweise sinnvoll, wenn Gesprächspartner oder Verbindungszustände gewechselt werden.

Voreinstellung

Das Telefonsystem kann leichter genutzt werden, wenn nicht vor jedem Gespräch Identifizieren oder die Anforderung des Identifizierens aktiviert werden muß (Arbeitserleichterung (K6)). Eine Voreinstellung von Parametern ist daher wünschenswert.

(T4) Wünschenswert: Voreinstellung für anonymes Telefonieren
Neben den Alternativen einer dynamischen Aktivierung für jedes einzelne Gespräch kann auch eine vom Teilnehmer selbst wählbare Voreinstellung, etwa durch eine arretierbare Taste, vorgesehen werden.[6]

(T5) Wünschenswert: Voreinstellung auf Nichtannahme anonymer Gespräche
Die Möglichkeit zur Unterdrückung der Rufnummernanzeige gewährleistet das informationelle Selbstbestimmungsrecht des Rufers. Es berücksichtigt jedoch nicht die Interessen des gerufenen Teilnehmers, sofern dieser in bestimmten Situationen keine anonymen Gespräche entgegennehmen möchte. Zwar ist er nicht gezwungen, Gespräche von Teilnehmern entgegenzunehmen, die sich nicht identifizieren, eine Störung durch Ruftöne ergibt sich aber doch. Von Vorteil für den Angerufenen wäre daher, wenn er seinen Apparat so voreinstellen kann, daß Rufe ohne Anzeige der Rufnummer nicht durchgestellt werden.

Dies würde jedoch von außen Anrufende benachteiligen, denn im öffentlichen ISDN ist ein Handshake-Verfahren für die Rufnummernübermittlung bisher nicht vorgesehen. Dort besteht lediglich die Möglichkeit, die Rufnummernanzeige durch Tastendruck fallweise zu unterdrücken. Externe Rufer können nicht darüber informiert werden, daß eine Identifizierung verlangt wird und daher auf eine solche Anforderung auch nicht reagieren. Dies gilt insbesondere auch an analogen Anschlüssen. Deshalb sollten bei kommenden Gesprächen aus dem öffentlichen ISDN Ruftöne auch bei angeforderter, aber nicht ausgeführter Identifizierung des Rufers durchgestellt werden.

Um für Merkmale der besonderen Verbindungsvollendung eine gegenseitige Identifizierung zu ermöglichen, ist es wünschenswert, das Handshake-Verfahren in beiden Richtungen anwenden zu können.

Einrichtung
Um organisationsadäquate Lösungen zu ermöglichen (Anpassungsfähigkeit (K7)), sollte die Rufnummeranzeige bereits mit der Einrichtung von Teilnehmern flexibel festgelegt werden können. Für das Merkmal ist eine rollenspezifische Berechtigungsvergabe anzustreben (Berechtigungen, Z1)

(T6) Optimal: Differenzierte Berechtigungsvergabe
Bei der Einrichtung des Merkmals sollte festgelegt werden können:
- der Teilnehmer wird als Rufer gegenüber Mitgliedern einer Teilnehmergruppe nicht identifiziert;
- der Teilnehmer wird als Rufer gegenüber Mitgliedern einer Teilnehmergruppe immer identifiziert;

---

6 Die Voreinstellung auf "Anzeige der Rufnummer freigegeben" beim Rufer ist jedoch wegen möglicher Anpassungszwänge nicht unproblematisch.

- der Teilnehmer hat als Rufer die Wahlmöglichkeit, ob er einer Anzeige zustimmt oder nicht.

Möglich ist eine weitere Differenzierung der Berechtigungen für die passive Rolle: - zu einem Teilnehmer werden keine Rufernummern übermittelt, - zu einem Teilnehmer werden nur Verbindungen durchgestellt, für welche die Übermittlung der Rufernummern freigegeben ist, - zu einem Teilnehmer werden abhängig von der Voreinstellung des Anschlußinhabers nur Verbindungen durchgestellt, für welche die Übermittlung der Rufernummern freigegeben ist. In Ausnahmefällen könnte als eigene Berechtigung (Leistungsmerkmal Notrufanschluß) zu einem Teilnehmer Rufnummern immer übermittelt werden.

4.1.2 Anruferliste

(1) Funktionsweise

Das Leistungsmerkmal Anruferliste ermöglicht es, die Rufernummern von Teilnehmern, die sich identifiziert haben, deren Gespräche aber z.B. wegen Abwesenheit des Gerufenen nicht entgegengenommen werden konnten, in der Anlage speichern zu lassen. Der Anschlußinhaber kann sie nach seiner Rückkehr an seinem Endgerät abfragen. Möglich ist auch, daß die Rufnummern ständig im Display angezeigt werden.

(2) Chancen und Risiken

+ Verbesserte Information

Das Leistungsmerkmal verbessert die Arbeitsautonomie des Angerufenen. Er weiß, wer ihn in seiner Abwesenheit anrufen wollte und kann so gegebenenfalls zurückrufen (Arbeitserleichterung (K6)).

– Rufnummernspeicherung ohne Wissen und Zustimmung des Rufers

Sofern der Rufer nichts über die Aufnahme in eine Anruferliste weiß, werden ohne sein Wissen und ohne seine Zustimmung seine Rufnummer und die Uhrzeit seines Anrufversuches gespeichert. Diese Daten können Personen, die Zugang zum Apparat des Gerufenen haben oder sich solchen verschaffen, zugänglich sein (Transparenz (K1), Entscheidungsfreiheit (K2), Erforderlichkeit (K3), Zweckbindung (K4)).

– Störung im Arbeitsablauf

Das Merkmal hat den Nachteil, daß der Anrufer möglicherweise zu einem Zeitpunkt zurückgerufen wird, zu dem das Gespräch irrelevant geworden ist. Er wird dann überflüssigerweise in seiner Arbeit gestört. Möglicherweise will der Rufer auch nicht zurückgerufen werden, etwa weil er später nicht mehr an seinem Arbeitsplatz ist oder selbst nicht gestört werden möchte (Arbeitserleichterung (K6), Werkzeugeignung (K5)).

(3) Technische Gestaltungsmöglichkeiten

Aktivierung und Voreinstellung

Der Rufer muß frei darüber entscheiden können, ob er der Speicherung seiner Rufnummer zustimmt (Identifizierung, Z1). Dies ist nur möglich, wenn er die Eintragung in die Anruferliste selbst aktiviert.

> ***(T1) Nicht rechtsgemäß: Automatische Eintragung jedes Rufers***
> In mehreren ISDN-Anlagen ist die automatische Aufnahme jedes Rufers in eine Anruferliste vorgesehen. Dies stellt einen unzulässigen Eingriff in das informationelle Selbstbestimmungsrecht des Rufers dar. Der Anrufer muß selbst darüber entscheiden können, ob er sich in die Liste eintragen läßt.

> ***(T2) Erforderlich: Aktivierung durch den Rufer***
> Die Aufnahme in die Anruferliste erfolgt nur nach Aktivierung durch den Rufer. Dem Rufer wird signalisiert, ob eine Eintragung erfolgt ist oder ob sie nicht erfolgreich war. Dem Gerufenen sollte ebenfalls zur Wahrung der Werkzeugeignung (K5) die flexible Nutzung des Leistungsmerkmals zugestanden werden. Er muß von seiner Nebenstelle aus steuern können, ob das Leistungsmerkmal aktiviert oder desaktiviert wird.

Gespeicherte Rufnummern sind sensitive personenbezogene Daten, die ausreichend zugriffsgeschützt werden müssen.

> ***(T3) Nicht rechtsgemäß: Anzeige im Display ohne Zugriffsschutz***
> In einigen ISDN-Anlagen werden eine begrenzte Anzahl von Rufern, die in Abwesenheit angerufen haben, im Display automatisch angezeigt, ohne daß ein Zugriffsschutz vorgesehen ist. Dies verstößt gegen das Gebot der Datensicherung (§ 10 Abs. 3 Nr.5 HDSG, Zugriffskontrolle). Die Anzeige muß in den Zugriffsschutz am Endgerät einbezogen werden.

> ***(T4) Erforderlich: Zugriffsschutz***
> Der Zugriff zur Anruferliste darf nur vom Endgerät aus möglich sein. Die Betriebsführung darf hingegen auf den Inhalt der Liste keine Zugriffsmöglichkeit haben.

Einrichtung

Das Leistungsmerkmal sollte nicht automatisch für jeden digitalen Apparat eingerichtet sein, sondern es sollten Berechtigungen vorgesehen werden (Berechtigungen, Z1).

> ***(T5) Wünschenswert: Berechtigungsvergabe***
> Für das Leistungsmerkmal sollten zwei rollenspezifische Berechtigungen vorgesehen werden. Sie sollten für das Eintragen in eine Anruferliste

(Rufer, aktiv) und das Anlegen einer Liste (Gerufener, passiv) vergeben werden.[7]

4.1.3 Automatischer Rückruf

(1) Funktionsweise

Häufig stellt ein rufender Teilnehmer A fest, daß am gerufenen Anschluß B bereits ein Gespräch geführt oder trotz "frei" nicht abgehoben wird. Mit dem Merkmal automatischer Rückruf kann sich A anrufen lassen, wenn mit einer Erreichbarkeit von B wieder zu rechnen ist. Wie der Rückruf aktiviert wird, hängt davon ab, ob der Rückrufauftrag eingestellt wurde, als der gerufene Teilnehmer besetzt war, (Rückruf im Besetztfall) oder ob die Voreinstellung im Freizustand erfolgt (Rückruf im Freifall).

Rückruf im Besetztfall

Im Besetztfall wird der Rückruf in allen heutigen Telefonanlagen automatisch aktiviert. Der Rückrufwunsch wird von der Anlage in einer systeminternen Tabelle verwaltet. Sobald B das gerade geführte Gespräch beendet hat, erkennt dies die Anlage und versucht nun automatisch, die Verbindung zwischen A und B herzustellen. Dazu wird zunächst der Rufer A vom Vermittlungssystem angerufen. Hierfür kann ein besonderes Klingelsignal eingerichtet werden. Ferner wird angezeigt, daß es sich um einen Rückruf handelt und B wird identifiziert. Erst wenn A seinen Hörer abhebt, wird der Verbindungsaufbau zu B fortgesetzt.

Rückruf im Freifall

Der Rückruf im Freifall ist möglich, wenn ein gerufener Teilnehmer frei ist, aber nicht abnimmt (z.B. weil er nicht anwesend ist). Wiederum kann der Rufer einen Rückrufwunsch ablegen. Wenn der B-Teilnehmer sein Endgerät wieder bedient, sei es, daß er ein Gespräch führt oder daß er eine Sprachmitteilung abspielen läßt, erkennt dies die Anlage. Sobald B frei ist, wird der Rückrufwunsch wie oben abgearbeitet.

(2) Chancen und Risiken

+ Weniger zeitraubender Anrufversuche

Der automatische Rückruf im Besetztfall und im Freifall erhöht den Telefonkomfort für den Rufer. Dieser erspart sich lästige Mehrfachanrufe bei längeren Besetztzeiten oder bei längerer Abwesenheit des gerufenen Teilnehmers (Arbeitserleichterung (K6)).

---

[7] Das Recht, Eintragungen zu aktivieren, könnte mit dem Merkmal automatischer Rückruf kombiniert werden. Siehe hierzu 4.1.3.

– Abarbeitungszwang für Rückrufe
Während der Abwesenheit des Teilnehmers könnten sich (etwa während B in einer Besprechung ist) durch den Rückruf im Freifall mehrere Rückrufe ansammeln. Sofern der Rückruf automatisch aktiviert wird, löst die Anlage den ersten Rückruf aus, sobald er seinen Apparat bedient. Er kann dann gezwungen sein, in Folge mehrere Rückrufe abzuarbeiten. Wenn der gerufene Teilnehmer keinen Einfluß auf den Rückrufmechanismus hat, kann er nicht mehr entscheiden, in welcher Reihenfolge er seine Arbeitsschritte erledigen möchte (Entscheidungsfreiheit (K2), Werkzeugeignung (K5)).
Das Problem ist beim automatischen Rückruf im Besetztfall geringer, weil hier Rückrufe nur während der Dauer von Gesprächen auflaufen können.

– Kontrolle der Anwesenheit und des Arbeitsverhaltens
Der automatische Rückruf im Freifall kann ferner zur Kontrolle des Arbeitsverhaltens von Beschäftigten eingesetzt werden. Dieses Risiko besteht, weil das Telefonsystem bei Aktivierung des automatischen Rückrufes zuerst den A-Teilnehmer ruft. Es klingelt an seiner Nebenstelle, im Display wird die Rückrufinformation angezeigt. Die Verbindung wird aber erst aufgebaut, wenn er den Rückruf annimmt (den Hörer aufnimmt). An Endgeräten mit Display ist damit für den Rufer A erkennbar, daß es sich um die Ausführung eines Rückrufes handelt und welches die Zielnebenstelle ist, **bevor** der Gerufene davon Kenntnis erhält. Nimmt A, der den Rückruf eingeleitet hat, den Hörer nicht ab, erhält der Gerufene allerdings keine Kenntnis von der Übermittlung der Information an A, daß sein Gespräch beendet oder daß er wieder an seinem Arbeitsplatz ist. Der Rückruf im Freifall kann daher mißbraucht werden, um unbemerkt die Anwesenheit zu kontrollieren. Wird ein Rückruf beispielsweise morgens eingestellt, so kann bemerkt werden, wann A sein Endgerät das erste Mal bedient hat. An telefonintensiven Arbeitsplätzen ist dies ein Indikator für die (Wieder-)aufnahme der Arbeit.

Im Vergleich zu diesem Kontrollpotential ist das des Rückrufs im Besetztfall geringer. Hier kann ein Rufer höchstens feststellen, wie lange ein Gerufener telefoniert.

Mit einem automatischen Rückruf kann ein rufender Teilnehmer A auch feststellen, ob B nicht mit ihm sprechen will (Zweckbindung (K4)).[8] A weiß, daß B anwesend ist und seine Rufnummer im Display sieht, wenn der Rückruf aktiviert wird. Nimmt B nicht ab, hat er kein Interesse am Gespräch mit A.

(3) Technische Gestaltungsmöglichkeiten

Die folgenden technischen Gestaltungsvorschläge laufen darauf hinaus, beide Formen des Rückrufes zu trennen. Das Risikopotential des automatischen Rückrufes im Besetztfall ist vergleichsweise gering, so daß dieser weitgehend unverändert beibehalten werden kann. Hingegen sollte der Rückruf im Freifall nicht mehr automatisch aktiviert werden. Mit dem Rückruf im Freifall sollte der Rufer

---

8 Vgl. Schröter 1989, 9.

Rückrufwünsche hinterlegen können, die der Gerufene Teilnehmer (B) abrufen und aktivieren kann. Dieser Vorschlag entspricht weitgehend dem Merkmal Anruferliste, so daß beide Merkmale sinnvollerweise kombiniert werden sollten.[9] Dagegen ist der automatische Rückruf im Besetztfall als einzige Form des Rückrufes vorzusehen, wenn B über ein Endgerät ohne Display verfügt, da diesen Teilnehmern die Abarbeitung einer Anruferliste nicht möglich ist.

Einrichtung

Rückruf im Freifall und im Besetztfall sind von ihrem Ablauf und ihrem Risikopotential unterschiedliche Merkmale. Es sollte daher möglich sein, getrennte Berechtigungen zu vergeben (Berechtigungen, Z1).

> ***(T1) Wünschenswert: Getrennte Berechtigungsvergabe für Freifall und Besetztfall***
>
> Für jedes der Merkmale sind zwei rollenspezifische Berechtigungen sinnvoll: Für jeden Teilnehmer sollte festgelegt werden können, ob er Rückrufe frei/ besetzt eintragen darf und ob für ihn eine Rückrufliste frei/ besetzt geführt wird. Die Ziele von Rückrufen sollten auf eine Teilnehmergruppe begrenzt werden können.

Aktivierung

Um die Risiken für Arbeitsautonomie und Anwesenheitskontrolle zu vermeiden, muß die Aktivierung automatischer Rückrufe auf den Gerufenen bezogen sein. Das bedeutet, daß der Gerufene erkennen können muß, daß Rückrufwünsche vorliegen (Transparenz (K1)), und daß er in der Lage sein muß, diese nach seiner Arbeitseinteilung abzuarbeiten (Werkzeugeignung (K5), Entscheidungsfreiheit (K2)). Deshalb muß er auch den Rückruf persönlich aktivieren können.

> ***(T2) Nicht rechtsgemäß: Automatische Aktivierung des Rückrufs im Freifall***
>
> Leider wird der Rückruf im Freifall in den meisten ISDN-Anlagen in der oben beschriebenen Art und Weise automatisch ausgelöst. Er kann damit zur Kontrolle des Arbeitsverhaltens mißbraucht werden. Die Zweckbindung der Funktion (K4) wird damit nicht gewahrt. Deshalb darf der Rückruf im Freifall nur mit Zustimmung des Gerufenen ausgelöst werden.

> ***(T3) Erforderlich: Nur Rückruf im Besetztfall automatisch***
>
> Zunächst sollte der automatische Rückruf im Besetztfall als einzige Möglichkeit des automatischen (d.h. von der Anlage aktivierten Rückrufes) vorgesehen werden. Er sollte nur ausgeführt werden, wenn der B-Teilnehmer über ein Endgerät ohne Display verfügt und deshalb Rückrufwünsche nicht erkennen kann.

Eine interessante Variante könnte ein anonymer Rückruf sein. Diese ist bei einer Anruferliste in der zuvor beschriebenen Form nicht gegeben. Das Merkmal

---

9 Siehe hierzu Anruferliste 4.1.2.

könnte konform zu den Zielvorgaben (Identifizieren, Z1 und Z2) realisiert werden, wenn Rückrufaufträge vom Betroffenen B-Teilnehmer gelöscht werden können.

Für automatisch aktivierte Rückrufe ist sicherzustellen, daß der Teilnehmer nicht durch eine Folge von Rückrufen daran gehindert wird, selbst Gespräche zu führen (autonome Arbeitsgestaltung (A5)).

(T4) Wünschenswert: Priorität für gehende Rufe
Der gerufene B-Teilnehmer sollte selbst entscheiden, ob er Rückrufe entgegennehmen oder zunächst selbst telefonieren will (Arbeitserleichterung (K6)). Deshalb sollten Rückrufe im Besetztfall nur mit einer kurzen Zeitverzögerung aktiviert werden.

Um die Entscheidungsfreiheit (K2) und Werkzeugeignung (K5) der Anlage auch für den gerufenen Teilnehmer optimal zu erfüllen, sollte dieser über die Möglichkeit verfügen, Rückrufaufträge in der von ihm gewünschten Reihenfolge zu bearbeiten. Beide Teilnehmer sollten die Möglichkeit haben, einen Rückrufauftrag wieder zu löschen.

(T5) Erforderlich: Aktivierung durch den Gerufenen
Der Gerufene muß entscheiden können, daß Rückrufe abgearbeitet werden. Die Liste der Rückrufe muß für den Gerufenen (B) bearbeitbar sein. Rückrufwünsche müssen gelöscht werden können. In diesem Zusammenhang ist es sinnvoll, einen beliebigen Eintrag aus der Liste auswählen und den Rückruf auslösen zu können.

(T6) Wünschenswert: Möglichkeit zur Stornierung von Rückrufen durch den Rufer
Während des Arbeitsablaufs kann es sich außerdem für den Rufer ergeben, daß das gewünschte Telefongespräch nicht mehr erforderlich ist. Es würde die Arbeit erleichtern und die Entscheidungsfreiheit erhöhen, wenn eingestellte Rückrufe auch vom Rufer storniert werden könnten.

Ausführung
Während der automatischen Aktivierung eines Rückrufs kann es sein, daß Merkmale mit besonderer Verbindungsvollendung aktiv sind und deshalb nicht der A-Teilnehmer, sondern ein Dritter erreicht wird. Dies gilt insbesondere für den Rückruf im Freifall, weil hier zwischen der Aktivierung des Rückrufes und einer eventuellen Auslösung ein großer Zeitraum liegen kann. Rückrufe sind jedoch in der Regel personenbezogen. Sie sollten deshalb nicht durch Merkmale mit besonderer Verbindungsvollendung beeinflußt werden.[10] Ebenfalls nicht sinnvoll, aber in einigen Anlagen möglich, ist das Heranholen von Rückrufen.

---

[10] Tatsächlich ist bei allen den Autoren bekannten Anlagen eine Anrufumleitung von Rückrufen auf seiten des Rufers und des Gerufenen unmöglich.

(T7) Wünschenswert: Nachziehen von Rückrufen
Eine besondere Verbindungsvollendung sollte nur erfolgen, wenn davon auszugehen ist, daß sich Gerufener und Rufer dann auch tatsächlich erreichen. Beim Leistungsmerkmal Nachziehen ist dieser Personenbezug hergestellt, so daß in diesem Fall der Rückruf normal aufgebaut werden könnte.

4.1.4 Lauthören

(1) Funktionsweise
Mit dem Leistungsmerkmal Lauthören kann der im Telefonapparat eingebaute Lautsprecher eingeschaltet werden. Wird Lauthören während eines Gespräches aktiviert, so kann das Gespräch über den Handapparat weitergeführt werden, zusätzlich können aber Dritte mithören.

(2) Chancen und Risiken

+ Erwünschtes Mithören
Das Lauthören ermöglicht es, daß Dritte an einem Gespräch beteiligt werden. Werden von Gesprächsteilnehmern telefonisch Auskünfte eingeholt, so muß der Teilnehmer bei eingeschaltetem Lautsprecher die Angaben seiner telefonischen Gesprächspartner den Mithörern nicht nochmals erläutern (Arbeitserleichterung (K6)).

– Gefährdung der Vertraulichkeit
Lauthören gefährdet die Vertraulichkeit von Telefongesprächen. Das Mithören anderer kann Telefonteilnehmer verunsichern. Unter Umständen verändert die Kenntnis über das Mithören die Bereitschaft, bestimmte Inhalte zu diskutieren. Die Kommunikationspartner können über die Aktivierung der Lauthöreinrichtung in der Regel nur dann Kenntnis haben, wenn sie darüber im Gespräch informiert werden (Transparenz (K1), Entscheidungsfreiheit (K2), Zweckbindung (K4)).

(3) Technische Gestaltungsmöglichkeiten
In Telefonanlagen besteht bisher keine Möglichkeit zu erkennen, ob der Gesprächspartner oder - in Konferenzen - einer der Gesprächspartner den Lautsprecher angeschaltet hat. Bei analogen Telefonanlagen war dies wegen der kleinen Anzahl von Endgeräten mit Lautsprecher nur von untergeordneter Bedeutung. Die ISDN-Technik bietet nun die Chance, dem Gesprächspartner die Nutzung des Merkmals anzuzeigen und so die Transparenz der Kommunikationssituation erheblich zu verbessern (Gesprächsausweitung, Z1).

Aktivierung

(T1) Nicht rechtsgemäß: Signalisierung nur am eigenen Apparat
Bei digitalen Telefonapparaten ist es üblich, daß optisch (im Display oder mit LED) signalisiert wird, daß der Lautsprecher eingeschaltet wird. Damit läßt sich aber nicht erkennen, ob ein Gesprächspartner die Lauthöreinrichtung an seinem Endgerät aktiviert hat.[11] Auch diese Möglichkeit muß aber bestehen.

(T2) Wünschenswert: Akustische oder optische Anzeige für die Gesprächsteilnehmer
Allen Gesprächspartnern einer Verbindung sollte signalisiert werden, wenn ein Teilnehmer Lauthören eingeschaltet hat. Diese Anzeige muß nicht notwendigerweise im Display erfolgen. Denkbar wäre auch ein gesondertes Anzeige-LED am Endgerät. Ohne Änderung der Kommunikationsprotokolle des öffentlichen ISDN ist ein Hinweiston im Sprachkanal realisierbar, der - damit er zuverlässig erkannt werden kann - allerdings in regelmäßigen Abständen im Hintergrund wiederholt werden sollte.

Einrichtung

(T3) Erforderlich: Berechtigung für Lauthören
Solange das Lauthören Gesprächsteilnehmern nicht signalisiert wird, darf es in einigen Anwendungsfällen aus Gründen des Geheimnisschutzes (A6) nicht eingesetzt werden. Soweit nicht Endgeräte ohne dieses Merkmal verwendet werden, muß zumindest eine zentrale Sperrung des Merkmals möglich sein (Anpassungsfähigkeit (K7)).

4.1.5 Freisprechen

(1) Funktionsweise
Freisprechen ist ein Merkmal, das es Teilnehmern ermöglicht, ein Telefongespräch zu führen, ohne den Hörer aufzunehmen. Es kann in ISDN-Anlagen in der Regel auf zwei Arten aktiviert werden. Zum einen ist dies möglich, wenn der Teilnehmer eine Rufnummer wählt, ohne dabei den Hörer aufzunehmen. Kommt die Verbindung zustande, so werden Lautsprecher und - sofern vorhanden - auch das Mikrophon am Endgerät eingeschaltet. Wird der Hörer im Laufe des Gespräches dann aufgenommen, so werden Lautsprecher und Mikrophon im Gerätechassis aus- und im Hörer eingeschaltet.

Die zweite Möglichkeit, Freisprechen zu aktivieren, besteht meist darin, während eines Telefongespräches eine Lauthör- bzw. Freisprechtaste zu drücken und

---

[11] Daher fordert Art. 15 des Richlinienentwurfs der EG-Kommission 1990 den Gesprächspartner über die Gesprächsausweitung "in geeigneter Form" zu unterrichten.

den Hörer aufzulegen. Nach dem Auflegen des Hörers werden dann Mikrophon und Lautsprecher im Gerätechassis automatisch eingeschaltet.

(2) Chancen und Risiken

+ Die Hände bleiben frei
Das Freisprechen vergrößert den Telefonkomfort, da der Teilnehmer während eines Gespräches in Unterlagen blättern kann (Arbeitserleichterung (K6)).

+ Erwünschtes Mithören und -sprechen
Personen in der näheren Umgebung der Nebenstelle können aktiv an einem Gespräch teilnehmen (Arbeitserleichterung (K6)).

– Unerwünschtes Mithören von Gesprächen
Ein Risiko des Freisprechens besteht darin, daß Gespräche von Personen, die sich im Umkreis der Nebenstelle befinden, ohne deren Wissen von Teilnehmern der Telefonverbindung mitgehört werden (Transparenz (K1), Entscheidungsfreiheit (K2), Zweckbindung (K4)).

– Abhören von Räumen
Auch kann ein Angreifer einen Raum abhören, indem er von einer Nebenstelle aus eine Freisprechverbindung zu einem entfernten Apparat aufbaut und dann den Raum verläßt. In diesem Fall kann nicht an einem abgenommenen Hörer erkannt werden, daß eine Verbindung besteht (Zweckbindung (K4)).

(3) Technische Gestaltungsmöglichkeiten
Das Telefonsystem muß deutlich signalisieren, daß das Freisprechen aktiviert wird (Mikrophonfunktion, Z1). Außerdem ist eine Statusanzeige erforderlich, an der auch Personen, die den Raum erst später betreten, die Aktivierung erkennen können.

Aktivierung und Voreinstellung

(T1) Erforderlich: LED-Anzeigen
In heutigen Anlagen ist eine gemeinsame optische Anzeige für die Aktivierung des Mikrophons und des Lautsprechers üblich. Sie erfolgt bei den meisten Telefonanlagen mit einem besonderen Symbol im Display. Dieses ist jedoch nicht ausreichend, da es nur in der unmittelbaren Nähe des Apparates erkannt werden kann. Besonders nachteilig wirkt es sich in diesem Zusammenhang auch aus, wenn das Display abgeblendet werden kann. Besser ist der Einsatz von LED-Anzeigen, die permanent aufleuchten, wenn Freisprechen aktiv ist. Doch sind auch LED-Tasten nicht optimal, weil sie für verschiedene Funktionen eingesetzt werden. Für Anwesende

ist deshalb meist nicht eindeutig erkennbar, warum sie aufleuchten. Beachtet werden muß auch, daß sich Tasten unter Umständen am Endgerät umprogrammieren lassen und Freisprechen dann trotzdem noch möglich sein kann. Wenn dadurch Freisprechen völlig ohne Anzeige möglich ist, ist diese Lösung unzureichend.

(T2) Wünschenswert: Tastenunabhängiges Anzeige-LED
Eine noch bessere Realisierung ist ein separates, tastenunabhängiges Anzeige-LED, das den Zustand des Mikrophons anzeigt. Besonders transparent für Nutzer und Anwesende wäre die Gesprächssituation insbesondere dann, wenn an der Mikrophonöffnung eine Anzeige-LED vorhanden wäre. Diese sollte, unabhängig vom genutzten Leistungsmerkmal, immer dann leuchten, wenn das Mikrophon eingeschaltet ist.

(T3) Optimal: Aufmerksamkeitston
Ergänzend zu den genannten Gestaltungsvorschlägen ist in vielen Fällen ein Aufmerksamkeitston wünschenswert, der bei Aktivierung des Merkmals und in größeren Zeitabständen auch während der Ausführung zu senden wäre. Damit könnte auch ein verdeckt gestelltes Telefon mit aktivierter Freisprecheinrichtung erkannt werden.

Einrichtung
Leider ist Freisprechen ein Leistungsmerkmal, das in ISDN-Anlagen häufig nicht gesperrt werden kann. Um Mitbestimmungsregelungen zu ermöglichen, sollten jedoch teilnehmerbezogene Sperrungsmöglichkeiten vorgesehen werden (Berechtigungen, Z1).

(T4) Erforderlich: Endgeräte ohne Mikrophon
Als Minimallösung, die an ISDN-Anlagen üblicherweise möglich ist, können von den Herstellern angebotene Endgeräte ohne Mikrophon eingesetzt werden. Damit Unsicherheiten vermieden werden, muß aber sichergestellt sein, daß von außen einfach erkennbar ist, ob ein Mikrophon eingebaut ist oder nicht. Die Verwendung socher Endgeräte ist für den Teilnehmer allerdings oft mit erheblichem zusätzlichen Komfortverlust verbunden.

(T5) Erforderlich: Berechtigungsvergabe
Ein Komfortverlust kann vermieden werden, wenn eine endgerätebezogene Berechtigungsvergabe für das Freisprechen vorgesehen ist (Anpassungsfähigkeit (K7)). Das Freisprechen müßte dann, bevor es von einem Teilnehmer am Endgerät aktiviert werden kann, für ihn eingerichtet werden. Leider ist diese Möglichkeit heute in keiner den Autoren bekannten ISDN-Anlagen vorgesehen.

4.1.6 Direktes Ansprechen / Durchsagerufe

(1) Funktionsweise
Mit dem Leistungsmerkmal Direktes Ansprechen werden Basisfunktionen von Gegensprechanlagen in ISDN-fähigen Telefonanlagen bereitgestellt. Direktes Ansprechen ermöglicht es einem Teilnehmer, den Lautsprecher an einem Fremdapparat anzuschalten und so in den Raum des anderen hineinzusprechen. Genutzt wird das Leistungsmerkmal üblicherweise nur zwischen Chefin und Sekretär. Der Chefin wird damit die Möglichkeit gegeben, den Sekretär anzusprechen, auch wenn dieser gerade ein paar Meter vom Telefon entfernt Arbeiten verrichtet. In einigen Anlagen wird beim direkten Ansprechen auch das Mikrophon eingeschaltet (Direktantworten). Damit kann dann ein normales Telefongespräch bei aufliegendem Hörer geführt werden.

Über eine besondere Taste kann die Möglichkeit vorgesehen sein, einen Ansprechschutz voreinzustellen. Das direkte Ansprechen kann damit zeitweise unterbunden werden.

(2) Chancen und Risiken

+ Unkomplizierte Nutzung für kurze Durchsagen
Das Direkte Ansprechen können Vorgesetzte nutzen, um kurze Durchsagen und Arbeitsanweisungen an ihre Mitarbeiter durchzugeben. Von Vorteil ist dabei insbesondere, daß die beim Aufbau eines Telefongespräches erforderliche Zeit entfällt, bis der Mitarbeiter den Telefonhörer aufnimmt.

Auch für die angesprochenen Mitarbeiter kann dieses Leistungsmerkmal von Vorteil sein. Um eine kurze Mitteilung ihres Vorgesetzten oder eines Kollegen entgegenzunehmen, müssen sie nicht zum Telefon eilen, wenn sie gerade einige Meter von ihrem Telefonapparat entfernt beschäftigt sind.

– Abhörgefahr
Sofern das Mikrophon am Endgeräte des Teilnehmers A durch andere Teilnehmer eingeschaltet werden kann, besteht die Gefahr, daß eine Gesprächsverbindung aufgebaut wird, wenn A gerade nicht an seinem Platz ist. Die Umgebung der Nebenstelle von A kann dann unbemerkt abgehört werden (Transparenz (K1), Entscheidungsfreiheit (K2), Zweckbindung (K4)).

– Störung bei der Arbeit
Nachteilig wirkt sich aus, wenn Gespräche oder Durchsagen angenommen werden müssen und keine Möglichkeit besteht, die Annahme zu verzögern bzw. für einen begrenzten Zeitraum zu verweigern. In diesem Fall beeinträchtigt das Direktansprechen die Entscheidungsfreiheit (K2), die Werkzeugeignung (K5) und bietet keine Arbeitserleichterung (K6).

– Risiko finanzieller Schäden
Sofern mit dem Merkmal Direktes Ansprechen normale Gesprächsverbindungen hergestellt werden können, ist mit dem Leistungsmerkmal das Risiko finanzieller

Schädigungen verbunden. Das Merkmal kann dann nämlich mit anderen üblichen Leistungsmerkmalen kombiniert werden, um Verbindungen zwischen dem Apparat des Angesprochenen und externen Teilnehmern herzustellen. Ein Teilnehmer A, der einen anderen Teilnehmer B direkt anspricht, kann diese Verbindung halten, in Rückfrage gehen und eine Verbindung zu einem anderen Teilnehmer C herstellen. Weiter besteht die Möglichkeit, die hergestellte Verbindung zu C an den angesprochenen Teilnehmer B zu übergeben, z.B. durch Auflegen des Hörers oder mittelbar über den Aufbau einer Konferenzschaltung.

Eine eher harmlose Form dieses Mißbrauchs besteht darin, "tote Kanäle" zu schalten, Verbindungen zwischen Apparaten in leeren Büros. Möglich ist dies dadurch, daß sowohl B als auch C von A direkt angesprochen werden und A die Verbindung dann übergibt. Es können sich allerdings auch ernste finanzielle Schädigungen eines Teilnehmers dadurch ergeben, daß über das Direktansprechen Verbindungen zwischen Internanschlüssen und Externteilnehmern hergestellt werden. Wird so beispielsweise aus Rache bei einem Teilnehmer während längerer Abwesenheit eine Verbindung zur Telefonansage oder anderer Ansageeinrichtungen eines anderen Landes hergestellt, so können Gebührenrechnungen in größerer Höhe nicht ausgeschlossen werden. Stellt ein Teilnehmer über das direkte Ansprechen Verbindungen von angesprochenen Teilnehmern mit Externteilnehmern her, mit denen er selbst sprechen möchte, so kann er unter Umständen sogar auf Kosten Dritter telefonieren. Dies ist möglich, wenn er sich Zugang zu einem aufschalteberechtigten Endgerät verschafft und sich auf die Verbindung B-C aufschaltet. Er kann dann mit gewissem Entdeckungsrisiko auf Kosten eines anderen Teilnehmers telefonieren (Transparenz (K1), Entscheidungsfreiheit (K2)).

(3) Technische Vorgaben und Gestaltungsmöglichkeiten

Die folgenden Vorschläge zielen darauf, die Risiken des Direkten Ansprechens dadurch zu entschärfen, daß es von der normalen Telefonkommunikation weitgehend entkoppelt wird. Das Merkmal entspricht dann einer erweiterten Form des Durchsagerufes.

Einrichtung

In Anbetracht der Risiken des Merkmals sind rollenspezifische Berechtigungen sowohl für die direktansprechenden als auch für vom Ansprechen betroffenen Nebenstellen vorzusehen (Berechtigungen, Z1). Ferner muß die Nutzung auf fest definierte Teilnehmergruppen beschränkt werden können.

(T1) Erforderlich: Teamberechtigungen

Die Berechtigung zur Aktivierung ist auf Nebenstellen-Gruppen zu begrenzen. Direktansprechen ist von Teilnehmern dieser Gruppen nur bei anderen Teilnehmern innerhalb ihrer Gruppe möglich.

(T2) Optimal: Direktansprechen nur auf feste Ziele
Eine Alternative bestünde darin,daß Direktansprechen nur auf fest einprogrammierte Ziele zugelassen wird. Das Eintragen von Zielen erfolgt ausschließlich über die Betriebsführung, sie sollten am Endgerät nicht verändert werden können.

Voreinstellung
Jeder Teilnehmer, der vom Direktansprechen betroffen sein kann, muß einen Ansprechschutz voreinstellen können (Automatische Verbindungsannahme, Z1). Zwingend erforderlich ist dies, wenn das Ansprechen mit dem Einschalten des Mikrophons und damit mit dem Risiko des Abhörens verbunden ist.

(T3) Nicht rechtsgemäß: Kein Ansprechschutz
Es gibt Anlagen, bei denen kein Ansprechschutz vorgesehen ist. Dies hat zur Folge, daß jeder ansprechberechtigte Teilnehmer ohne Einschränkung die oben genannten Mißbräuche durchführen kann, ohne daß dies im einzelnen nachvollziehbar ist. In diesem Fall ist die Freigabe des Leistungsmerkmals rechtlich nicht tragbar.

(T4) Erforderlich: Ansprechschutz mit deutlicher Signalisierung
Um die Risiken zu vermindern, ist zumindest eine Ansprechschutztaste mit LED vorzusehen. Diese sollte aufleuchten, wenn die Möglichkeit des Direktansprechens zu diesem Endgerät zugelassen wird. Sie kann mit der Freisprechanzeige kombiniert werden. Zusätzlich wäre es von Vorteil, wenn der Teilnehmer am Endgerät eine Zeitspanne einstellen könnte, nach der automatisch eine Deaktivierung der Ansprechmöglichkeit erfolgt.

Aktivierung
Um ein unbemerkbares Abhören zu verhindern, sollte Direktes Ansprechen grundsätzlich so aktiviert werden, daß nur eine Durchsage möglich ist. Eine Kombination mit anderen Merkmalen (z.B: Rückfrage, Konferenz usw.) sollte nicht möglich sein. Das Mikrophon im Endgerät und der Aufbau einer normalen Gesprächsverbindung sollte nur durch den gerufenen Teilnehmer aktiviert werden können.

(T5) Erforderlich: Keine automatische Aktivierung des Mikrophons
Das Mikrophon im Endgerät sollte nur dann eingeschaltet und eine normale Gesprächsverbindung nur dann aufgebaut werden, wenn der angesprochene Teilnehmer Freisprechen aktiviert oder den Hörer aufnimmt.

(T6) Optimal: Ansprechen nur solange Taste gehalten wird
Eine Möglichkeit, die Abhörrisiken zu vermindern, bestünde ferner darin, eine Ansprechverbindung nur solange aufrecht zu erhalten, wie der ansprechende Teilnehmer eine Taste drückt. Diese Möglichkeit ist in vielen konventionellen Gegensprechanlagen vorgesehen.

Es bestehen auch Befürchtungen, daß ein durch das Vermittlungssystem im Endgerät gesteuertes Mikrophon durch weitere Leistungsmerkmale oder besondere Programme zum Abhören mißbraucht werden kann.[12] Dies kann technisch dadurch unterbunden werden, daß der Endgeräteschalter für die Freigabe des Mikrophons beziehungsweise den Ansprechschutz durch die Endgeräte-Hardware oder -Firmware gegenüber der Systemsteuerung vorrangig wirkt.

Ausführung

> ***(T7) Wünschenswert: Zwangsidentifizierung***
> Das Risiko von Störungen oder Mißbräuchen durch Direktes Ansprechen ist größer, wenn das Entdeckungsrisiko für Angreifer bzw. Störer gering ist. Von Vorteil wäre es daher, wenn beim Direktansprechen eine für den Rufer transparente zwangsweise Identifizierung erfolgen würde. Zwar stellt die Zwangsidentifizierung einen Eingriff in das informationelle Selbstbestimmungsrecht des Rufers dar. In Anbetracht des Risikos für den Angesprochenen sollte jedoch wegen der Mißbrauchsrisiken des Merkmals in diesem Falle zu Gunsten des angesprochenen Teilnehmers entschieden werden. Die Situation entspräche der Voreinstellung durch den Gerufenen, nur identifizierende Anrufe entgegenzunehmen. Dies ist auch deshalb vertretbar, weil weiterhin normale Gespräche ohne Direktes Ansprechen geführt werden können.

4.1.7 Leitungstasten

(1) Funktionsweise

Leitungstasten (Direktruftasten) sind besondere Namenstasten, die mit einer Anzeige gekoppelt sind. Wie mit Namenstasten kann der Teilnehmer, dessen Nummer zur Taste eingetragen ist, durch einmaliges Drücken der Taste angewählt werden. Durch die Anzeigefunktion (Display oder LED-Anzeige) kann der rufende Teilnehmer darüber hinaus erkennen, ob der Zielteilnehmer telefoniert. An einigen Anlagen kann an der Anzeige ferner erkannt werden, ob der Zielteilnehmer ein Amts- oder ein Interngespräch führt.

Als zusätzliche Funktionen können die vereinfachte Rufübernahme und Anklopfen mit der Taste verbunden sein. So kann durch Drücken der Taste ein Ruf übernommen werden, der an der anderen Nebenstelle anliegt. Außerdem kann durch einmaliges Drücken der Taste manuelles Anklopfen aktiviert werden, wenn der Zielteilnehmer besetzt ist.[13]

---

[12] Vgl. z.B. Betriebsrat der GMD in Birlinghoven 1988, 11.

[13] Diese zusätzlichen Funktionen werden hier nicht untersucht. Zu den Anforderungen an Rufübernahme siehe Heranholen 4.1.10, Aufschalten 4.1.15, Anklopfen 4.1.13.

(2) Chancen und Risiken

+ Vermeiden von vergeblichen Anrufversuchen und Störungen
Direktruftasten sind vor allem für integrierte Vorzimmeranlagen oder andere Teamanlagen vorgesehen. Die Mitarbeiter des Teams können an der Anzeige erkennen, ob ihre Teampartner, Chefs oder Sekretäre gerade telefonieren. Sie können dann sehen, ob ein Anrufversuch zwecklos ist oder ein Betreten des Zimmers stören könnte (Werkzeugeignung (K5); Arbeitserleichterung (K6)).

– Kontrolle der Anwesenheit
Weil Leitungstasten während der Dauer eines Gespräches leuchten, ermöglichen sie die Kontrolle der Gesprächsdauer und Anwesenheit am Arbeitsplatz. Das Kontrollrisiko besteht insbesondere dort, wo die Arbeitsplätze räumlich nicht eng zusammenhängen. In einigen Anlagen werden externe, interne und Rufe innerhalb des Teams unterschiedlich signalisiert. Sind Direktruftasten für alle Teammitglieder eingerichtet, so kann in einigen Situationen an der gleichzeitigen Signalisierung mehrerer Besetztanzeigen auch erkannt werden, wer mit wem innerhalb des Teams telefoniert.

(3) Technische Gestaltungsmöglichkeiten

Der Einsatz des Merkmals ist nur dann vertretbar, wenn die damit verbundenen Risiken unbemerkter Kontrolle vernachlässigt werden können, weil diese Kontrollmöglichkeiten bereits andersweitig, etwa durch Sichtkontakt, gegeben sind. In der Regel wird dies in räumlich zusammenhängenden Bürogemeinschaften der Fall sein. Das Merkmal muß so eingerichtet werden können, daß seine Nutzung nur innerhalb dieser Teilnehmergruppen möglich ist (Berechtigungen, Z1).

> ***(T1) Nicht rechtsgemäß: Freie Programmierung der Direktruftasten***
> Sofern die Direktruftasten auf beliebige Ziele eingestellt werden können, kann das Merkmal leicht mißbraucht werden. In einzelnen ISDN-Anlagen, in denen dies möglich ist, darf das Leistungsmerkmal nicht bzw. nur eingeschränkt freigegeben werden.
>
> ***(T2) Erforderlich: Direktruf nur im Team***
> Leitungstasten dürfen nur innerhalb von Teamkonfigurationen eingerichtet werden. Ihre Ziele müssen auf Teilnehmer dieser Gruppe beschränkt sein. Die Ziele der Leitungstasten dürfen nicht durch den Teilnehmer auf andere Ziele eingestellt werden können, weil sonst die Gefahr besteht, daß andere Teilnehmer überwacht werden.[14]

---

[14] Überwachen läßt sich dann, ob, wann und wie lange ein anderer Teilnehmer telefoniert.

4.1.8 Anrufumleitung

(1) Funktionsweise

Mit dem Leistungsmerkmal Anrufumleitung kann ein Teilnehmer B seinen Apparat so voreinstellen, daß ankommende Rufe an eine andere Nebenstelle C umgeleitet werden. Nach der Voreinstellung werden **alle** kommenden Anrufe von Rufern A zur eingegebenen Nebenstelle C umgelenkt, bis B die Umleitung wieder zurücknimmt. Anrufweiterleitung ist eine besondere Form der Anrufumleitung, bei der die Umleitung erst dann erfolgt, wenn der gerufene Teilnehmer B das Gespräch nicht innerhalb eines bestimmten Zeitraums entgegennimmt.

(2) Chancen und Risiken

+ Erhöhte Mobilität und Erreichbarkeit für den Gerufenen

Anrufumleitung und Anrufweiterleitung erhöhen die Mobilität und die Erreichbarkeit der Teilnehmer. Während vorübergehender oder längerer Abwesenheit kann sichergestellt werden, daß Anrufer einen Vertreter des Teilnehmers erreichen und z.B. eine Nachricht hinterlassen können (Arbeitserleichterung (K6)).

+ Weniger Frustration beim Rufer

Für den Rufer entfallen frustrierende Anrufversuche. Vielmehr erreicht er den Gerufenen an einer anderen Nebenstelle oder kann dort Nachrichten hinterlassen bzw. Auskünfte erhalten (Arbeitserleichterung (K6)).

– Ungeregelte Belastung des C-Teilnehmers

Von Umleitungen können die Teilnehmer nachteilig betroffen sein, zu denen umgeleitet wird. So kommt es in der Praxis häufig vor, daß Umleitungen ohne Zustimmung und Kenntnis des C-Teilnehmers umgeleitet werden. Aus der Praxis sind Fälle bekannt, in denen gleich Dutzende von Teilnehmern ihre Rufe zur Abfragestelle, zum Pförtner oder zu anderen Teilnehmern umgeleitet haben. Diese können sich dann nicht selbst von den bestehenden Umleitungen befreien (Transparenz (K1), Entscheidungsfreiheit (K2) Werkzeugeignung (K5)).

– Fehlverbindungen für den Rufer

Von der Umleitung kann auch der Rufer nachteilig betroffen sein. Möglicherweise möchte er den B-Teilnehmer ausschließlich persönlich sprechen und will gerade nicht, daß er zu Dritten umgelenkt wird oder sie von seinem Gesprächswunsch Kenntnis erlangen. In diesem Fall wird er nicht damit einverstanden sein, daß seine Rufnummer an den C-Teilnehmer übermittelt wird und daß dieser mit ihm spricht (Entscheidungsfreiheit (K2), Werkzeugeignung (K5)).

– Durchbrechen von Abschottungsgrenzen

In bestimmten Organisationen kann sich das Risiko ergeben, daß bestehende Regelungen zur Arbeitsaufteilung und innerorganisatorische Abschottungen umgangen werden, wenn Rufe umgeleitet werden können. So wäre es beispielsweise in der kommunalen Verwaltung rechtlich unzulässig, Gespräche von der Schuldnerberatung zur Meldestelle umzuleiten. Denn dadurch könnten Sachbearbeiter möglicherweise zu Lasten des Rufers von seinen persönlichen Angelegenheiten Kenntnis nehmen, die sie nichts angehen dürfen (Zweckbindung (K4)).

(3) Technische Gestaltungsmöglichkeiten

Einrichtung

Es ist sicherzustellen, daß innerbehördliche oder innerbetriebliche Abschottungsgrenzen eingehalten werden. Hierfür ist eine differenzierte Berechtigungsvergabe notwendig (Berechtigungen, Z1 und Z2).

> ***(T1) Wünschenswert: Differenzierte Berechtigungsvergabe***
> Es muß möglich sein, Umleitungen auf bestimmte Teilnehmer zu verhindern und bestimmten Teilnehmern das Merkmal zu sperren. Darüberhinaus ist es sinnvoll, Umleitungen auf Gruppen zu begrenzen. Es sollte also eine rollenspezifische Berechtigungsvergabe durch die Betriebsführung für die folgenden Fälle möglich sein:
> - Teilnehmer darf zu Teilnehmern (anderer Gruppen) umleiten (Begrenzung der Umleitungsquellen),
> - Teilnehmer darf Ziel von Umleitungen anderer Teilnehmer(gruppen) sein (Begrenzung der Umleitungsziele),
>
> Eine weitere hilfreiche Gestaltungsalternative bieten Umleitungstasten, deren Ziele nur durch die Betriebsführung festgelegt werden können (**feste Umleitung**).

Als Erweiterung der Verkehrberechtigungen, könnte auch festgelegt werden, ob Teilnehmer als Rufer zu anderen Teilnehmern umgeleitet werden dürfen.

Voreinstellung

Der C-Teilnehmer sollte selbst darüber entscheiden können, ob er umgelenkte Anrufe annehmen möchte (Entscheidungsfreiheit (K2)). Der Abstimmungsprozeß der beiden betroffenen Nebenstellen-Inhaber (B und C) muß technisch unterstützt werden (Besondere Verbindungsvollendung, Z1). Dabei sind auch die Rechte Dritter zu berücksichtigen, für die C Umleitungsziel oder B Umleitungsquelle ist.

> ***(T2) Erforderlich: Handshake zur Voreinstellung***
> Um die Zielvorgabe Z1 für besondere Verbindungsvollendung zu erreichen, darf die Voreinstellung der Anrufumleitung und -weiterleitung nur mit dem Einverständnis der beiden betroffenen Teilnehmer erfolgen. Dies kann erreicht werden, wenn eine kommunikative Abstimmung zwischen B und C während der Voreinstellung der Umleitung erfolgen muß. Dazu könnte während der Voreinstellung automatisch eine Verbindung zur geschalteten Nebenstelle aufgebaut werden. Der dortige Nebenstellen-Inha-

ber muß die Voreinstellung dann, zum Beispiel per Tastendruck, bestätigen.

(T3) Wünschenswert: Keine Verkettung besonderer Verbindungsvollendungen
Es sollte nicht möglich sein, eine Umleitung voreinzustellen, wenn C selbst eine Umleitung eingestellt hat. Sofern B bereits Ziel einer Umleitung ist, wird diese bei der Voreinstellung von B zu C implizit abgeschüttelt[15].

Für den Teilnehmer muß transparant sein (K1), welche Umleitungen auf seinen Apparat bestehen und ob sein Anschluß möglicherweise zu Dritten umgeleitet wird (Besondere Verbindungsvollendung, Z2).

(T4) Wünschenswert: Statusanzeige für Quelle und Ziel
Der Teilnehmer kann den Status seiner Nebenstelle abfragen:
- von welchen Apparaten eine Umleitung auf seinen Apparat voreingestellt ist,
- ob und wohin eine Umleitung von seinem Apparat aus voreingestellt ist.

Die Werkzeugeignung (K5) wird gefördert, wenn C Voreinstellungen von Umleitungen zu seiner Nebenstelle jederzeit selbst zurücksetzten kann. Dem steht jedoch als Nachteil gegenüber, daß B über die Rücknahme der Umleitung in der Regel nicht mehr zu informieren sein wird. Dem hier bestehenden Interessenkonflikt kann in vielen Fällen dadurch begegnet werden, daß die Abbruchmöglichkeit nicht durch den Teilnehmer selbst, sondern durch die Vermittlung oder die Betriebsführung besteht. Da es eine allgemeine Lösung dieses Problems nicht gibt, sollten zur Verbesserung der Anpassungsfähigkeit (K7) beide Optionen vorgesehen sein.

(T5) Wünschenswert: Abschüttelungsmöglichkeit
Jeder Teilnehmer C kann Umleitungen abschütteln.

Sofern der Teilnehmer nicht selbst abschütteln kann, muß die Betriebsführung oder die Vermittlung eine Umleitungsschaltung unterbrechen können. Besonders anpassungsfähig (K7) ist die Anlage, wenn Abschütteln als Berechtigung vergeben werden kann.

Aktivierung

Rufender und gerufener Teilnehmer (Rufer und Erreichter) müssen während des Verbindungsaufbaus darüber Kenntnis erhalten, daß es sich um ein umgelenktes Gespräch handelt. Für beide Betroffene muß zumindest vor der Identifizierung und der Gesprächsannahme ausreichend Gelegenheit zum Abbruch des Verbindungsaufbaus bestehen (Besondere Verbindungsvollendung, Z3).

---

15 Vgl. unten.

(T6) Erforderlich: Signalisierung der bevorstehenden Umleitung bei A mit Abbruchmöglichkeit
Der rufende Teilnehmer kann die Ausführung einer Anrufumleitung an seinem Endgerät erkennen und hat ausreichend Gelegenheit die Verbindung abzubrechen, bevor das Gespräch entgegengenommen werden kann und eine Rufnummernanzeige erfolgt.

(T7) Erforderlich: Anzeige der Umleitung bei C
Der erreichte Teilnehmer erkennt an seinem Endgerät, daß ein umgeleiteter Ruf vorliegt (erforderlich) und von welcher Nebenstelle umgeleitet wird (wünschenswert).

(T8) Nicht rechtsgemäß: Keine Information über bevorstehende Umleitung
Leider gibt es Telefon- und ISDN-Anlagen, die keine Signalisierung vorsehen, wenn eine Anrufumleitung aktiviert wird. Diese Lösung widerspricht der kommunikativen Selbstbestimmung des Rufers. Der A-Teilnehmer muß über die bevorstehende Umleitung rechtzeitig informiert werden.

Der erreichte Teilnehmer hat bei der für die Voreinstellung vorgeschlagenen Form des Handshakes eingewilligt, daß zu ihm umgeleitet wird. Damit kann toleriert werden, daß die Rufnummer des C-Teilnehmers bei A angezeigt wird. Es kann jedoch Fälle geben, in denen zur Vermeidung von Bewegungsprofilen eine Bekanntgabe des möglichen Aufenthaltsortes von B nicht erfolgen soll.[16] Daher ist als eine flexiblere Form der Identifizierung ein Handshakeverfahren wünschenswert:

(T9) Wünschenswert: Identifizierung per Handshake
Die Freigabe der Rufnummer erfolgt auf beiden Seiten im Handshake-Verfahren. Während der Ausführung der Umleitung führt die Anforderung der Identifikation durch einen der Beteiligten dazu, daß durch den jeweils anderen erst die Übermittlung der Rufnummer freigegeben werden muß, bevor die Verbindung zustandekommt.

Wird den vorgenannten Forderungen entsprochen, können Umleitungen auch voreingestellt werden, ohne daß Rufer das Umleitungsziel erkennen können (z.B. vertraulicher Aufenthaltsort).

Ein Zugriff der Betriebsführung auf die Ziele der Rufumleitung ist nicht nur nicht erforderlich, sondern ebenfalls dem gelegentlichen Wunsch nach Vertraulichkeit des Aufenthaltsortes abträglich. Die Möglichkeit zum Erstellen von Bewegungs- und Anwesenheitsprofilen soll ausgeschlossen werden (Zweckbindung (K4)).

---

16 Z.B. Betriebsrat, Beratungsstellen

(T10) Erforderlich: Kein lesender Zugriff der Vermittlung oder Betriebsführung auf eingestellte Umleitungsziele
Die Betriebsführung hat keinen lesenden Zugriff auf die Umleitungsziele. Wenn Teilnehmer vor längerer Abwesenheit vergessen haben, eine Umleitung zurückzunehmen, kann sie diese unterbrechen oder ein neues Ziel eintragen.

4.1.9 Nachziehen

(1) Funktionsweise
Das Leistungsmerkmal Nachziehen (auch Zimmermädchenverfolgung) unterscheidet sich von der Umleitung durch einen anderen Modus der Voreinstellung. Die Umlenkung wird bei Nachziehen vom Teilnehmer B nicht an seiner Nebenstelle, sondern an der Nebenstelle des C-Teilnehmers voreingestellt. Einige Anlagen sehen darüber hinaus vor, daß B zuvor seine Nebenstelle für Nachziehen freigibt. Nach der Voreinstellung werden alle für B bestimmten Rufe an C umgelenkt. Das Nachziehen ist auch in Folge möglich, d.h. zu einem Anschluß D, danach E usw..

(2) Chancen und Risiken

+ Erhöhte Mobilität für den B-Teilnehmer
Das Merkmal bietet Teilnehmern, die sich oft an unterschiedlichen Orten aufhalten, eine Reihe von Vorteilen. Durch das Nachziehen kann B Umlenkungen auch dann voreinstellen, wenn er bei Verlassen des Arbeitsplatzes noch nicht weiß, wohin er sich begibt und unter welcher Rufnummer er zu erreichen sein wird. Von Vorteil ist das Merkmal aber auch für Rufer. Diese können Teilnehmer, die häufig innerhalb der Organisation unterwegs sind, leichter erreichen (Arbeitserleichterung (K6)). Das Merkmal ist daher eine funktionale Alternative zu Personensuchanlagen.

+ Kein Umleiten auf Verdacht
Gegenüber dem Merkmal Anrufumleitung hat Nachziehen auch für den Inhaber des erreichten Apparates C Vorteile. Die Umlenkung durch Nachziehen wird nämlich erst aktiv, wenn der Gerufene bereits an der Nebenstelle des Erreichten anwesend ist. So werden Anrufe bei zeitlich unbestimmter Ankunft nicht überflüssigerweise umgeleitet. Unnötige Störungen von C und Unsicherheit bei den Anrufern werden dadurch vermieden (Werkzeugeignung (K5)). Außerdem findet eine kommunikative Abstimmung zwischen B und C in direkter Kommunikation statt (Transparenz (K1), Entscheidungsfreiheit (K2)).

– Durchbrechen von Abschottungsgrenzen
Wie durch die Leistungsmerkmale Anrufumleitung und Anrufweiterleitung kann sich das Risiko ergeben, daß bestehende Regelungen zur Arbeitsaufteilung und

innerorganisatorischen Abschottung der Vorgangsbearbeitung umgangen werden, wenn Rufe an beliebige Nebenstellen nachgezogen werden (Zweckbindung (K4)).

– Fehlverbindung für rufenden Teilnehmer
Durch die Rufnummeranzeige greift das Merkmal in das informationelle Selbstbestimmungsrecht des rufenden A-Teilnehmers ein, weil C von der Tatsache des Anrufes von A bei B in Kenntnis gesetzt wird. Außerdem muß der A-Teilnehmer möglichwerweise gegen seinen Willen ein Gespräch mit dem C-Teilnehmer führen, falls dieser und nicht B das Gespräch annimmt (Entscheidungsfreiheit (K2)).

– Bekanntgabe des Aufenthaltsortes
Sofern angezeigt wird, wohin der Anruf umgelenkt wird, erfährt der Rufer, wo sich der gerufene mobile Teilnehmer gerade befindet. Nicht immer wird der gerufene B-Teilnehmer damit einverstanden sein, daß Rufer seinen Aufenthaltsort erfahren. Ebenso kann es Fälle geben, in denen der C-Teilnehmer nicht möchte, daß rufende A-Teilnehmer wissen, daß der B-Teilnehmer sich bei ihm aufhält (Entscheidungsfreiheit (K2)).

– Bewegungsprofile über die Betriebsführung
Sehr problematisch ist es gerade beim Merkmal Nachziehen, wenn die Betriebsführung das Ziel des Nachziehens abfragen kann. Durch mehrfache oder gar automatisisierte Abfragen kann ein Bewegungsprofil erstellt werden (Zweckbindung (K4)).

(3) Technische Gestaltungsmöglichkeiten

Einrichtung
Durch die Technikgestaltung sollen das Durchbrechen von Abschottungsgrenzen verhindert (Berechtigungen, Z2) und die Mißbrauchsmöglichkeiten des Leistungsmerkmals reduziert werden (Zugriffsschutz am Endgerät, Z1). Dies kann erreicht werden, wenn die Möglichkeit geschaffen wird, Gruppen von Teilnehmern festzulegen, zu denen Teilnehmer nachziehen dürfen.

> *(T1) Wünschenswert: Gruppenbildung für Nachziehen*
> Es sollte eine Berechtigungsvergabe durch die Betriebsführung erfolgen für
> - Teilnehmer darf die Apparate von Teilnehmern (einer Gruppe) für Nachziehen nutzen

Im übrigen gelten die Vorschläge für das Leistungsmerkmal Umleitung entsprechend.

Voreinstellung
Anders als beim Leistungmerkmal Umleitung wird die Umlenkung an der Nebenstelle von C eingestellt. Da B dazu den Apparat von C bedienen muß, ist davon auszugehen, daß C die Möglichkeit hat, dies zu unterbinden. Technische Gestaltungsmaßnahmen sind hierfür nicht erforderlich. Allerdings muß durch

Gestaltungsmaßnahmen verhindert werden, daß ein Teilnehmer C die Umlenkung ohne Zustimmung von B mißbräuchlich einstellt (Besondere Verbindungsvollendung, Z1). Dies kann durch folgende Gestaltungsmaßnahmen erreicht werden:

(T2) Erforderlich: Freigabe zum Nachziehen
Der Inhaber der gerufenen Nebenstelle muß sein Endgerät für das Nachziehen freigeben.

(T3) Wünschenswert: Optional Voreinstellung auf Ziel
Er sollte bei der Voreinstellung an seinem Apparat bereits die Möglichkeit haben, die Zielnebenstelle festzulegen.

(T4) Wünschenswert: Voreinstellung bei C mit einer PIN
Die Voreinstellung am Fremdapparat kann zusätzlich mit einer persönlichen Identifikationsnummer abgesichert werden.

Aktivierung
Probleme ergeben sich auch aus der gegenseitigen Identifizierung. Auch wenn A ausschließlich B sprechen will, kann C ihn identifizieren und das Gespräch annehmen. Damit wird das informationelle und kommunikative Selbstbestimmungsrecht von A beeinträchtigt. Umgekehrt liegt es bei vertraulichen Kontakten nicht im Interesse von C, wenn A erfährt, daß sich B bei ihm befindet. Für B besteht sogar die Gefahr, daß andere durch wiederholte Anrufe versuchen, ein Bewegungsprofil von ihm zu erstellen. Möglicherweise widersprechen sich sogar die Interessen von B und C, wenn ersterer seinen Aufenthaltsort preisgeben möchte, letzterer aber nicht oder umgekehrt. Auf der anderen Seite kann sich der Rufer auch nach einem Handshake-Verfahren nicht sicher sein, wer den Hörer abnimmt.

Um den Interessen aller Beteiligten optimal zu entsprechen, sollte der Rufer von der Tatsache des Nachziehens informiert werden und ausreichend Gelegenheit zum Abbruch der Verbindung erhalten. Die Interessen von B und C ließen sich letztlich nur dadurch berücksichtigen, daß sie beide am selben Gerät in den Identifizierungsvorgang eingreifen würden. Dies technisch zu unterstützen ist jedoch praktisch unmöglich. Daher sollte beim Nachziehen die Anzeige der Rufnummer des Erreichten (C) und des Rufers, unter Abweichung vom für das Identifizieren vorgesehenen Handshake-Verfahren, grundsätzlich unterbunden werden und auch durch Tastendruck nicht möglich sein.

(T5) Erforderlich: Signalisierung des Nachziehens für A
Dem Rufer wird nur die Tatsache des Nachziehens signalisiert, nicht jedoch die Rufnummer der Zielnebenstelle.

(T6) Erforderlich: Anzeige des gewünschten Teilnehmers bei C
An der Zielnebenstelle wird nur signalisiert, für wen der Ruf bestimmt ist, nicht jedoch wer anruft. Die Anzeige der Rufnummer kann während des Gesprächs aktiviert werden.

4.1.10 Heranholen

(1) Funktionsweise

Mit Heranholen (auch Rufübernahme) können Teilnehmer Anrufe entgegennehmen, die für andere Teilnehmer innerhalb einer Gruppe bestimmt sind. Das Heranholen ist im allgemeinen durch Betätigen einer Anrufübernahmetaste möglich. Die Gruppen, innerhalb derer ein Heranholen möglich ist, müssen durch die Betriebsführung eingerichtet werden.

Eine besondere Anwendungsform von Anrufübernahmegruppen sind Sitzeckenfernsprecher. In diesem Fall werden zwei von **einem** Teilnehmer genutzte Apparate in eine Rufübernahmegruppe eingetragen.

(2) Chancen und Risiken

+ Erleichterte gegenseitige Vertretung

Das Heranholen vereinfacht in Bürogemeinschaften die gegenseitige Vertretung der Beschäftigten. Wenn ein Mitarbeiter vorübergehend nicht an seinem Arbeitsplatz ist, können andere innerhalb der Gruppe die für ihn bestimmten Gespräche entgegennehmen, ohne zu dem Apparat selbst eilen zu müssen. Sinnvoll kann ein solches Merkmal auch in einer Werkstatt oder einem Labor sein, in dem mehrere Telefonapparate installiert sind. Der Chemiker kann, während er weiter den brisanten Versuch kontrolliert, das Gespräch am nächstgelegenen Telefon annehmen (Arbeitserleichterung (K6)).

+ Vermeiden ermüdender Anrufe/Bürgerfreundlichkeit

Mit dem Leistungsmerkmal können für Anrufer ermüdende und frustrierende vergebliche Anrufversuche vermieden werden. Sie haben die Chance, ein anderes Mitglied der Gruppe zu erreichen, das gewünschte Auskünfte erteilen kann (Arbeitserleichterung (K6)).

– Identitätsausforschung

Die Anzeige der Rufernummer in der Rufübernahmegruppe gefährdet die Vertraulichkeit der Kommunikationsbeziehung. Das Mitglied C, das einen Ruf heranholt, kann sowohl durch die Anzeige der Rufnummer als auch an der Stimme erkennen, wer B anruft. Bei vertraulichen oder privaten Gesprächen kann sich dies sehr nachteilig auswirken. Eklatant wird die informationelle Selbstbestimmung des Rufers und des Gerufenen beeinträchtigt, wenn innerhalb der Rufübernahmegruppe an allen Endgeräten jeweils Rufer und Gerufener angezeigt werden (Entscheidungsfreiheit (K2), Erforderlichkeit (K3), Zweckbindung (K4)).

– Dem Gerufenen können Rufe 'weggeschnappt' werden

Probleme können sich gelegentlich dadurch ergeben, daß Gespräche auch gegen den Willen des Betroffenen von seinem Apparat 'weggeschnappt' werden. Dieses Risiko besteht insbesondere dann, wenn die Teilnehmer keinen

Sichtkontakt untereinander haben (Entscheidungsfreiheit (K2), Werkzeugeignung (K5)).

– Der Rufer wird falsch verbunden
Anrufende müssen damit rechnen, daß ihr Anruf von einem anderen als dem angewählten Teilnehmer entgegengenommen wird (Transparenz (K1), Entscheidungsfreiheit (K2)).

(c) Technische Gestaltungsmöglichkeiten

Der Rufer sollte nicht gegen seinen Willen mit anderen Teilnehmern verbunden werden. Außerdem darf er nicht gezwungen werden, die Tatsache seines Anrufes anderen Teilnehmern preiszugeben (Besondere Verbindungsvollendung, Z3). Darüber hinaus sollte der Gerufene verhindern können, daß andere ihm Rufe wegschnappen (Entscheidungsfreiheit (K2)). Deshalb sollte jeder Nebenstellen-Inhaber selbst darüber entscheiden können, ob er eine Rufübernahme innerhalb der Gruppe zuläßt.

(T1) Erforderlich: B-Teilnehmer kann Heranholen verhindern
Der Nebenstellen-Inhaber kann seinen Apparat jederzeit so voreinstellen, daß andere Apparate Anrufe für ihn nicht heranholen können.

(T2) Nicht rechtsgemäß: Identifizierung jedes Rufers gegenüber der Gruppe:
An allen Apparaten der Rufübernahmegruppe mit Ausnahme des Gerufenen wird vor der Übernahme höchstens die Rufnummer des Gerufenen, nicht aber die des Rufers angezeigt, auch wenn dieser sich identifiziert.

(T3) Erforderlich: Signalisierung des bevorstehenden Heranholens bei A mit Abbruchmöglichkeit
Der A-Teilnehmer kann erkennen, daß ein Ruf von C herangeholt wird. Er hat ausreichend Gelegenheit die Verbindung abzubrechen, bevor eine Rufnummernanzeige erfolgt und das Gespräch entgegengenommen werden kann. C darf - anders als bei der Umleitung - auch automatisch gegenüber A identifiziert werden, wenn er den Ruf heranholt. Die schutzwürdigen Belange des A- und des B-Teilnehmer überwiegen in diesem Fall. Mit dem Aktivieren des Merkmals ist davon auszugehen, daß C implizit in die Übermittlung seiner Rufnummer einwilligt.

(T4) Nicht rechtsgemäß: Keine Information über bevorstehendes Heranholen
Leider gibt es ISDN-Anlagen, die für die Aktivierung des Heranholens keine Signalisierung vorgesehen haben. Diese Lösung widerspricht der kommunikativen Selbstbestimmung des Rufers. Der Anrufer muß über die Umlenkung rechtzeitig informiert werden.

4.1.11 Variable Konferenz

(1) Funktionsweise

Mit dem Merkmal Variable Konferenz können Teilnehmer zu einer bestehenden Verbindung weitere Teilnehmer hinzuschalten. Auch ein Amtsteilnehmer kann in eine Konferenz einbezogen werden. Um eine Konferenz herstellen zu können, muß der A-Teilnehmer zunächst den gewünschten Konferenzteilnehmer in Halteposition bringen. Dazu kann er das Leistungsmerkmal Rückfrage aktivieren und den gewünschten Konferenzteilnehmer C anrufen. Erst wenn er mit einem Teilnehmer C verbunden ist und gleichzeitig einen Teilnehmer A in Halteposition hat, kann er die Konferenz, z.B. durch Drücken einer Konferenztaste, aktivieren. Auf dieselbe Weise können auch weitere Teilnehmer zugeschaltet werden (nicht bei Dreier-Konferenzen).

(2) Chancen und Risiken

+ Verbesserte Koordinationsmöglichkeiten

Das Leistungsmerkmal ermöglicht es mehreren Teilnehmern, die räumlich voneinander getrennt sind, miteinander zu sprechen. Dadurch werden vor allem kurze Absprachen und Besprechungen vereinfacht, die sonst nur durch mehrmaliges "Hin- und Her-Telefonieren" zwischen den Beteiligten möglich wären (Arbeitserleichterung (K6)).

– Unbemerkte Zeugenzuschaltung bei Amtsgesprächen

Werden Teilnehmer in eine Konferenz einbezogen, ohne daß sie dies erkennen können, so kann das Merkmal zur unbemerkten Zuschaltung von Zeugen mißbraucht werden. Dieses Risiko besteht insbesondere dann, wenn ein Amtsteilnehmer in eine Konferenz einbezogen wird. Der Aufbau der Konferenz kann nämlich erfolgen, ohne daß dieser einen Konferenzton erhält. Dies wird möglich, wenn aus einer bestehenden Internverbindung einer der beiden Teilnehmer in Rückfrage geht, den externen Teilnehmer anwählt und vor der Annahme des Gespräches die Konferenz aktiviert (Konferenz mit wartender Verbindung). In diesem Fall ertönt der Konferenzton, bevor der Externteilnehmer den Hörer aufgenommen hat (Transparenz (K1), Entscheidungsfreiheit (K2), Zweckbindung (K4)).[17]

– Unbemerktes Mithören bei Konferenzen

Zeugen können auch in bestehende Konferenzen unbemerkt zugeschaltet werden. Normalerweise klinkt sich ein Konferenzteilnehmer aus einer Konferenz aus, indem er sich verabschiedet und dann seinen Hörer auflegt. Jedoch ist für die Kon-

---

[17] Diese Möglichkeit besteht nach unseren Erkenntnissen bei allen Telefonanlagen, zumindest wenn der Amtsteilnehmer über eine analoge Ortsvermittlungsstelle angewählt wird. Ursache ist wahrscheinlich, daß die ISDN-Anlage die sprechkreisgebundene (hörbare) Zeichengabe nicht auswertet und daher nicht unterscheidet, ob der Amtsteilnehmer frei ist oder ob die Verbindung bereits besteht.

ferenzteilnehmer das Ausklinken aus einer Konferenz nicht vom Hinzuschalten eines Teilnehmers zu unterscheiden. In beiden Fällen ertönt derselbe Konferenzton. Hat der Teilnehmer, der angeblich die Konferenz verlassen will, einen weiteren Teilnehmer in Halteposition, so kann er durch Betätigen der Konferenztaste selbst in der Konferenz bleiben und gleichzeitig diesen weiteren Teilnehmer hinzuschalten. Sofern er sich ordentlich verabschiedet hat, meinen die anderen Konferenzteilnehmer hingegen, daß er sich aus einer bestehenden Konferenz herausgeschaltet hat (Transparenz (K1), Entscheidungsfreiheit (K2), Zweckbindung (K4)).

(3) Technische Gestaltungsvorschläge
Allen Konferenzteilnehmern muß die Konferenzsituation transparent sein (Gesprächsausweitung, Z1). Jeder sollte zumindest erkennen können, wieviele Teilnehmer die Konferenz hat und ob ein Teilnehmer ausgeschieden ist oder hinzugeschaltet wurde, um sich - zumindest per Nachfrage - ein Bild über die Zusammensetzung der Konferenzgruppe machen zu können.[18]

Aktivierung

(T1) Erforderlich: Verlassen und Hinzuschalten unterschiedlich signalisieren
Wenn ein Teilnehmer zur Konferenz hinzugeschaltet wird oder diese verläßt, wird dies allen Beteiligten signalisiert. Es werden dafür zwei verschiedene Signalisierungen (Töne) benutzt.

(T2) Wünschenswert: Statusanzeige
Die Anzahl der Konferenzteilnehmer kann während einer Konferenz abgerufen werden.

Bisher ist es nicht möglich, daß sich Teilnehmer gegenüber den anderen Teilnehmern einer Konferenz identifizieren oder eine Identifizierung verlangen können. Dies ist jedoch für die kommunikative Selbstbestimmung der Teilnehmer wünschenswert (Identifizieren, Z1 und Z2). Dies wäre mit einer Erweiterung des Handshakeverfahrens bei der Anzeige der Rufnummer des rufenden Teilnehmers[19] denkbar.

(T3) Wünschenswert: Handshake für die Identifizierung
Soll ein Teilnehmer zu einer Konferenz zugeschaltet werden, so hat jeder Konferenzteilnehmer die Möglichkeit, eine Identifizierung des hinzukommenden Teilnehmers zu verlangen. Eine Zuschaltung sollte erst dann erfolgen, wenn der Teilnehmer die Übermittlung seiner Rufnummer freigibt.

---

[18] Die Zulassungsbedingungen für TK-Anlagen der Telekom schreiben für Konferenzschaltungen merkwürdigerweise keine Signalisierung vor (im Gegensatz zu Aufschalten), vergl. Bundesminister für Post und Telekommunikation 1990 ZulB TkAnl, Anhang S. 10.

[19] Siehe hierzu Anzeige der Rufnummer des rufenden Teilnehmers 4.1.1.

Mit diesem Gestaltungsvorschlag werden die bisherigen Teilnehmer der Konferenz allerdings nicht automatisch auch gegenüber dem hinzukommenden Teilnehmer identifiziert. Schwieriger als für das Merkmal Anzeige der Rufnummer des Rufers ist es bei dieser Lösung auch, nachträglich eine Identifizierung anzufordern, weil auch noch angegeben werden müßte, wer sich identifizieren soll.

Eine einfachere Lösung besteht darin, es dem Teilnehmer, der einen weiteren hinzuschaltet, zu überlassen, ob er von ihm eine Identifizierung gegenüber den anderen Konferenzteilnehmern anfordert. In jedem Fall muß aber hinzuzuschaltenden Teilnehmern die Möglichkeit gegeben werden, auf die besondere Kommunikationssituation zu reagieren.

(T4) Wünschenswert: Identifikation aller Teilnehmer möglich
Die Identifikation aller Teilnehmer einer Konferenz kann, soweit sich diese identifiziert haben, jederzeit abgerufen werden.

4.1.12 Zuschaltung von Zeugen

Die Zeugenzuschaltung ist eine besondere Form der Konferenz.[20] Mit dem Leistungsmerkmal können Teilnehmer während eines Gespräches mit einem internen oder externen Gesprächspartner einen weiteren Teilnehmer zuschalten, ohne daß dies vom Gesprächspartner bemerkt werden kann. Der Zeuge kann mithören, jedoch nicht mitsprechen, d.h. sein Mikrophon im Hörer wird nicht angeschaltet.

Das Hinzuschalten weiterer Teilnehmer in ein Gespräch darf den Kriterien Entscheidungsfreiheit und Transparenz entsprechend nur im gegenseitigen Einvernehmen aller Beteiligten erfolgen. Unbemerkbares Mithören widerspricht jedoch dem Recht auf kommunikative Selbstbestimmung und unbefangene Kommunikation. Ein derartiges Merkmal ist daher **rechtlich nicht zulässig**.

4.1.13 Anklopfen

(1) Funktionsweise
Mit (manuellem) Anklopfen[21] wird während eines Gespräches von A mit einem Teilnehmer B ein weiterer Anruf eines Teilnehmers C am Endgerät von A signalisiert. An digitalen Endgeräten mit Display wird die Rufnummer des anklopfenden Teilnehmers angezeigt, sofern sich dieser identifiziert. Ferner kann ein Anklopfton ausgesendet werden. Der Rufer erhält den Freiton. A kann das laufende Gespräch unterbrechen oder beenden, um das zweite Gespräch anzunehmen. Die Aktivierung des manuellen Anklopfens geht von C aus. Dieser

---

[20] Vgl. hierzu Konferenz 4.1.11.

[21] Im Unterschied zu automatischem Anklopfen. Vgl. Leistungsmerkmal Frei für 2. Anruf Kapitel 4.1.14.

kann, wenn bei A besetzt ist, durch Drücken einer Anklopftaste oder Kennzahlwahl anklopfen.

(2) Chancen und Risiken

+ Bitte um Annahme eines dringenden Gesprächs
Der rufende Teilnehmer kann das manuelle Anklopfen dazu verwenden, dringende Gespräche anzuzeigen, die keinen Aufschub dulden. Der Teilnehmer, bei dem angeklopft wird, kann dann ein bestehendes Gespräch abbrechen oder unterbrechen, um eine kurze Rücksprache mit dem Anklopfenden zu halten (Werkzeugeignung (K5)).

– Unterbrechung laufender Gespräche
Das manuelle Anklopfen, zu dem häufig nur Vorgesetzte die Berechtigung haben, kann dazu führen, daß der Gerufene laufende Gespräche unterbrechen muß. Geschieht dies häufiger, kann sich eine Beeinträchtigung der Arbeitsautonomie ergeben (Arbeitserleichterung (K6)).

(3) Technische Gestaltungsmöglichkeiten

Aktivierung und Voreinstellung
Anklopfen soll dringende Gespräche ankündigen. Werden dringende Gespräche anonym, d.h. ohne Identifizierung des Rufers angekündigt, so hat der Gerufene selbst keine Möglichkeit, die Situation einzuschätzen. Er sollte deshalb die Möglichkeit haben, Anklopfen nur zuzulassen, wenn sich der Anklopfende identifiziert (Identifizierung, Z2). Außerdem sollte es möglich sein, eine Störung laufender Gespräche durch Anklopfen ganz zu unterbinden.

> ***(T1) Wünschenswert: Anklopfschutz***
> Der gerufene Teilnehmer sollte jederzeit (zeitweise) einen Schutz gegen Anklopfen einstellen können.
>
> ***(T2) Wünschenswert: Kein anonymes Anklopfen***
> Das kommunikative Selbstbestimmungsrecht des gerufenen Teilnehmers wird durch anonymes Anklopfen beeinträchtigt. Daher sollte beim Anklopfen die Identifizierung grundsätzlich automatisch erfolgen. Der damit verbundene Eingriff in das informationelle Selbstbestimmungsrecht des Rufers scheint gegenüber den Rechten des Gerufenen und der Tatsache, daß der Rufer auch nach wie vor anonym telefonieren kann, vertretbar. Die Aktivierung des Merkmals kann als implizite Einwillung in die Rufnummerübermittlung angesehen werden.

Einrichtung
Für jeden Teilnehmer sollte festgelegt werden können, bei welchen anderen Teilnehmern (Teilnehmergruppe) er anklopfen darf. Ein Maximum an Flexibilität (Anpassungsfähigkeit (K7)) wird erreicht, wenn auch festgelegt werden kann, gegen wen sich ein Teilnehmer vor dem Anklopfen schützen kann. Denn es ist in

einigen Fällen sinnvoll, wenn privilegierte Benutzer (Vermittlung, Notrufzentrale) den Anklopfschutz durchbrechen können.

(T3) Wünschenswert: Berechtigungsvergabe
Es sollten zwei rollenspezifische Berechtigungen vorgesehen werden:
- Teilnehmer kann bei Teilnehmern (einer Teilnehmergruppe) anklopfen
- Teilnehmer kann sich gegen das Anklopfen von Teilnehmern einer anderen Gruppe schützen.

4.1.14 Frei für zweiten Anruf

Neben dem manuellen Anklopfen des rufenden Teilnehmers[22] wird die Funktion Frei für zweiten Anruf (auch automatisches Anklopfen) angeboten. Mit Frei für zweiten Anruf kann ein Teilnehmer seinen eigenen Apparat so voreinstellen, daß alle kommende Rufe automatisch (d.h. ohne Aktivierung des Rufers) anklopfen, während er ein anders Gespräch führt.

Der Teilnehmer A, der auf ein wichtiges Ferngespräch von C wartet, muß seinen Apparat nicht längere Zeit "freihalten". Ferner kann er generell entscheiden, ob er laufende Telefongespräche abbrechen möchte, um andere Rufe entgegenzunehmen. Sofern der Teilnehmer, bei dem Zweitanrufe signalisiert werden, diese Signalisierung jederzeit unterbinden kann (gesperrt für zweiten Anruf), bestehen keine Bedenken gegen dieses Merkmal.[23] Etwas nachteilhaft ist, daß der Rufer nicht erkennen kann, daß der Gerufene ein Gespräch führt. Er wartet dann möglicherweise längere Zeit. Gestaltungsmaßnahmen zur Lösung dieses Problems implizieren jedoch immer Zielkonflikte zum Recht auf informationelle Selbstbestimmung des Angerufenen.

4.1.15 Aufschalten

(1) Funktionsweise
Mit dem Leistungsmerkmal Aufschalten können sich Vermittlungspersonen oder besonders berechtigte Teilnehmer in bestehende Verbindungen einschalten. Der Aufschaltende kann direkt mit den Teilnehmern der bestehenden Verbindung sprechen. Wie in einer Konferenz hören alle Beteiligten mit. Das Aufschalten wird in der Regel durch einen periodischen Aufschalteton signalisiert, bei Interngesprächen in einigen Anlagen aber auch nur durch eine Displayanzeige.

---

22 Vgl. hierzu manuelles Anklopfen 4.1.13.

23 Selbstverständlich dürfen die Rufernummern nur angezeigt werden, wenn identifizieren freigegeben wurde.

(2) Chancen und Risiken

+ Ankündigung wichtiger Ferngespräche
Mit dem Leistungsmerkmal Aufschalten kann die Vermittlung dringende Ferngespräche ankündigen. Insbesondere an Stellen, an denen internationale Ferngespräche angenommen werden, kann dies erforderlich sein, damit die Gesprächsgebühren für die Rufer nicht zu hoch werden (Werkzeugeignung (K5)).

– Störung von Gesprächen
Problematisch am Aufschalten ist, daß eine Störung einer bestehenden Kommunikationsbeziehung erfolgt. Das Gespräch wird unterbrochen und möglicherweise erhält der Gesprächspartner des Angesprochenen unerwünschterweise die Information, wer seinen Teilnehmer sprechen möchte (Entscheidungsfreiheit (K2), Werkzeugeignung (K5)).

– Mithörrisiko
Sind Teilnehmer nicht über die Bedeutung von Signalisierungen informiert, so können Gespräche von aufschalteberechtigten Teilnehmern mitgehört werden können. Dieses Risiko besteht insbesondere dann, wenn nur eine Displayanzeige vorgesehen ist (Transparenz (K1), Entscheidungsfreiheit (K2), Zweckbindung (K4)).[24]

(3) Technische Gestaltungsmöglichkeiten

Aktivierung und Voreinstellung
Um die Rechte auf kommunikative Selbstbestimmung aller an einem Telefongespräch beteiligten Teilnehmer zu wahren, muß die Gesprächsausweitung durch das Aufschalten deutlich signalisiert werden (Gesprächsausweitung, Z1).

> ***(T1) Wünschenswert: Aufschalteschutz***
> Teilnehmer sollten sich gegen das Aufschalten schützen können. Der Aufschalteschutz sollte jederzeit voreingestellt werden können. Die Vermittlung sollte dann jedoch in dringenden Fällen bei dem betreffenden Teilnehmer anklopfen können.
>
> ***(T2) Erforderlich: Akustische Signalisierung***
> Die Aktivierung einer Aufschaltung muß allen - auch externen - Gesprächsteilnehmern in regelmäßigen Abständen akustisch signalisiert werden. Die akustische Signalisierung ist erforderlich, weil die betroffenen Teilnehmer einen schwerwiegenden Eingriff in ihr Recht auf informationelle und kommunikative Selbstbestimmung sonst nur durch eine ständige Beobachtung des Displays oder an analogen Endgeräten gar nicht erkennen könnten (Transparenz (K1)). Wünschenswert ist, daß der Auf-

---

[24] Die Zulassungsbedingungen für TK-Anlagen fordern ausdrücklich einen "Ton als Aufmerksamkeitszeichen", Bundesminister für Post und Telekommunikation 1990 ZulB TkAnl, Anhang S. 7.

merksamkeitston in regelmäßigen Abständen im Hintergrund wiederholt wird.

Einrichtung
Für jeden Teilnehmer sollte festgelegt werden können, bei welchen anderen Teilnehmern er sich aufschalten darf. In einigen Fällen kann es jedoch sinnvoll sein, wenn privilegierte Benutzer (Vermittlung, Notrufzentrale) den Aufschalteschutz durchbrechen können. Ein Maximum an Flexibilität wird erreicht, wenn auch festgelegt werden kann, gegen wen sich ein Teilnehmer vor dem Aufschalten schützen darf (Berechtigungen, Z1).

(T3) Wünschenswert: Berechtigungsvergabe
Es sollte eine rollenspezifische Berechtigungsvergabe vorgesehen werden:
- Teilnehmer kann sich bei Teilnehmern (einer Teilnehmergruppe) aufschalten
- Teilnehmer kann sich gegen das Aufschalten von Teilnehmern (einer Teilnehmergruppe) schützen.

Ausführung
Durch die kontinuierliche akustische Signalisierung wird das Kriterium Transparenz (K1) ausreichend berücksichtigt. Eine größere Sicherheit für die Zweckbindung (K4) könnte allerdings noch erreicht werden, wenn der Aufschaltende nur den angewählten Teilnehmer, nicht aber dessen Geprächspartner hören könnte.

4.1.16 Fangen

(1) Funktionsweise
Mit dem Leistungsmerkmal Fangen kann die zentrale Protokollierung der Rufnummern von Teilnehmern veranlaßt werden, die eine Nebenstelle anwählen. Das Merkmal wird in zwei Varianten implementiert. Mit automatischem Fangen werden alle Rufe zu einer bestimmten Nebenstelle automatisch mit der Rufnummer des Rufers und der Uhrzeit protokolliert. Beim manuellen Fangen wird hingegen nur dann protokolliert, wenn der gerufene Teilnehmer die Protokollierung für jedes einzelne Gespräch, für das er sie wünscht, aktiviert. Im allgemeinen ist hierfür eine besondere Kennzahl vorgesehen. Die Prokollierung erfolgt üblicherweise im Fehlerprotokoll im Rahmen der Betriebsführung, das auf einem Drucker ausgedruckt oder in einer Datei abgespeichert werden kann.

(2) Chancen und Risiken

+ Beweisführung gegen Belästiger
Das Fangen wird gelegentlich benutzt, um bösartige Anrufer zu identifizieren. Dies ist insbesondere bei Teilnehmern erforderlich, die nicht über Apparate mit Display verfügen. Künftig ist ferner denkbar, daß mit dem Merkmal Anrufer identifiziert werden, welche die Anzeige ihrer Rufnummer unterdrücken.

Schließlich dient die Protokollierung dazu, die Tatsache eines belästigenden Anrufes für Dritte beweisbar zu dokumentieren.[25]

– Mißbrauch für Kommunikationsprofile
Mit automatischem Fangen können, wenn es über einen längeren Zeitraum genutzt wird, mißbräuchlich die Identitäten von Anrufern ausgeforscht und Kommunikationsprofile gebildet werden (Zweckbindung (K4)).

– Protokollierung ohne Kenntnis des Rufers
Die Protokollierung stellt, auch wenn sie manuell aktiviert wird, einen Eingriff in das informationelle Selbstbestimmungrecht des Rufers dar. Dies gilt insbesondere dann, wenn der Rufer in die Übermittlung seiner Rufnummer nicht eingewilligt hat und deshalb die Möglichkeit zur Unterdrückung seiner Anzeige nutzt (Entscheidungsfreiheit (K2), Zweckbindung (K4)).

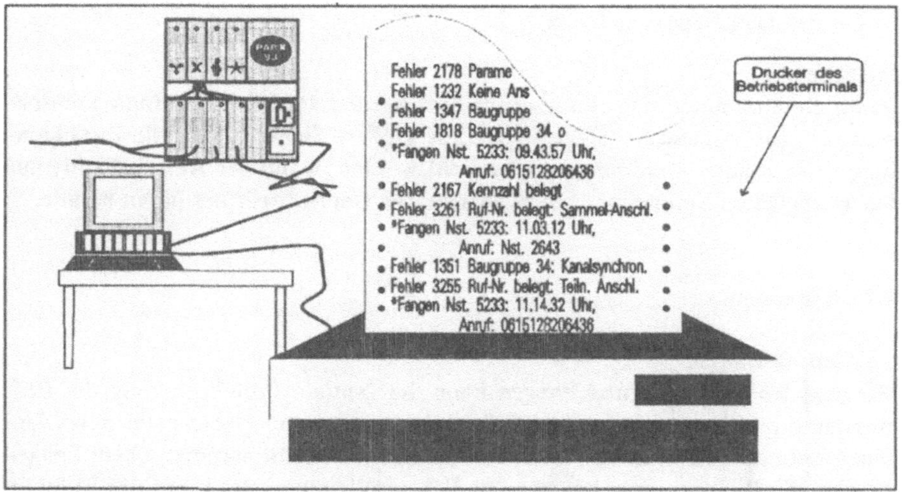

Abb. 8: Fangen. Die Rufnummern der Anrufer werden hier im Fehlerprotokoll der Betriebsführung ausgedruckt.

(3) Technische Gestaltungsmöglichkeiten

Sofern Endgeräte grundsätzlich mit Display ausgestattet sind und ferner die Möglichkeit besteht, die Identifizierung anzufordern (Identifizieren, Z2), können belästigende Anrufe leicht unterbunden werden. Das Leistungsmerkmal Fangen

---

[25] Die Beweisbarkeit ist freilich insofern begrenzt, als Druckerprotokolle und Dateien leicht verfälscht werden können.

ist in diesem Fall nicht mehr erforderlich (K3) und mithin hierfür auch nicht zulässig.[26]

Wenn manuelles Fangen in Einzelfällen genutzt werden soll, müssen Zweckbindung (K4) und Techniksicherung (K9) bei der Verwendung der Daten sichergestellt werden.

Aktivierung

(T1) Erforderlich: Fangen für jeden einzelnen Anruf aktivieren
Für den Anwendungszweck, das beweiskräftige Identifizieren bösartiger Anrufer, ist das automatische Fangen, mit dem undifferenziert Rufnummern aller Rufer gespeichert werden, nicht erforderlich und daher auch nicht zulässig. Vielmehr reicht das manuelle Fangen aus. Manuelles Fangen reduziert das Risiko, daß das Merkmal mißbraucht werden kann um Kommunikationsprofile zu bilden.

Einrichtung

(T2) Erforderlich: Gesonderter Passwortschutz für manuelles Fangen
Fangprotokolle und die Einrichtung der Fangschaltung sind mit einem besonderen Passwort geschützt. Wünschenswert ist ein Doppelpasswort, damit vorgesehen werden kann, daß das Betriebspersonal nur gemeinsam mit einem Beschäftigtenvertreter auf die Daten zugreift (Anpassungsfähigkeit (K7), Techniksicherung (K9))

Ausführung

(T3) Erforderlich: Separate Protokollierung
Üblicherweise werden die Verbindungsdaten beim Fangen im Fehlerprotokoll erfaßt und gemeinsam mit diesem ausgedruckt. Damit werden notwendige technische Maßnahmen zum Zugriffsschutz nicht erfüllt. Statt dessen ist es erforderlich, daß Fangprotokolle in eigenen Dateien separat erfaßt und ausgedruckt werden können.

---

26 Siehe hierzu auch die einschränkenden Regelungen des § 8 Abs. 1 TDSV, der nur die Bekanntgabe des Anschlusses erlaubt, von dem der belästigende oder bedrohende Anruf stammen soll, sowie des Art. 13 des Richlinienentwurfs der EG-Kommission 1990, nach dem die gefangene Anschlußnummer sogar nur der Polizei bekannt gegeben werden darf. Nach § 8 Abs. 2 TDSV ist der gefangene Anschlußinhaber grundsätzlich nachträglich zu unterrichten.

4.2 Basismerkmale für die asynchrone Telefonkommunikation

Im folgenden werden grundlegende Leistungsmerkmale für die asynchrone, d.h. zeitversetzte Sprachkommunikation untersucht. Derartige Leistungsmerkmale werden in erster Linie von zentralen Speichersystemen für Sprachnachrichten (Sprachservern) erbracht, die an Telefon- und ISDN-Anlagen angeschlossen werden können. Diese bieten einen erheblich größeren Leistungsumfang als herkömmliche Anrufbeantworter.

Leistungsmerkmale von Sprachservern sind ähnlich vielfältig wie die von Telefon- und ISDN-Anlagen. Um alle Gestaltungsfragen erschöpfend zu behandeln, sind gesonderte Untersuchungen erforderlich. An dieser Stelle können daher nur wichtige Basismerkmale untersucht werden.[27] Wir untersuchen Merkmale, die über die herkömmlicher Anrufbeantworter hinausgehen und Auswirkungen auch auf die synchrone Telefonkommunikation haben.

Alle Leistungsmerkmale der asynchronen Telefonkommunikation arbeiten mit gespeicherten Inhaltsdaten, viele außerdem mit Leistungsmerkmalsnutzungdaten. Die Daten sind als sehr sensitiv zu bewerten. Sie werden gegenüber der synchronen Telefonkommunikation über längere Zeiträume in Servern gespeichert. Um dem Recht auf informationelle Selbstbestimmung Rechnung zu tragen, müssen sie gegen unbefugten Zugriff gut gesichert sein. Besonders hohe Anforderungen sind auch an den Schutz vor Zugriffen durch Verwaltungs- und Wartungsfunktionen der Server zu stellen.

Da die Leistungsmerkmale von Sprachservern noch erheblich verändert und erweitert werden, diskutieren wir exemplarisch einige interessante Varianten. Im Interesse der Lesbarkeit werden nur die zusätzlichen Gestaltungsaspekte gegenüber Leistungsmerkmalen der synchronen Sprachkommunikation beschrieben.

4.2.1 Anzeige der Rufnummer des Senders

(1) Funktionsweise

Sprachserver waren bisher für den Anschluß an analoge Telefonanlagen konzipiert. Da bei diesen Anlagen Rufnummern nicht übermittelt und angezeigt werden können, waren auch Sprachmitteilungen grundsätzlich anonym.

In digitalen Sprachservern für ISDN-Anlagen besteht, anders als mit analogen Systemen, die Möglichkeit, den Absender einer Nachricht zu erkennen. Die Möglichkeit, Mitteilungen aus einer Sprachbox anonym an eine andere Sprachbox zu versenden, ist hingegen nicht vorgesehen. Es ist lediglich möglich, die Sprachbox eines Teilnehmers direkt anzuwählen, die Übermittlung und Anzeige

---

27 Zur asynchronen Text- und Datenkommunikation siehe auch Andelfinger/Pordesch/Roßnagel 1991, 89 ff.

der Rufnummer zu unterdrücken und eine Nachricht aufzusprechen. In diesem Fall wird, soweit bekannt, die Nachricht ohne Absenderangaben abgelegt.

(2) Chancen und Risiken

+ Mehr Transparenz für Sprachboxinhaber
Werden die Rufnummern der Absender von Nachrichten angezeigt, so kann sich der Empfänger damit einen Überblick über eingegangene Nachrichten verschaffen. Er kann entscheiden, welche Nachrichten er zuerst anhören und welche Nachrichten er löschen möchte. Diese Auswahlmöglichkeit erhöht die Transparenz (K1) und Entscheidungsfreiheit (K2) der asynchronen Telefonkommunikation.

– Keine Möglichkeit, anonym zu bleiben
Nachteilig ist es, wenn ein Rufer bei bestimmten betrieblichen Stellen, etwa bei innerbetrieblichen Beratungsstellen oder Sicherheitsdiensten, anonym bleiben möchte, aber nicht bleiben kann. Zwar ist die Möglichkeit, Mitteilungen anonym zu versenden, nur in wenigen Anwendungsfällen von größerer Bedeutung, ihr Fehlen kann jedoch die Funktionsfähigkeit dieser Stellen beeinträchtigen, wenn asynchrone Sprachkommunikation in großem Umfang genutzt wird. Dies betrifft eventuell bei Anschluß an das öffentliche ISDN auch externe Rufer. Anrufern und Absendern ist bisher nicht transparent (K1), ob ihre Rufnummer im Sprachserver ausgewertet wird.

(3) Technische Gestaltungsmöglichkeiten

Der Sender sollte auch bei asynchroner Kommunikation die Möglichkeit haben, anonym zu bleiben, also anonyme Mitteilungen zu versenden (Identifizieren, Z1). Umgekehrt sollte aber auch der Empfänger die Möglichkeit haben, den Empfang anonymer Sprachmitteilungen abzulehnen (Identifizieren, Z2). Daher ist eine technische Lösung anzustreben, die die kommunikative Selbstbestimmung gewährleistet, ohne die informationelle Selbstbestimmung des Senders zu beeinträchtigen.

(T1) Wünschenswert: Möglichkeit anonymer Mitteilungen

Der Sender sollte die Möglichkeit haben, Mitteilungen anonym auszusenden.

(T2) Wünschenswert: Möglichkeit, anonyme Sprachmitteilungen abzulehnen

Der Empfänger sollte die Möglichkeit haben, seine Sprachbox so voreinzustellen, daß die Aufzeichnung oder Versendung anonymer Sprachmitteilungen an seine Sprachbox unterbunden wird.

4.2.2 Benachrichtigungsdienst

(1) Funktionsweise

Benachrichtigungsdienste informieren den Inhaber einer Sprachbox, wenn neue Nachrichten angekommen sind. Dazu kann der Teilnehmer eine interne oder externe Rufnummer voreinstellen, unter der er angerufen werden möchte. Der Sprachserver wählt diese Rufnummer automatisch an, wenn eine neue Mitteilung eingetroffen ist. Nach Abheben des Hörers ist zunächst eine Ansage zu hören (z.B. "Nachricht für Teilnehmer 4536 liegt vor"). Danach hat der angerufene Teilnehmer die Möglichkeit, die eingegangene Nachricht abzurufen und andere Funktionen seiner Sprachbox zu nutzen. In der Regel muß zuvor allerdings ein Kennwort (Ziffernfolge) eingegeben werden. Sofern die Verbindung nicht entgegengenommen wird, werden automatisch mehrere Anrufversuche zur Zustellung unternommen.

Damit der Rufer nicht über jede eingehende Mitteilung telefonisch informiert wird, kann der Benachrichtigungsdienst mit einer Prioritätssteuerung kombiniert werden, welche die Wichtigkeit von Nachrichten berücksichtigt. In diesem Fall wird der Sprachboxinhaber benachrichtigt, wenn priorisierte Mitteilungen eingehen. Diese können von Teilnehmern gesendet werden, die über eine besondere Berechtigung verfügen.

(2) Chancen und Risiken

+ Verbesserte Mobilität und Erreichbarkeit

Durch den Benachrichtigungsdienst ist der Inhaber einer Sprachbox in dringenden Fällen jederzeit erreichbar. Mehrfache vergebliche Anrufversuche und das Führen längerer Telefongespräche können dann im Einzelfall entfallen (Arbeitserleichterung (K6)). Für den Inhaber der Sprachbox ist ferner von Vorteil, daß er ortsunabhängig Zugriff auf seine Box hat.

– Fehlleitung von Nachrichten

Es ist möglich, daß die Mitteilungen nicht den intendierten Empfänger erreichen. So kann eine Anrufumleitung aktiv sein oder eine andere anwesende Person möglicherweise den Hörer aufnehmen. Dadurch besteht ein gewisses Risiko, daß persönliche Mitteilungen von Unbefugten zur Kenntnis genommen werden oder verloren gehen. Außerdem besteht das Risiko, daß Unbefugte mißbräuchlich Leistungsmerkmale der Box nutzen (z.B. Senden, Verteilerzugriff etc.) (Zweckbindung (K4)).

(3) Technische Gestaltungsvorschläge

Voreinstellung:

Der Sender sollte die Möglichkeit haben, Benachrichtigungen auf mögliche Randbedingungen hin voreinzustellen, die bei Telefonverbindungen auftreten können. So sollte es möglich sein, das Aussenden einer Mitteilung abbrechen zu lassen, wenn während des Abspielens eine Gesprächsausweitung, eine Gesprächsaufzeichnung oder die Weitervermittlung einer bestehenden Gesprächsverbindung signalisiert wird (Gesprächsausweitung, Z1, Gesprächsaufzeichnung, Z1 und Weitervermittlung, Z1).

(T1) Wünschenswert: Parametervoreinstellung
Der Sender sollte die Möglichkeit haben, den Benachrichtigungsdienst so voreinzustellen, daß alle erforderlichen und wünschenswerten Leistungsmerkmalsaktivierungen automatisch erfolgen:
- Identifizieren zulässig: Die Sprachbox identifiziert sich als Sprachbox des Teilnehmers.
- Gesprächsausweitung, Weitervermittlung, Besondere Verbindungsvollendung zulässig/unzulässig: Es sollte die Möglichkeit bestehen, Merkmale mit diesen drei Grundfunktionen zu unterbinden, um die Sicherheit zu erhöhen.

Der Benachrichtigungsdienst ist wegen der Zugriffsmöglichkeiten sensitiv. Daher sind besondere Vorkehrungen zu treffen, um den mißbräuchlichen Zugriff durch Unbefugte zu erschweren (Zugriffschutz am Endgerät, Z2 und Z3).

(T2) Erforderlich: Kennwort (nur) durch den Teilnehmer änderbar
Der Teilnehmer sollte jederzeit die Möglichkeit haben, sein Kennwort zu ändern. Die Betriebsführung darf keine Möglichkeit haben, das Kennwort zu lesen. Vorgesehen werden sollte nur die Möglichkeit, das Kennwort auf einen neuen Wert festzulegen, wenn es der Inhaber vergessen hat.

Berechtigungen
Um die Risiken weiter zu vermindern, ist es außerdem vorteilhaft, wenn das Schadenspotential mißbräuchlicher Zugriffe eingegrenzt werden kann (Zugriffsschutz am Endgerät, Z1 und Z4).

(T3) Wünschenswert: Flexible Festlegung der Zugriffsberechtigungen
Es sollte für jede Sprachbox festgelegt werden können, welche Leistungsmerkmale der Sprachbox im Anschluß an eine Benachrichtigung genutzt werden können.

Dem Kriterium der Anpassungsfähigkeit (K7) wird am besten Rechnung getragen, wenn sowohl die Betriebsführung als auch der Teilnehmer die Zugriffsmöglichkeiten begrenzen kann.

4.2.3 Zustellbestätigungen

(1) Funktionsweise
Zustellbestätigungen sind Mitteilungen darüber, wie die Zustellung einer Sprachnachricht verlaufen ist. Neben der Information, ob die Nachricht an einen Telefonteilnehmer übermittelt oder aus der Sprachbox des Empfängers abgerufen wurde, kann die Zustellbestätigung auch die Empfangszeit enthalten. Ferner

kann aufgezeichnet werden, von wem die Nachricht bei besonderer Verbindungsvollendung letztlich empfangen wurde.

(2) Chancen und Risiken

+ Weniger Unsicherheit
Aus Zustellbestätigungen kann der Sender erkennen, ob seine Sprachnachricht rechtzeitig zugestellt wurde und ob sie den richtigen Empfänger erreicht hat (Transparenz (K1)).

– Anwesenheitskontrolle
Sofern aus einer Zustellbestätigung erkannt werden kann, wann der Empfänger die Nachricht abgefragt hat, kann das Merkmal zur Anwesenheitskontrolle mißbraucht werden. Es ist dann möglich, daß eine Nachricht eventuell sogar über einen Verteiler an mehrere Teilnehmer nur verschickt wird, um den Zeitpunkt der Anwesenheit eines Teilnehmers festzustellen. Ebenso ist es unter Umständen möglich, daß mit Hilfe der Angabe des tatsächlichen Empfängers der Aufenthaltsort eines Teilnehmers ermittelt wird (Zweckbindung (K4)).

(3) Technische Gestaltungsvorschläge
Grundsätzlich sollte der Empfänger einer Nachricht entscheiden können, ob er eine Zustellbestätigung erteilt (Zustandsmeldungen, Z1). Soweit es Mitteilungen gibt, für die aus zwingenden Gründen erkennbar sein muß, ob ein Empfänger eine Nachricht erhalten hat, so sollte für erzwungene Zustellbestätigungen eine gesonderte Berechtigung erforderlich sein. Der Empfänger sollte erkennen können, daß eine Zustellbestätigung erteilt wird und an wen sie übermittelt wird.

> ***(T1) Erforderlich: Gesonderte Berechtigung für Abfragebestätigung***
> Abfragebestätigungen sollten als besonderes Leistungsmerkmal behandelt und gesondert freigegeben werden müssen.

Im übrigen sollten bei Zustellbestätigungen nur soviele Daten übermittelt werden, wie für die Kommunikation unbedingt erforderlich ist (Erforderlichkeit (K3)). So reicht es für die Vermutung des Erfolgs oder Mißerfolgs der Zustellung einer Sprachnachricht im Regelfall aus, wenn festgestellt wird, daß eine Mitteilung zugestellt wurde und ob gegebenenfalls eine Umleitung erfolgte. Weitergehende Zustellbestätigungen sollte der Sender vom Empfänger anfordern können, der Empfänger sollte aber selbst entscheiden, ob er dieser Bitte nachkommt.

> ***(T2) Wünschenswert: Anforderung einer Zustellbestätigung vom Empfänger***
> Der Sender sollte zu jeder Nachricht angeben können, ob er eine, gegebenenfalls um Abrufzeitpunkt und tatsächlichen Empfänger erweiterte, Zustellbestätigung wünscht.

4.2.4 Zeitversetzte Sendeaufträge

(1) Funktionsweise
Das zeitverzögerte Aussenden ist eine besondere Form des Sendens einer Sprachnachricht. Dem Server werden vom Benutzer komplett aufbereitete Sendeaufträge zusammen mit der Angabe einer bestimmten Sendezeit übergeben, zu der das Aussenden zeitverzögert erfolgen soll.

(2) Chancen und Risiken

+ Erhöhte Erreichbarkeit
Zeitverzögertes Aussenden hat den Vorteil, daß für den Sendevorgang tarifgünstige Zeiten genutzt werden können. Außerdem kann der Sender die Nachricht zu einem Zeitpunkt zustellen lassen, zu dem er mit der Anwesenheit des Empfängers rechnet (Arbeitserleichterung (K6)).

– Fehlleitung von Nachrichten
Risiken des Merkmals ergeben sich, wenn die Bedingungen der Kommunikation zum Zeitpunkt der Ausstellung des Sendeauftrages nicht mehr mit den Bedingungen zum Zeitpunkt des Sendens übereinstimmen. So können in dem Sendeauftrag zentrale Verteilerlisten verwendet werden, die noch vor dem Absendezeitpunkt von anderen geändert worden sind. Dadurch besteht die Möglichkeit, daß Inhaltsdaten an Dritte gelangen, die nicht als Empfänger vorgesehen sind (Transparenz (K1), Techniksicherung (K9)).

(3) Technische Gestaltungsvorschläge
Es muß sichergestellt werden, daß alle Randbedingungen der Kommunikation zum Zeitpunkt des Versendens den Randbedingungen zum Zeitpunkt der Erstellung des Sendeauftrags entsprechen. Dies gilt insbesondere für die Liste der Kommunikationspartner. Zumindest muß der Sendeauftrag automatisch storniert werden, wenn dies nicht mehr gegeben ist. Dies kann unter anderem durch folgende Gestaltungsmaßnahme erreicht werden:

> ***(T1) Wünschenswert: Kopieren von Verteilerlisten***
> Für zeitverzögertes Aussenden werden verwendete Verteilerlisten kopiert und zum Sendeauftrag gebunden.

Schließlich ist beim zeitverzögerten Aussenden sicherzustellen, daß kein unbefugter Zugriff durch Dritte erfolgt (Zweckbindung (K4), Techniksicherung (K9)). Die zwischengespeicherten Nachrichten des Senders und der Sendeauftrag (Zeitpunkt, Empfängerliste,...) sind daher ebenfalls in die Zugriffsicherung einzubeziehen.

4.2.5 Weiterleitung empfangener Nachrichten

(1) Funktionsweise
Dieses Leistungsmerkmal erlaubt die Weiterleitung von Nachrichten, die ein Teilnehmer in seiner Sprachbox empfangen hat. So kann der Empfänger einer Sprachmitteilung diese direkt in ein anderes Postfach weiterleiten (kopieren), wenn er meint, daß die Nachricht auch für einen Kollegen von Interesse ist.

(2) Chancen und Risiken

+ Erwünschtes Mithören
Das Weiterleiten einer Nachricht ermöglicht es, daß Dritte von einer Mitteilung in Kenntnis gesetzt werden, ohne daß der Empfänger über den Inhalt berichten muß (Arbeitserleichterung (K6)).

– Durchbrechen von Abschottungsgrenzen
In bestimmten Organisationen kann sich das Risiko ergeben, daß bestehende Regelungen zur Arbeitsaufteilung und innerorganisatorische Abschottungen umgangen werden, wenn eine Weiterleitung von Nachrichten erfolgt. So wäre es in der kommunalen Verwaltung rechtlich unzulässig, in den Speicher gesprochene Mitteilungen von Klienten der Schuldnerberatung zur Sprachbox der Meldestelle umzuleiten. Sachbearbeiter könnten möglicherweise zu Lasten des Rufers von seinen persönlichen Angelegenheiten Kenntnis nehmen, die sie nichts angehen dürfen (Zweckbindung (K4)).

– Unberechtigte Weiterleitung vertraulicher Nachrichten
Von der Weiterleitung kann der Sender einer Nachricht auch nachteilig betroffen sein, wenn er dem Empfänger eine persönliche oder vertauliche Mitteilung zukommen lassen will und nicht damit einverstanden ist, daß Dritte die aufgezeichnete Nachricht hören (Entscheidungsfreiheit (K2)).

(3) Technische Gestaltungsvorschläge
Für die Weiterleitung ist zur Sicherung des informationellen Selbstbestimmungsrechtes und des Rechts am gesprochenen Wort das Einverständnis des Urhebers erforderlich. Eine Ausnahme hiervon ist allenfalls dann zulässig, wenn der Sender die Nachricht offensichtlich nicht nur einem festgelegten Adressatenkreis zukommen lassen wollte.

Zur Wahrung der Transparenz (K1) für den Urheber der Nachricht und aufgrund des Zweckbindungsgebots (K4) sollte dem Urheber eine Möglichkeit gegeben werden, eine Nachricht als "zur Weiterleitung geeignet" zu kennzeichnen oder ihre durch den Empfänger autonom veranlaßte Weiterleitung entsprechend zu untersagen. Eine solche Gestaltung unterstützt gleichzeitig die Werkzeugeignung (K5), da der Urheber in diesem Fall das Leistungsmerkmal in seinen Wirkungen durchschauen und beherrschen kann. Er kann dann nämlich während des

Versands von Nachrichten selbst gezielt und unveränderlich den von ihm intendierten Empfängerkreis festlegen.

(T1) Wünschenswert: Zustimmung zur Weiterleitung
Dem Sender sollte eine Möglichkeit gegeben werden, die Nachricht als "zur Weiterleitung nicht geeignet", d.h. als private Mitteilung, zu kennzeichnen. Diese Kennzeichnung sollte bewirken, daß die Weiterleitung durch den Empfänger technisch unterbunden wird.

4.2.6 Nachrichten beantworten

1) Funktionsweise
Mit dem Merkmal Nachrichten beantworten kann ein Empfänger einer Nachricht ohne besonderen Verbindungsaufbau Kontakt zum Sender der Nachricht herstellen. So kann er unmittelbar nach dem Abhören der Nachricht eine Antwortnachricht aufsprechen und diese sofort zurücksenden lassen. Je nach Realisierung des Merkmals kann auch vorgesehen werden, eine direkte Telefonverbindung herstellen zu können.

(2) Chancen und Risiken

+ Unkompliziertes Antworten oder Rückfragen möglich
Mit dem Leistungsmerkmal hat der Empfänger eine einfache, unkomplizierte Möglichkeit, sofort auf eine erhaltene Nachricht zu antworten (Arbeitserleichterung (K6)).

– Unterlaufen der Anonymität
Je nach Realisierung des Merkmals könnte die vom Sender oder Anrufer gewünschte Anonymität einer Mitteilung unterlaufen werden. Der Empfänger einer anonymen Nachricht könnte das Merkmal Nachricht beantworten nutzen, um abzuwarten, wer sich nach dem Abheben meldet bzw. wessen Sprachbox er erreicht. In einzelnen Fällen, in denen das Versenden anonymer Sprachmitteilungen möglich sein soll, beispielsweise für innerbetriebliche Beratungs- und Sicherheitsdienste, könnte somit die Anonymität nicht garantiert werden (Transparenz (K1), Entscheidungsfreiheit (K2)).

(3) Technische Gestaltungsvorschläge

(T1) Erforderlich: Ein Beantworten anonymer Mitteilungen ist unzulässig
Sofern sich der Sender einer Nachricht nicht identifiziert hat, ist eine Beantwortung nicht möglich

Eine denkbare Alternative wäre, daß der Sender beim Beantworten einer anonymen Nachricht dem Empfänger gegenüber nicht identifiziert wird. Beim synchronen Beantworten über eine Telefonverbindung muß aber zusätzlich bedacht werden, daß der Sender sich möglicherweise versehentlich identifiziert. Ihm muß daher angezeigt werden, daß es sich um eine Antwort auf seine Sprachnachricht handelt.

4.2.7 Verteiler

(1) Funktionsweise

Ein Verteiler ist eine Datei mit Rufnummern von Kommunikationspartnern. Sie wird zum Zwecke der Übermittlung **einer** Sprachnachricht an **alle** darin aufgeführten Rufnummern von Sprachboxen erstellt.

Es gibt **individuelle Verteiler**, die vom Teilnehmer selbst erstellt werden, und nur durch ihn nutzbar sind, sowie **zentrale Verteiler**, welche die Betriebsführung verwaltet und die für alle Teilnehmer zugänglich sind.

(2) Chancen und Risiken

+ Beschleunigung regelmäßiger Sendevorgänge

Werden Nachrichten mehrfach an denselben Empfängerkreis verteilt, so kann die Systembedienung mit Verteilern wesentlich vereinfacht und beschleunigt werden (Arbeitserleichterung (K6)).

– Mißbrauch individueller Verteiler für Kommunikationsprofile

Individuelle Verteiler enthalten in der Regel die Rufnummern häufiger Kommunikationspartnern bzw. von deren Sprachboxen. Im Einzelfall können die Kommunikationskontakte vertraulich sein, etwa wenn sie regelmäßige informelle Kontakte von Betriebsräten oder der Geschäftsleitung beinhalten. Sofern Verteiler unzureichend zugriffsgeschützt sind, besteht daher das Risiko, daß Unbefugte sich zu diesen Informationen Zugang verschaffen und sie mißbrauchen (Zweckbindung (K4)).

(3) Technische Gestaltungsvorschläge

Verteiler sind Listen mit Kommunikationsadressen, die in der Regel personenbezogen sind. Für deren Speicherung ist daher grundsätzlich die Einwilligung der Betroffenen erforderlich. Auf die Einwilligung kann nur verzichtet werden, soweit individuell erstellte Verteiler zur Erfüllung von gesetzlichen oer vertraglichen Aufgaben tatsächlich benötigt werden[28]. Dies kann unter Umständen dann der Fall sein, wenn es zur Aufgabe eines Teilnehmers gehört, einen festgelegten größeren Teilnehmerkreis regelmäßig über Ergebnisse einer Arbeitsgruppe zu informieren und dies mit direktem Versenden an jeden einzelnen Teilnehmer zu aufwendig und fehleranfällig wäre.

Anders ist dies bei zentralen Verteilern, die von allen Teilnehmern genutzt werden können. Hier ist nicht in jedem Fall davon auszugehen, daß jeder Teil-

---

[28] Siehe hierzu näher Kommunikationsadreßlisten 3.10.

nehmer den Verteiler zu seiner Aufgabenerfüllung unbedingt und unmittelbar benötigt. So wäre es vorstellbar, daß Server-Teilnehmer den zentralen Verteiler von Angehörigen einer Abteilung für das Versenden privater Mitteilungen nutzen. Eine Speicherung eines Teilnehmers in einem zentralen Verteiler, der allen Nutzern zugänglich ist, benötigt in diesem Fall vor der Erhebung der Daten die Einwilligung des Betroffenen, die er auch ablehnen kann.

Der angestrebte Zweck zentraler Verteiler, vielen Teilnehmern nur den für ihre Aufgabenerfüllung erforderlichen identischen Verteiler zur Verfügung zu stellen, läßt sich am ehesten durch die Möglichkeit zur Eingrenzung des Zugriffs und der Nutzung von Verteilern regeln (Kommunikationsadreßlisten, Z1).

> ***(T1) Erforderlich: Gruppenbezogene Berechtigungen für Verteilernutzung***
> Allen zentralen Verteilern sollten Gruppen von Teilnehmern zugeordnet werden, die sie nutzen können. Dies ist dadurch möglich, daß jeder Teilnehmer die Berechtigung für die Nutzung bestimmter Verteilerlisten erhält. Nicht berechtigte Teilnehmer, die nicht diesen Gruppen angehören, sollten die zentralen Verteiler nicht nutzen und auch nicht auf sie zugreifen können.

Zur Wahrung der Zweckbindung (K4) und der Techniksicherung (K9), müssen sowohl die Verzeichnisse wie auch die Verzeichnisnamen zugriffs- und kopiergeschützt sein.

> ***(T2) Erforderlich: Zugriffsschutz für individuelle Verteiler***
> Individuelle Verzeichnisse und Verzeichnisnamen sind zugriffsgeschützt. Zugreifen kann nur der Eigentümer, eine zentrale Zugriffsmöglichkeit durch die Administration darf nicht bestehen.

4.3 Komplexe Leistungsmerkmale von Anwendungssystemen

Durch den Einsatz von ISDN-PC-Karten und durch die zentrale Kopplung von ISDN-Anlagen und DV-Anlagen kann das Leistungsspektrum von Telefonsystemen erheblich erweitert werden. Möglich wird dies dadurch, daß die in den vorangegangenen Abschnitten untersuchten Basismerkmale von Telefonanlagen und Sprachservern programmgesteuert voreingestellt und aktiviert werden. Gleichzeitig kann die Bedienung durch menügesteuerte oder windowbasierte Oberflächen am Bildschirm auch für komplexe Funktionen handhabbar gemacht werden.

Die Entwicklung computergestützter Telefonsysteme hat erst begonnen. Noch ist nicht klar, welche neuen Leistungsmerkmale entwickelt werden und wie die Signalisierungs- und Bedienvorgänge für diese Merkmale im einzelnen ausgestaltet werden. Kaum abzusehen sind künftige Leistungsmerkmale für die Integration von Telefon und Datenverarbeitung und für die Integration des Telefons in die multimediale Telekommunikation. Es kann daher hier nur exemplarisch für einige absehbare und prototypisch realisierte Leistungsmerkmale untersucht werden, welche neuen Chancen, Risiken und Gestaltungsanforderungen sich ergeben können.

4.3.1 Elektronische Telefonregister

(1) Funktionsweise

In ISDN-Anlagen werden Vermittlungspersonen für ihre Tätigkeit an Vermittlungsplätzen üblicherweise Bildschirmgeräte zur Verfügung gestellt, mit denen sie rasch Namen und Rufnummern gewünschter Teilnehmer auffinden und Rufer vereinfacht weiterverbinden können. Diese Computersysteme ersetzen herkömmliche gedruckte Telefonbücher und werden deshalb auch ***elektronische Telefonbücher*** genannt. Der Bestand eines elektronischen Telefonbuchs umfaßt üblicherweise Namen, Titel, Organisationseinheit, Dienstgrad und Rufnummer für verschiedene Dienste (Telefon-, Datex-, Fax- und Mail-Dienste) aller Organisationsmitarbeiter. Darüber hinaus können Firmenstandorte, Zimmer und Gebäudenummern, postalische Adressen und weitere Daten (z.B. Urlaubszeiten) gespeichert sein. Für die Suche nach Rufnummern stehen komfortable Suchfunktionen zur Verfügung. Wird ein Eintrag gefunden, so kann meist mit einem Tastendruck eine Verbindung zum Teilnehmer aufgebaut oder ein wartender Rufer weitervermittelt werden.

Über Telefonprogramme kann der Zugang zu zentralen elektronischen Telefonbüchern auch Teilnehmern mit Bildschirmendgeräten bereitgestellt werden. Außerdem können den Teilnehmern eigene elektronische Telefonbücher bereitgestellt werden, die nur durch sie verwaltet und genutzt werden können (im folgenden zur Unterscheidung elektronische Telefonregister genannt). Diese werden auch für das Speichern von Rufnummern und Namen externer Kommunikationspartner genutzt.

Über die genannten Funktionen, die bereits in existierenden elektronischen Telefonbüchern vorhanden sind, sind weitere Funktionen möglich. Elektronische Telefonregister können z.B. in Telefontools für ISDN-PC-Karten mit Merkeinträgen zu geführten oder geplanten Geprächen, Eingangs- und Ausgangsjournalen oder Terminplanern verknüpft werden. Denkbar ist auch, daß in einem elektronischen Telefonregister eine Rufnummer hinterlegt wird, unter der ein Teilnehmer aktuell erreichbar ist (Außendienstmitarbeiter), oder die Zeit, zu der mit einer Rückkehr an den Arbeitsplatz zu rechnen ist.

(2) Chancen und Risiken

+ Keine lange Suche nach Telefonnummern

Elektronische Telefonbücher können ihren Nutzern die langwierige Suche nach Rufnummern in herkömmlichen Telefonbüchern ersparen. Außerdem wird der

Wahlvorgang, insbesondere bei langen Rufnummern, deutlich vereinfacht (Arbeitserleichterung, K6).

– **Mißbrauch für Kommunikationsprofile**
Elektronische Telefonregister können die Telefonnummern aller regelmäßigen und gelegentlichen Gesprächspartner eines Teilnehmers enthalten. Sofern diese Listen unzureichend geschützt sind, besteht das Risiko, daß Angreifer ein grobes Profil intensiver Kommunikationsbeziehungen durch die Einsichtnahme erhalten. Möglich ist auch, daß Geheimrufnummern von Teilnehmern des öffentlichen Netzes auf diese Weise unbefugten bekannt werden (Zweckbindung (K4)).

(3) Technische Gestaltungsvorschläge

Rufnummern und Namen in elektronischen Telefonbüchern sind für den Aufbau von Verbindungen bestimmt. Sie sind - abgesehen von den Daten der Apparate in Fluren, Konferenzzimmern und an anderen frei zugänglichen Plätzen - in der Regel personenbezogen. Da die Weitervermittlung von Gesprächen Aufgabe der Vermittlungspersonen ist, ist die Speicherung dieser Daten in zentralen Telefonbüchern für die Vermittlung auch ohne explizite Einwilligung der Betroffenen zulässig.[29] Dies gilt jedoch nicht unbedingt für weitere in einem elektronischen Telefonbuch gespeicherten Daten, wie zum Beispiel Standorte, Urlaubszeiten und postalische Adressen. In der Regel wird die Speicherung dieser Daten nur auf der Basis betrieblicher Vereinbarungen und, soweit es sich um rein persönliche Angaben handelt, aufgrund der Einwilligung des Betroffenen möglich sein.

Werden zentrale elektronische Telefonbücher nicht nur der Vermittlung, sondern auch Teilnehmern zugänglich gemacht, ergeben sich weitere rechtliche Anforderungen. Denn hier ist nicht in jedem Fall davon auszugehen, daß jeder Teilnehmer zur Erfüllung seiner gesetzlichen oder vertraglichen Aufgaben mit allen anderen Organisationsmitgliedern telefonieren und dazu den Zugriff auf alle Telefonbuchdaten erhalten muß. In diesen Fällen ist daher in der Regel eine Einwilligung der Betroffenen in die Speicherung im Telefonbuch erforderlich. Ob die Speicherung zu Problemen führt, hängt von der Sensitivität der Daten und der konkreten Anwendung ab. Dennoch sollte, um eine Zustimmungspflicht zu vermeiden und die Zweckbindung (K4) zu gewährleisten, der Zugriff jedes Teilnehmers auf die Teile des elektronischen Telefonbuches begrenzt werden können, die jeweils tatsächlich für die Erfüllung seiner Aufgaben benötigt werden.

Aus den genannten Gründen ist es erforderlich, die Zugriffsmöglichkeiten auf zentrale Telefonbücher für die verschiedenen zugangsberechtigten Teilnehmer flexibel festlegen zu können (Kommunikationsadreßlisten, Z1; Berechtigungen, Z1). Dies kann dadurch erreicht werden, daß für den Zugriff auf Datenfelder

---

[29] Siehe hierzu näher Grundrechtseinschränkungen Kapitel 2.4.1 und 2.4.2 sowie Grundfunktion Kommunikationsadreßlisten Kapitel 3.10.

und einzelne Datensätze verschiedene Berechtigungen festgelegt und Teilnehmern frei zugeordnet werden können.

Für elektronische Telefonregister, die ausschließlich durch einzelne Teilnehmer genutzt und verwaltet werden, ist technisch gesehen die zentrale Speicherung für die Erfüllung der Anwendungszwecke nicht notwendig. Hierdurch würden zusätzliche Mißbrauchsrisiken der Ausforschung individueller Kommunikationskontakte geschaffen. Unter Berücksichtigung der Kriterien Erforderlichkeit (K3), Zweckbindung (K4) und Techniksicherung (K9) ist in diesem Fall eine dezentrale Lösung (Endgeräteintegration) zu bevorzugen.

4.3.2 Eingangs- und Ausgangsjournale

(1) Funktionsweise

In einem Eingangs- und Ausgangsjournal kann ein Teilnehmer alle kommenden und gehenden Gespräche und vergeblichen Anrufversuche über einen beliebig großen Zeitraum abspeichern. Bei vollständiger Integration von Sprachspeichergeräten ist auch denkbar, daß eingegangene und ausgegangene Sprachmitteilungen ebenfalls mit abgespeichert werden. Mit Hilfe von Suchfunktionen kann ein Teilnehmer so auch nach Wochen oder Monaten noch feststellen, wann er zuletzt von einen bestimmten Teilnehmer angerufen wurde oder Sprachmitteilungen erhalten hat bzw. wann er diesen Teilnehmer selbst angerufen hat oder wann er ihm eine Sprachmitteilung hat zukommen lassen.

Auch eine Integration von Journalen und elektronischen Telefonregistern ist möglich. Auf diese Weise wird es möglich, Journaleinträge nur durch Angabe eines Namens oder Namensfragments auszuwählen. Die Identifizierung eingehender Rufe kann um einen Namen aus dem elektronischen Telefonbuch oder -register ergänzt werden. Außerdem können beim Anwählen über das elektronische Telefonregister automatisch die letzten Gespräche angezeigt werden.

(2) Chancen und Risiken

+ Verbesserter Überblick über geführte Gespräche

Im Ausgangs- und Eingangsjournal kann sich ein Teilnehmer vor dem Telefonieren anzeigen lassen, welche Gespräche er in letzter Zeit mit einer bestimmten Person geführt hat. Dies kann ein Kriterium dafür sein, diese Person wieder anzurufen und hilft überdies, sich besser auf das Gespräch vorzubereiten (Transparenz (K1)).

– Ausforschung von Kommunikationskontakten

Eingangs- und Ausgangsjournale können von Dritten mißbraucht werden, um festzustellen, wann und wie oft eine bestimmte Person mit dem Teilnehmer telefoniert hat. Werden sie zusammenhängend ausgewertet, können mißbräuchlich Kommunikationsprofile des Teilnehmers und seiner Gesprächspartner erstellt werden (Zweckbindung (K4), Techniksicherung (K9)). Die Gefahren sind hier deutlich größer als die des Merkmals Anruferliste, das nur eingehende Rufe erfaßt und nur eine begrenzte Anzahl von ihnen vorübergehend speichert und anzeigt.

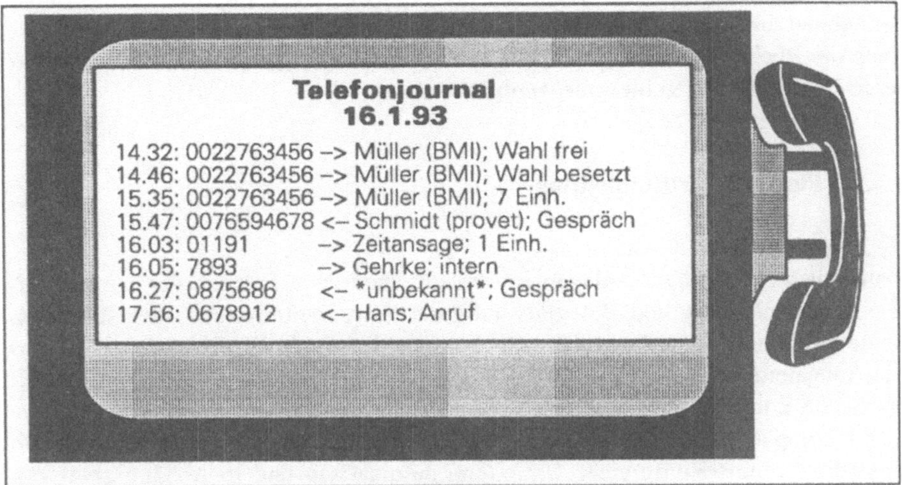

Abb. 9: Telefonjournal im PC mit eingehenden (<--) und ausgehenden (-->) Rufen. Gesprächsversuche (Wahl, Anruf) lassen sich von zustandegekommenen Verbindungen (Einheiten, intern, Gespräch) unterscheiden. Die Identifikation des Gesprächspartners erfolgt in Verbindung mit dem elektronischen Telefonbuch.

(3) Technische Gestaltungsvorschläge

Grundsätzlich muß der Rufer selbst darüber entscheiden können, ob er der Speicherung seiner Rufnummer zustimmt (Identifizierung, Z1). Für das Eingangsjournal ist dies möglich, wenn der Rufer die Eintragung, wie bei den Leistungsmerkmalen Anruferliste oder automatischer Rückruf selbst aktiviert.[30] Grundsätzlich lassen sich hierfür dieselben Bedienprozeduren realisieren, um das Gestaltungsziel zu erreichen.

Nicht auf diese Weise zu lösen ist hingegen das Problem der Speicherung der Rufnummer in Ausgangsjournalen, weil in diesem Fall die Datenspeicherung mit dem Verbindungsaufbau des Journalnutzers gekoppelt ist. Eine Bedienprozedur, die die Zustimmung während des Gespräches einfordert, wäre sehr umständlich und ist für die Speicherung erfolgloser Verbindungsversuche überhaupt nicht realisierbar. Deshalb ist es erforderlich, wenigstens gegen den mißbräuchlichen

---

[30] Siehe hierzu die Gestaltungsvorschläge zu den Leistungsmerkmalen Rückruf 4.1.3 und Anruferliste 4.1.2.

Zugriff durch Dritte ausreichende Zugriffssicherungen zu treffen. Sie müssen am Endgerät den Zugriff auf das Ein- und Ausgangsjournal einbeziehen.

Die Zielkonflikte zwischen Transparenz (K1), Entscheidungsfreiheit (K2) und Erforderlichkeit (K3) aus der Sicht des Gespeicherten und der Werkzeugeignung (K5), Arbeitserleichterung (K6) und Transparenz (K1) für den speichernden Teilnehmer lassen sich mit technischen Gestaltungsmaßnahmen nicht auflösen. Auch die Rechte des Betroffenen auf Auskunft über die gespeicherten Daten und deren Löschung helfen hier nur wenig weiter.

4.3.3 Flexible Anrufumleitung

(1) Funktionsweise

Bisher werden in ISDN-Anlagen im wesentlichen zwei Formen der Umleitung, die Anrufumleitung und die zeitverzögerte Anrufweiterleitung, bereitgestellt. Beide Merkmale bewirken, daß alle kommenden Rufe an ein voreinstellbares Ziel umgeleitet werden. Die Umleitungsschaltung ist dann solange eingestellt, bis sie am Endgerät des Umleitenden wieder zurückgenommen wird.

Mit Computerunterstützung sind flexiblere Formen der Umleitung möglich. So kann die Voreinstellung einer Umleitung automatisch und in Abhängigkeit von Datum und Uhrzeit zu verschiedenen Zielen erfolgen. Beispielsweise kann sich ein Teilnehmer mittags zwischen 12 und 13 Uhr zum Sekretariat und nach Dienstschluß und an bestimmten Wochentagen zu seiner Sprachbox im Sprachserver umleiten lassen.

Anrufe können auch in Abhängigkeit von der Identität des Rufers an verschiedene Stellen umgeleitet werden. Ein DV-System wertet dazu die von der ISDN-Anlage erhaltene Rufnummer des Rufers aus und gibt Steuersignale für eine Weitervermittlung an die ISDN-Anlage und gegebenenfalls den angeschlossenen Sprachserver.[31] So wird es möglich, Anrufer speziell an für sie vorgesehene Teilnehmer weiterzuvermitteln oder für sie vorgesehene Sprachmitteilungen abspielen zu lassen. Ein besonders weitgehendes Szenario künftiger Telefonunterstützungssysteme mit individueller Behandlung der Rufer ist der **elektronische Telefonsklave**, der den Anrufer begrüßt, anhand der Stimme oder der übermittelten Rufnummer identifiziert und ihm eine persönliche Mitteilung überträgt.[32]

---

31 Technisch gesehen ist dies eigentlich keine Anrufumleitung, sondern eine besondere Form der Weitervermittlung. Denn es ist in ISDN-Anlagen nicht möglich, eine Anrufumleitung einzustellen, wenn ein Anruf bereits signalisiert wird. Der Anruf muß daher weitervermittelt werden. Es ist jedoch naheliegend diese besondere Form der Weitervermittlung und die oben beschriebenen Formen der Umleitung von der Bedienoberfläche zu integrieren.

32 Siehe hierzu Schmandt/Casner 1989 (Phone-Slave).

(2) Chancen und Risiken
Über die bereits bei der Anrufumleitung[33] genannten hinaus ergeben sich weitere Chancen und Risiken:

+ Erhöhte Flexibilität
Der die Umleitung einstellende B-Teilnehmer hat die Möglichkeit, Umleitungen im voraus für eine längere Zeit und auf verschiedene Ziele festzulegen, ohne daß er die Umleitung jedesmal erneut voreinstellen muß. Für ihn erleichtert dies die Arbeit (K6) und erhöht überdies die Werkzeugeignung des Telefons (K5).

+ Verbesserte Erreichbarkeit
Wenn dem Teilnehmer im voraus genau bekannt ist, zu welchen Zeiten er unter welchen Rufnummern erreichbar ist, kann das Merkmal Flexible Anrufumleitung ähnlich wie das Leistungsmerkmal Nachziehen genutzt werden, um Verbindungen zu dem jeweiligen Aufenthaltsort durchzustellen. Die Erreichbarkeit des Teilnehmers kann dann wesentlich erhöht werden (Arbeitserleichterung (K6)).

– Gefahr von Verhaltenskontrollen und Bewegungsprofilen
Die Daten der flexiblen Anrufumleitung sind wesentlich differenzierter und damit entsprechend sensitiver als die Leistungsmerkmalsdaten der einfachen Anrufumleitung. Unbefugte können mit diesen Daten leicht feststellen, wann ein Teilnehmer an seinem Arbeitsplatz war oder ist. Wird das Merkmal als Ersatz für das Nachziehen benutzt, können auch Bewegungsprofile gebildet werden (Zweckbindung (K4)).

– Fehlleitung von Verbindungen und Nachrichten
Wenn ein Rufer den Apparat eines anderen Teilnehmers benutzt, ist es leicht möglich, daß er an eine falsche Stelle umgeleitet wird. Sofern personenbezogene Nachrichten angesagt werden, besteht ferner die Gefahr, daß Rufer nicht für bestimmte Mitteilungen empfangen. Für den Sender und den vorgesehenen Empfänger einer Mitteilung besteht dann die Gefahr, daß persönliche Mitteilungen von Unbefugten zur Kenntnis genommen werden (Techniksicherung (K9)).

(3) Technische Gestaltungsvorschläge
Durch die flexible Anrufumleitung ergeben sich gegenüber der einfachen Anrufumleitung keine grundsätzlich neuen Anforderungen.

Wegen der erhöhten Sensitivität der Leistungsmerkmalsdaten (Umleitungsziele und -zeiten) sind allerdings an den Zugriffsschutz höhere Anforderungen zu stellen. Für den Anruf von Nachrichten sollten besondere Schutzvorkehrungen (gegebenenfalls ein Passwort) optional vorgesehen werden.

Die erforderlichen Abstimmungsprozeduren zwischen den von einer Umleitung betroffenen Teilnehmern lassen sich weitgehend übertragen.[34] Ergänzungen sind lediglich für den geforderten Abstimmungsprozeß zwischen dem B- und

---

33 Siehe hierzu Anrufumleitung 4.1.8.
34 Siehe hierzu Anrufumleitung 4.1.8.

dem C-Teilnehmer notwendig. Da die Umleitungen automatisch zu bestimmten Zeitpunkten eingestellt werden, ist ein direkter Abstimmungsprozeß zwischen den Teilnehmern zum Zeitpunkt der Voreinstellung kaum mehr möglich. Würde die Zustimmung durch das Endgerät des B-Teilnehmers automatisch zum eingestellten Zeitpunkt erfolgen, so könnte es passieren, daß der C-Teilnehmer gerade nicht anwesend wäre oder seine Zustimmung verweigern würde. Die Umleitung käme dann ohne Wissen des B-Teilnehmers nicht zustande.

Eine Lösung des Problems könnte darin bestehen, daß jeder Teilnehmer an seinem Endgerät voreinstellen kann, von wem und innerhalb welcher Zeiten er Anrufum- und Anrufweiterleitungen auf seinen Apparat zuläßt. Diese Bedingungen können dann sofort überprüft werden, wenn die Umleitungszeitpunkte und -ziele festgelegt werden. So könnte ein Sekretariat festlegen, daß Umleitungen von Mitarbeitern innerhalb der Dienstzeiten jederzeit eingestellt werden dürfen. Nur wenn diese festgelegten Bedingungen nicht zutreffen, muß der C-Teilnehmer angerufen und um eine direkte Zustimmung zur Voreinstellung gebeten werden. Diese komfortable Lösung für den Abstimmungsprozeß läßt sich im Prinzip auch für die einfache Anrufumleitung realisieren. Sie ist wegen der begrenzten Anzeige- und Bedieninstrumente an herkömmlichen Telefonapparaten allerdings weniger bedienerfreundlich zu realisieren

4.3.4 Anzeige ruferbezogener Daten

(1) Funktionsweise

Die im ISDN übermittelte Rufnummer des Rufers muß nicht notwendigerweise nur angezeigt oder in einer Anruferliste abgespeichert werden. Die Rufnummer kann auch im Endgerät oder in einer an der ISDN-Anlage angeschlossenen DV-Anlage ausgewertet werden, um rufer- und gesprächsbezogene Daten an einem Bildschirmgerät des gerufenen bzw. erreichten Teilnehmers anzuzeigen. Diese Form der individuellen Anrufbehandlung wird beispielsweise in Serviceleitstellen von Technikfirmen bereits realisiert. Dem Sachbearbeiter werden mit oder unmittelbar vor der Annahme des Anrufs Daten zur Technikausstattung des Kunden am Bildschirm angezeigt, die automatisch aus der Datenbank eines angeschlossenen DV-Systems abgerufen wurden. Ähnliche Anwendungsformen sind bei Banken und Versicherungen möglich.

Ein technisches Problem der Anzeige ruferbezogener Daten liegt darin, daß erst wenige Teilnehmer des öffentlichen Fernsprechnetzes an ISDN angeschlossen sind und deshalb nur sehr selten Rufnummern für die Identifizierung übermittelt werden. Deshalb eignet sich das Merkmal zunächst nur für In-House-Anwendungen, wie etwa die Beratung von DV-Nutzern in einem großen Unternehmen. Um dennoch wenigstens ansatzweise dieses Merkmal auch für externe Rufer zu realisieren, behilft man sich mit einem Trick.

Man gibt den einzelnen Kunden Rufnummern, die sie anrufen sollen, die jedoch nicht zu Telefonapparaten der ISDN-Anlage gehören (**Pseudorufnum-**

mern). Wenn Kunden diese Pseudorufnummern anwählen, wird dies durch ein an die ISDN-Anlage angeschlossenes DV-System erkannt und der Rufer identifiziert. Mit dieser Pseudorufnummer aus der ISDN-Anlage kann dann der Ruf an die richtige Stelle weitervermittelt werden. Gleichzeitig können dann Daten abgerufen und an Bildschirmendgeräte des DV-Systems übermittelt werden.[35]

Die Anzeige ruferbezogener Daten muß nicht auf den DV-PBX-Verbund und Branchenanwendungen beschränkt bleiben. Prinzipiell ist es auch möglich, die Rufnummer im Endgerät (ISDN-PC) eines Teilnehmers auszuwerten, um Komfortfunktionen zu realisieren. So könnte in Verbindung mit dem Ein- und Ausgangsjournal ein Leistungsmerkmal realisiert werden, das bei kommenden Anrufen anzeigt, wann der Angerufene zuletzt mit diesem Teilnehmern gesprochen hat.

(2) Chancen und Risiken

+ Verbesserte Beratung

Mit der Anzeige ruferbezogener Daten können notwendige Informationen sofort bereitgestellt werden. So muß ein Sachbearbeiter diese Informationen dann nicht erst während des Gespräches erfragen bzw. gesondert über eine DVA abrufen oder in schriftlichen papiergebundenen Unterlagen suchen (Arbeitserleichterung (K6)). Dadurch kann er im Gespräch schneller "zur Sache" kommen.

– Mangelnde Transparenz für den Rufer

Nicht immer wird es für den Rufer wünschenswert sein, wenn dem Gerufenen bereits vor Beginn des Gespräches ihn betreffende Daten angezeigt werden. Für den Kunden ist in keiner Weise transparent, welche Daten dem gerufenen Teilnehmer angezeigt werden und wie dies sein Gesprächsverhalten beeinflußt. Es ist denkbar, daß der Berater einer Bank dem Kunden gegenüber voreingenommen reagiert, wenn ihm bei einem Anruf sofort die Daten von Kontoständen und laufenden Kreditverträgen angezeigt werden. Grundsätzlich hat der Rufer - bei geeigneter Realisierung des Merkmals Anzeige der Rufnummer des rufenden Teilnehmers zwar die Möglichkeit, die Übermittlung seiner Rufnummer zu unterbinden. Allerdings kann der Rufer bei seinem Anruf nicht erkennen, ob nur seine Rufnummer angezeigt wird oder ob darüber hinaus sensitive personenbezogene Daten am Bildschirm des Gerufenen angezeigt werden. Die Transparenz der Gesprächssituation (K1) und die Entscheidungsfreiheit des Rufers (K2) sind daher beeinträchtigt.

---

[35] Diese Lösung ist allerdings durch den Rufnummernhaushalt der ISDN-Anlage begrenzt und überdies aufwendig zu realisieren. Sie stellt daher keinen vollwertigen Ersatz für die ISDN-Lösung dar.

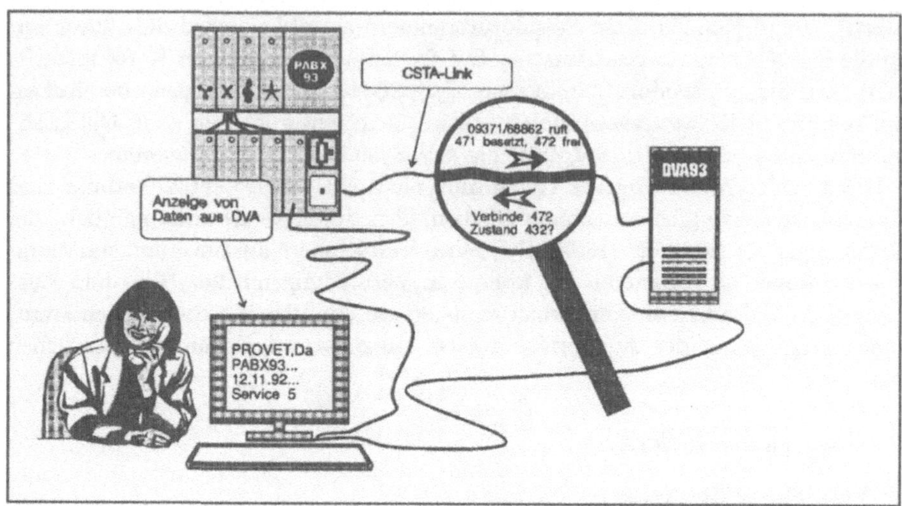

Abb. 10: CSTA-Kopplung zwischen Vermittlungssystem und Datenverarbeitungsanlage. Die Lupe zeigt einen möglichen Datenaustausch zwischen den beiden Systmen. Im Bildschirm werden die Daten eines externen Rufers angezeigt.

– Mißbräuchlicher Informationszugriff durch Masquerade

Wird die Rufnummer eines rufenden Teilnehmers durch das Netz übermittelt, so wird der Gerufene besonders sicher sein, die Identität des Rufers zu kennen. Er wird dann möglicherweise eher als bisher bereit sein, personenbezogene Daten am Telefon preiszugeben. Diese Auskunftsbereitschaft kann unter Umständen mißbraucht werden. Ein Angreifer könnte ein Endgerät eines anderen Teilnehmers nutzen, um einem Investment- oder Kreditberater gegenüber als dieser spezifische Kunde in Erscheinung zu treten.[36] Vertrauliche Daten können so an Unbefugte weitergegeben werden (Techniksicherung (K9))

(3) Technische Gestaltungsmöglichkeiten

Im Prinzip könnte die Transparenz für den Rufer dadurch hergestellt werden, daß ihm an einem Bildschirm seines Endgerätes angezeigt würde, was der Gerufene an seinem Bildschirm sieht (Telefon-Daten-Konferenz). Dazu müßte der Rufer aber über ein Endgerät mit äquivalenten Anzeigemöglichkeiten wie das

---

36 Die Nutzung des Apparates eines anderen Teilnehmers ist nicht die einzige Möglichkeit, derartige Mißbräuche durchzuführen. Mit dem Leistungsmerkmal "mobiler Teilnehmer" können beipielsweise sämtliche Berechtigungen eines Teilnehmers A an einen anderen Apparat B nachgezogen werden. Wird dann von diesem Apparat telefoniert, so wird bei gehenden Gesprächen die Rufnummer von A angezeigt und nicht die von B. Ein Angreifer, der dieses Merkmal mißbraucht, kann so als ein anderer in Erscheinung treten.

des Gerufenen verfügen. Diese stehen jedoch zumindest den Rufern aus dem öffentlichen Netz in der Regel nicht zur Verfügung. Außerdem wären für die simultane Übertragung der Daten der Bildschirmanzeige, z.B. Grafiken, Dienste mit hohen Übertragungsraten notwendig, die im ISDN für die meisten Fernsprechteilnehmer auf absehbare Zeit nicht genutzt werden können. Darüber hinaus wird es häufig im Interesse eines Unternehems liegen, dem Kunden die bereitgestellten Daten gerade nicht zu zeigen.

Unabhängig von der technischen Realisierbarkeit würden durch die Übermittlung personenbezogener Daten an den Rufer die Mißbrauchsgefahren ganz erheblich verschärft. Eine derartige Lösung wäre daher nur in einigen Anwendungsfällen und bei Einsatz zuverlässiger Identifizierungs- und Authentifizierungsmechanismen vertretbar.

Für die Transparenzprobleme kann daher keine breit anwendbare und anwendungsunabhängige Lösung gefunden werden. Die optionale Übermittlung der Rufnummer durch den Rufer gewinnt daher zusätzlich an Gewicht. Außerdem müssen die Anwendungssysteme geeignet gestaltet werden. So könnte für eine Bankanwendung eine Lösung darin bestehen, daß nicht alle Kundendaten bereits vor Gesprächsbeginn angezeigt werden, sondern daß hierfür eine gesonderte Aktivierung erforderlich ist. Dadurch könnte unter Umständen eher sichergestellt werden, daß der Sachbearbeiter nicht zu leicht kundenbezogene Daten preisgibt oder sofort voreingenommen reagiert. Außerdem könnte ein Hinweiston oder eine kurze Ansage für den Rufer ausgesendet werden, wenn umfangreiche und sensitive personenbezogene Daten abgerufen werden. Ob diese Maßnahmen jedoch angemessen und erforderlich sind, ist in jedem Anwendungsfall zu prüfen.

4.3.5 Intelligente Anrufverteilung

(1) Funktionsweise

Die automatische Anrufverteilung ist eine Einrichtung, die ankommende Anrufe auf mehrere Telefonanschlüsse einer Nebenstellenanlage verteilt. Genutzt wird sie heute in vielen Telefonleitstellen und telefonischen Servicestellen, um verschiedenen Telefonisten gleichmäßig Anrufe zuzuteilen. Hierfür werden meist spezielle Telefonanlagen oder Unteranlagen mit besonderen Merkmalen (Automatic Call Distribution, ACD- oder Makleranlagen) eingesetzt.

Eine wesentliche Veränderung erfährt die automatische Anrufverteilung durch die Auswertung der Rufnummer des Rufers (Intelligent Call Distribution). Rufe können abhängig von der Rufnummer des Rufers zu verschiedenen Nebenstellen weitervermittelt bzw. verteilt und Anrufer automatisch mit den für sie vorgesehenen Sachbearbeitern verbunden werden.[37] Dieses Verfahren wird wegen der noch zu geringen Anschlußdichte des ISDN bisher kaum eingesetzt. Es gibt al-

---

[37] ECMA 1990, 23f.

lerdings erste Pilotsysteme, beispielsweise für die Anlageberatung bei Banken.[38] Außerdem werden über den oben beschriebenen Trick der Einrichtung von Pseudorufnummern[39] ähnliche Anwendungen mit eingeschränktem Leistungsumfang bereits für Serviceleitstellen realisiert.

(2) Chancen und Risiken

+ Keine umständliche Weitervermittlung
Für den Anrufer ist es von Vorteil, wenn er automatisch mit der für ihn vorgesehenen Stelle verbunden wird. Er hat dann die beste Chance schnell und kompetent Auskunft zu erhalten. Auch für den Gerufenen kann es von Vorteil sein, wenn umständliche Weitervermittlungen entfallen (Arbeitserleichterung (K6)).

– Fehlende individuelle Erreichbarkeit
In einzelnen Fällen kann die intelligente Anrufverteilung jedoch auch nachteilig für den Rufer sein. Dies ist beispielsweise dann der Fall, wenn er einen bestimmten Teilnehmer in einer persönlichen Angelegenheit erreichen möchte, dies aber wegen der automatischen Anrufverteilung nicht kann. Seine Entscheidungsfreiheit (K2) kann dadurch beeinträchtigt werden.[40]

(3) Technische Gestaltungsmöglichkeiten
Zur Wahrung der Entscheidungsfreiheit (K2) für den Anrufer sollte grundsätzlich die Möglichkeit bestehen, einen Teilnehmer auch direkt, d.h. unter Umgehung der Anrufverteilung, anzuwählen. Dies ist - soweit bekannt - bei den heutigen ACD-Anlagen der Fall.

4.3.6 Vorausschauendes Wählen

(1) Funktionsweise
Mit dem Vorausschauenden Wählen (**Predictive Dialing**[41]) werden Verbindungen anhand von vorher eingegebenen Anruferlisten automatisch aufgebaut. Die Verbindungen werden nur dann an einen Sachbearbeiter durchgestellt, wenn der Verbindungsaufbau erfolgreich war. Angewendet wird dieses Merkmal beispielsweise im Telemarketing.

---

38 Rothe, Bank und Markt 5/91.

39 Siehe oben Anzeige ruferbezogener Daten 4.3.4.

40 Es sei darauf hingewiesen, daß ACD-Anlagen eine Reihe von weiteren Problemen aufweisen. So ist es teilweise möglich, die Dauer von Gesprächen zu kontrollieren und Statistiken über das Gesprächsverhalten zu erstellen. Diese Probleme können jedoch in dieser Untersuchung nicht behandelt werden.

41 ECMA 1990, 19.

(2) Chancen und Risiken

+ Vermeiden vergeblicher Anrufversuche
Das vorausschauende Wählen kann Mitarbeiter von Routinetätigkeiten entlasten. Anrufversuche, bei denen der Partner besetzt ist oder nicht abnimmt, sind nicht mehr erforderlich (Arbeitserleichterung (K6)).

+ Zuverlässig telefonieren
Durch die Anrufplanung werden Anrufe nicht mehr vergessen. Anrufe könne gezielt erfolgen (Arbeitserleichterung (K6)).

– Verlust von Arbeitsautonomie
Die Arbeitsautonomie und die kommunikative Selbstbestimmung wird beeinträchtigt, wenn die Reihenfolge von Gesprächspartnern und Gesprächen vorgegeben werden. Dies ist insbesondere dann der Fall, wenn das Merkmal genutzt wird, um Anrufe für eine Gruppe von Teilnehmern zu steuern (ACD-Anlagen). Das Telefon kann hierdurch von seiner Werkzeugeignung (K5) verlieren.

(3) Technische Gestaltungsmöglichkeiten
Um den Verlust von Arbeitsautonomie zu vermeiden, sollte das vorausschauende Wählen so gestaltet werden, daß den Nutzern ein Maximum an Entscheidungsfreiheit (K2) bei der Kommunikation und die Werkzeugeignung (K5) des Telefons erhalten bleibt. Vorteilhaft sind Lösungen, mit denen die Häufigkeit von Gesprächen begrenzt und Gesprächspausen ermöglicht werden können. Eine Lösung auf der Anwendungsebene könnte darin bestehen, daß Mitarbeiter die Listen ihrer Gesprächspartner jederzeit selbst zusammenzustellen und sie selbst die Abarbeitung dieser Liste kontrollieren.

4.3.7 Übergeben von Gespräch und Daten

(1) Funktionsweise
Oft kann ein Teilnehmer B einem Rufer A nicht die gewünschte Auskunft geben und möchte ihn an einen anderen Teilnehmer C weitervermitteln. Dazu kann er das Merkmal Übergeben nutzen. Allerdings hat dieses Merkmal den Nachteil, daß die das Gespräch betreffenden Daten, die auf einem Bildschirm angezeigt werden, nicht mitvermittelt werden können. Wenn der B-Teilnehmer selbst kundenbezogene Daten eingibt, besteht auch keine Möglichkeit, diesen Vorgang zusammen mit dem Telefongespräch an einen Teilnehmer C zu übergeben. Es könnte daher in einigen Fällen nützlich sein, zusammen mit einem Telefongespräch auch eine bestehende Datenverbindung zu einem DV-System an einen dritten Teilnehmer zu übergeben. Mit dem Leistungsmerkmal Übergabe von Gesprächen und Daten soll diese Möglichkeit geschaffen werden.

(2) Chancen und Risiken

+ Verbesserte Beratung
Wird das Merkmal genutzt, so kann der C-Teilnehmer das Gespräch genau mit den Informationen fortsetzen, mit denen der B-Teilnehmer es unterbrochen hat. Der zeitraubende Aufbau einer Datenverbindung durch den C-Teilnehmer entfällt. Der Anrufer kann sofort beraten werden (Arbeitserleichterung (K6)).

– Durchbrechen von Abschottungsgrenzen
Das Merkmal birgt allerdings ein erhebliches Risiko, daß bestehende Regelungen zur Arbeitsaufteilung und innerorganisatorische Abschottungen umgangen werden. So wäre es beispielsweise in der kommunalen Verwaltung unzulässig, wenn Bildschirmanzeigen personenbezogener Daten vom Schulamt zum Sportamt weitervermittelt werden könnten. Dadurch könnten Sachbearbeiter von persönlichen Angelegenheiten eines Rufers Kenntnis nehmen, die sie nichts angehen dürfen (Zweckbindung (K4)).

(3) Technische Gestaltungsmöglichkeiten
Für dieses Merkmal ist es besonders wichtig, sicherzustellen, daß innerbehördliche oder innerbetriebliche Abschottungsgrenzen eingehalten werden. Hierfür ist eine differenzierte Berechtigungsvergabe notwendig (Berechtigungen, Z1 und Z2). Es muß genau festgelegt werden können, wer wohin übergeben darf und ob Datenverbindungen mit übergeben werden dürfen.

4.4 Integration und Umsetzung von Gestaltungsvorschlägen

Betrachtet man die Fülle von Gestaltungsvorschlägen, so mag deren Umsetzung schon allein wegen der Vielzahl von notwendigen Tastenfunktionen und Displayanzeigen und der komplizierten Berechtigungsvergabe kaum praktikabel erscheinen. Tatsächlich ist es aber durchaus möglich, die Vorschläge so zu integrieren, daß die Bedienung der Telefonsysteme gegenüber heute nicht verkompliziert würde. Wir möchten keinen zusammenhängenden Vorschlag für die Integration aller Anforderungen in einem rechtsgemäß gestalteten Telefonsystem machen, weil hierzu sinnvollerweise auch anderer Gestaltungskriterien - insbesondere der Softwareergonomie[42] - einbezogen werden sollten. Im folgenden möchten wir jedoch skizzieren, wie eine Umsetzung unserer Vorschläge praktisch möglich wäre.

42 Zu Ansätzen hierzu siehe z.B. Herrmann 1988.

Tastaturen und Anzeigen
Werden über Telefon- und ISDN-Anlagen zunehmend PCs vernetzt, werden auch komplexere Voreinstellungen, Anzeigefunktionen und Signalisierungen kein Problem darstellen. Die Ein- und Ausgabe kann mit Tastatur und Bildschirm erfolgen. Die Gestaltungsvorschläge lassen sich jedoch auch mit modernen Tastwahltelefonen mit zweizeiligen Displays realisieren, wenn die Anzeigen und Tastenfunktionen geeignet kombiniert und gruppiert werden.

Bei vielen Leistungsmerkmalen werden Aktiv- und Passivfunktionen unterschieden, die auf einem zweispaltigen Tastwahlblock mit LED-Tasten jeweils links (Aktiv-Teil) und rechts (Passiv-Teil) angeordnet werden könnten. Die Tasten-LEDs sollten dauerhaft leuchten, wenn eine Funktion am eigenen Apparat oder einem Gesprächspartner voreingestellt ist (z.B. Identifizieren ständig angefordert), und blinken, wenn ein Partner eine Aktion anfordert. Zustände könnten auch farblich unterschieden werden.[43]

Beispiele hierzu:

Weitervermittlung: Je eine Taste für Übergeben (aktiv) und Übernehmen (passiv).
Wenn die Anzeige zur Taste Übernehmen blinkt, bedeutet dies daß der Partner möchte, daß eine bei ihm in Rückfrage befindliche Verbindung übernommen wird. Das Drücken der Taste aktiviert das Übernehmen.

Gesprächsausweitung: Konferenz, je eine Taste für anfordern (aktiv) und zulassen (passiv).
Wenn Konferenz zulassen permanent leuchtet, könnte dies anzeigen, daß eine Konferenz besteht. Bei einem aufwendigeren Handshakeverfahren könnte über die Taste durch Blinken auch eine Zustimmung zur Gesprächsausweitung angefordert werden.

Lauthören: Eine Anzeige Lauthören beim Partner würde leuchten, wenn einer der Kommunikationspartner das Leistungsmerkmal aktiviert hat. Die Anzeige könnte gegebenenfalls mit Konferenz in Gesprächsausweitung aktiv zusammengefaßt werden.

Identifizieren: Identifizieren anfordern (aktiv) und Identifizieren freigeben (passiv)
Wenn Identifizieren anfordern blinkt, bedeutet dies, daß ein Partner wünscht, daß sich der andere Teilnehmer identifiziert. Ein dauerhaftes Leuchten zeigt an, daß Identifizieren voreingestellt ist, d.h. daß sich der Teilnehmer ständig identifiziert. Wenn Identifizieren anfordern dauerhaft leuchtet, bedeutet dies, daß der Teilnehmer Identifizieren bei allen kommenden Gesprächen anfordert.

---

43 Zum Beispiel können LEDs eingesetzt werden, die in unterschiedlichen Farben leuchten.

Anklopfen: Anklopfen (aktiv) und Zweitanruf zulassen (passiv)
Wenn Zweitanruf leuchtet, könnte dies anzeigen, daß Anklopfen durch andere Teilnehmer zulässig ist. Wenn Zweitanruf während eines Gespräches blinkt, könnte dies anzeigen, daß ein zusätzlicher Anrufwunsch anliegt.

Entsprechend könnten selten benötigte Leistungsmerkmale realisiert werden, beispielsweise die Automatische Verbindungsannahme (Durchsage, aktiv, und Ansprechschutz, passiv) und Aufschalten (Aufschalten anfordern, aktiv und Aufschalten zulassen, passiv).

Übergangslösung: Zusätzliche Merkmale
Viele Probleme, die sich aus den Grundfunktionen Identifizierung und besondere Verbindungsvollendung ergeben, könnten durch besondere, zusätzliche Merkmale umgangen werden. Beipielsweise könnte als neues Leistungsmerkmal ein Privatruf eingeführt werden. Der Privatruf, der über eine besondere Kennzahl oder Taste aktiviert würde, sollte sicherstellen, daß der Ruf nur den gewünschten Teilnehmer an seinem Apparat erreichen kann. Jede Form der besonderen Verbindungsvollendung (Heranholen, Umleiten, Anrufweiterleitung, Abwurf zum Vermittlungsplatz,...) sollte unterbunden werden. Auch andere Merkmale, die die Vertraulichkeit einer Kommunikationsbeziehung gefährden können (Konferenz, Aufschalten, Lauthören, Zeugenzuschaltung), sollten dann unterbunden sein. Der Privatruf hätte den Vorteil, daß die Gesprächssituation für den Rufer besonders transparent wäre. Er könnte sich sicher sein, daß er den von ihm gewünschten Teilnehmer an seinem Platz erreicht und daß sonst niemand am Gespräch beteiligt werden kann.

Berechtigungsvergabe
Die Vorschläge zur Einrichtung von Leistungsmerkmalen erfordern eine wesentlich differenziertere Berechtigungsvergabe, als dies in heutigen Telefon- und ISDN-Anlagen üblich ist. Meist sind die geforderten rollenspezifischen Berechtigungen nicht verfügbar oder die Nutzungsberechtigung kann nicht geeignet auf Gruppen begrenzt werden.[44] Manche vordefinierten komplexeren Leistungsmerkmale beinhalten Berechtigungen, die nicht den betrieblichen Anforderungen entsprechen.[45]

Für die Implementierung eines differenzierten und flexiblen Berechtigungskonzepts bestehen allerdings die beiden gleichen Grundforderungen, die für die heutige Betriebsführungssoftware gelten. Die Systemverwaltung muß zum einen ausreichend effizient sein, um schnelle Funktionen des Vermittlungssystems zu ermöglichen. Sie muß zum zweiten für das Betriebsführungspersonal handhabbar sein. Beide Anforderungen sind allerdings weitgehend unabhängig voneinander. Die Effizienz einer Implementierung kann auf vielerlei Weise durch "interne

44 Beipielsweise Festlegen der zulässigen Ziele von Umleitungen.
45 Z.B. Team- oder Chef-Sekretär-Konfigurationen.

Maßnahmen" gesteigert werden. Diese schnellen Funktionen und internen Sichten auf Datenbestände benötigt das Betriebsführungspersonal jedoch in aller Regel nicht. Für die Operateure und Techniker sind vielmehr Darstellungen zu wählen, die ihren Aufgabenstellungen entsprechen. Die "Übersetzung" zwischen beiden Ebenen ist Aufgabe einer ausgereiften Benutzeroberfläche.

Effiziente Umsetzung im Vermittlungssystem

Häufig wird angeführt, daß die Berücksichtigung vieler Berechtigungen zu viel Rechenzeit im Vermittlungssystems benötigen und daher die geforderten Zeiten für einen Verbindungsaufbau oder die Ausführung von Leistungsmerkmalen nicht eingehalten werden können. Der Verwaltungsaufwand und die Komplexität seien zu hoch.

Berechtigungen können jedoch während des Verbindungsaufbaus oder nach dem Aktivieren eines Leistungsmerkmals unabhängig von den Datenstrukturen, die für die Berechtigungsvergabe erforderlich sind, überprüft werden. Die Vermittlungssoftware muß lediglich feststellen, ob beipielsweise eine Verbindung zulässig ist (Wahlkontrolle), ob der Anrufer einen Rückruf eintragen darf oder der Teilnehmer berechtigt ist, die gewünschte Umleitung voreinzustellen. Diese Information könnte das Vermittlungssystem aus jeweils einer Tabelle je spezifischer Berechtigung entnehmen. Sofern durch ein Leistungsmerkmal mehrere Teilnehmer betroffen sind, gelingt es oft, mehrere rollenspezifische Berechtigungen in einer Matrix zusammenzufassen. Eine effiziente Auswertung differenzierter Berechtigungen könnte daher z.B. in Form von Berechtigungsmatrizen implementiert werden.

Beispiel 1: Rückruf bei Besetzt zulässig

Eine Berechtigungsmatrix kann die rollenspezifischen Berechtigungen "Darf Rückruf bei Besetzt bei ... eintragen" und "Kein Rückrufeintrag bei Besetzt zulässig" (passiv) zusammenfassen. Darf Teilnehmer 234 einen Rückruf bei 345 eintragen, ist die entprechende Postition der Matrix positiv besetzt. Teilnehmer 456 will dagegen gegen Rückrufe geschützt werden. Seine Spalte in der Matrix enthält daher negative Einträge.

Beispiel 2: Umleitung voreinstellen

Die rollenspezifischen Berechtigungen "Darf Umleitung voreinstellen zu" und "Darf Umleitung erhalten von" können ebenfalls in einer Berechtigungsmatrix enthalten sein. In ihr könnten sowohl Voreinstellungen von Umleitungen für Teilnehmer generell zugelassen, Gruppen von Quellen zu Gruppen von Zielen abgabildet als auch für Teilnehmer verhindert werden, daß Umleitungen zu ihnen voreingestellt werden.

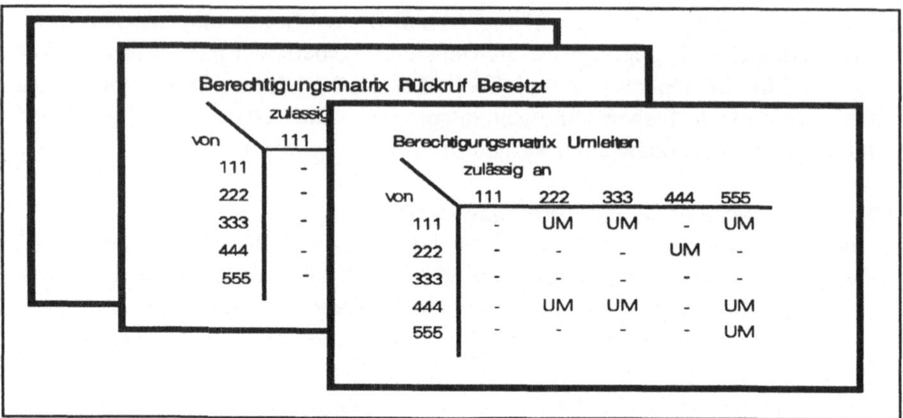

Abb. 11: Beispiel für eine Berechtigungsmatrix "Umleitung voreinstellen".

Werden die Berechtigungsvektoren und Matrizen geeignet in einer Datenbank abgelegt, kann auch eine schneller Zugriff für die einzelne Überprüfung gewährleistet werden. Der Speicherplatzbedarf könnte wiederum durch eine Gruppenbildung innerhalb der Matrix reduziert werden. Eine weitere Optimierung der Zugriffszeit ist durch mehrwertige Berechtigungen in der Matrix denkbar.

In verschiedenen Implementierungsvarianten könnten die beschriebenen Berechtigungsmatrizen für das Vermittlungssystem sogar genutzt werden, um die vom Teilnehmer vorgenommene aktuelle Voreinstellung festzustellen.

Benutzeroberfläche für die Betriebsführung

Zusätzliche und differenziertere Berechtigungen scheinen zunächst die heute schon bestehenden Probleme der Betriebsführung zu verschärfen. Dies ist jedoch nicht zwingend, da die Berechtigungsmatrix für die Bediener des Systems in der Regel verborgen bleiben kann.

Auch eine differenziertere Berechtigungsvergabe kann die heutigen Hilfsmittel zur Steuerung nutzten. Die "Hilfmittel" Berechtigungsklassen, Gruppenbildung und Default-Konfigurationen sollten verallgemeinert werden. Die Basisleistungsmerkmale könnten auch zu besonderen Gruppenkonfigurationen (vergleichbar einer Teamkonfiguration) zusammengefaßt werden.

Zusätzlich sollten Möglichkeiten für eine teilnehmerindividuelle und berechtigungsspezifische Einrichtung bereitgestellt werden, z.B. das Sperren eines Leistungsmerkmals für einen Teilnehmer.

Die Einrichtungsdaten selbst können unabhängig von den Berechtigungsmatrizen verwaltet werden und belasten das Vermittlungssystem nicht. Nach dem Stand der Technik sollte die Betriebsführungssoftware in der Lage sein, dem Bedienpersonal Konsistenzprobleme aufzuzeigen und mit Hilfefunktionen und Prioritätssetzungen deren Lösung zu unterstützen.

Bereits heute werden neue Benutzeroberflächen für Betriebsführungsfunktionen entwickelt. Sie sollen die Probleme eines an den Erfordernissen des Vermittlungssystems orientierten Befehlsumfangs vermeiden. Die Zuordnung eines Teilnehmers zu einer Berechtigungsklasse würde die Einträge in den erforderlichen Positionen der entsprechenden Berechtigungsmatrizen auslösen. Das Sperren eines Leistungsmerkmals für einen Teilnehmer bedeutet aus der Sicht der Betriebsführungssoftware je nach Rolle einen Zugriff auf die jeweilige Matrixzeile oder -spalte. Sofern Konflikte zwischen verschiedenen Einrichtungsoperationen für einen Teilnehmer auftreten, sollten diese mit der Darstellung der Ursachen gemeldet werden.

Die oben abgebildete Berechtigungsmatrix könnte wie folgt entstanden sein:

- 222 darf nur zu 444 umleiten,
- 111 will keine Umleitungen zu seinem Apparat,
- 555 darf keine Rufe umleiten
- die Teilnehmer 111 und 444 verfügen über die Berechtigungsklasse BK1, die Anschlüsse 222, 333 und 555 sind in der Teilnehmergruppe TG3 zusammengefaßt. Die Berechtigungsklasse BK1 beinhaltet die Berechtigung für Umleitungen in die Teilnehmergruppe TG3.

Die Differenzierung von Berechtigungen und die verschiedenen Konfigurierungsanforderungen werden in der Regel nicht dazu führen, daß jeder Teilnehmer ein anderes Berechtigungsprofil erhält. Sie sind vielmehr dazu geeigent, die Grundkonfiguration besser auf die speziellen Bedürfnisse der Organisation abzustimmen und gleichzeitig einige Sonderfälle geeignet einrichten zu können (Anpassungsfähigkeit (K7)). Dies gilt auch, wenn an einer modernen Telefonanlage noch analoge Endgeräte betrieben werden.

Hörtöne für Analog- und Amtsteilnehmer

Gegenwärtige Einführungskonzepte gehen davon aus, daß mit der Installation der neuen Vermittlungstechnik nicht gleichzeitig sämtliche Telefone ausgetauscht werden. Analoge Telefonapparate können mit eingeschränkten Bedien- und Signalisierungsmöglichkeiten weiter betrieben werden. Für sie gelten allerdings im Vergleich zu modernen ISDN-Komforttelefonen Einschränkungen hinsichtlich der Transparenz (K1), der Entscheidungsfreiheit (K2) und der Werkzeugeignung (K5).

Zur Lösung der dadurch bestehenden Probleme ergeben sich zwei Möglichkeiten. Zum einen kann in einer organisatorischen Gesamtplanung der Einsatz von Analogtelefonen auf bestimmte Apparate beschränkt bleiben, für die nur geringe Anforderungen hinsichtlich einer rechtsgemäßen Gestaltung bestehen. Dies kann bespielsweise für Apparate der Fall sein, die in öffentlich zugänglichen Räumen (etwa in Fluren) aufgehängt bzw. aufgestellt sind. Werden diese Apparate, die selten und von allen Mitarbeitern benutzt werden, gegebenenfalls mit

Hinweisen auf mögliche Risiken versehen, so kann für sie unter Umständen auf Signalisierungen verzichtet werden.

Ein zweiter Weg besteht darin, die Minimalanforderungen an die Signalisierung durch akustische Signale nachzubilden. Ziel ist es, für Analogapparate in gleicher Weise wie für moderne digitale Apparate Signalisierungen vorzusehen, die den rechtlichen Anforderungen und den aus ihnen abgeleiteten Bewertungskriterien entsprechen. Der Einsatz identischer Technikrealisierungen ist allerdings nicht zwingend, es genügt eine funktionsäquivalente Lösung.

Als Alternative zu Displayanzeigen müssen zumindest alle Signalisierungen realisiert werden, die erforderlich sind, um die Rechte auf kommunikative und informationelle Selbstbestimmung wahrzunehmen. Um die erforderliche Anzahl unterschiedlicher Töne und Tonfolgen zu begrenzen, kann die Signalisierung für bestimmte Grundfunktionen zusammengefaßt werden:

- ein regelmäßig wiederkehrender einheitlicher Warnton für alle Merkmale mit Gesprächsausweitung und Gesprächsaufzeichnung (Konferenz, Lauthören, Mitschneiden usw.),
- ein Hinweiston für alle Formen der besonderen Verbindungsvollendung.

Ist eine akustische Signalisierung nicht möglich, muß dafür gesorgt werden, daß Leistungsmerkmale, für die die rechtlichen Anforderungen mit analogen Endgeräten nicht erfüllt werden, in einer Verbindung, an der ein Altgerät beteiligt ist, nicht genutzt werden können. Dies betrifft beispielsweise alle Formen der Auswertung der Rufernummer. Nur so können die Kriterien Transparenz (K1), Entscheidungsfreiheit (K2), Erforderlichkeit (K3) und Werkzeugeignung (K5) ausreichend gewährleistet werden.

Probleme in der Umsetzung von Gestaltungsvorschlägen ergeben sich auch durch die Einbeziehung externer Teilnehmer. Die hier vorgeschlagenen optischen Signalisierungen (insbesondere für die besondere Verbindungsvollendung und die Gesprächsausweitung) sind in den bisher für das ISDN realisierten D-Kanalprotokollen nicht vorgesehen. Für Amtsteilnehmer, die nicht über das ISDN-angeschlossen sind, bestehen überhaupt keine optischen Anzeigemöglichkeiten. Um dennoch auch im Extern-Verkehr mit diesen Teilnehmern die Transparenz (K1) und Entscheidungsfreiheit (K2) sicherzustellen, sind wie für interne Analogteilnehmer die wichtigsten Signalisierungsmöglichkeiten akustisch nachzubilden.

Würden die einzelnen Gestaltungsvorschläge auf diese oder eine ähnliche Weise miteinander kombiniert und dabei ergonomische Anforderungen berücksichtigt, so würden die Telefonteilnehmer kaum mit zusätzlichen Funktionen belastet. Im Gegenteil. Es bestünde die Chance, eine sowohl rechtsgemäße als auch bedienerfreundliche Gestaltung von Leistungsmerkmalen zu erzielen.

5. Betriebsführung und Datensicherung

Rechtsrelevant sind nicht nur die Leistungsmerkmale von Telefon- und ISDN-Anlagen, vielmehr muß auch deren Betriebsführung rechtlichen Vorgaben entsprechen. Zum einen ergeben sich Gestaltungsanforderungen an Programmfunktionen aus institutionellen und bereichsspezifischen rechtlichen Regelungen, vor allem im Rahmen der Gebührendatenverarbeitung. Zum anderen sind technische Maßnahmen erforderlich, um die Möglichkeiten zu Mißbräuchen und Fehlern auszuschließen oder zumindest die Wahrscheinlichkeit hierfür zu reduzieren.

Die Herleitung technischer Gestaltungsmaßnahmen zur Datensicherung erfordert gegenüber der Gestaltung von Leistungsmerkmalen ein leicht modifiziertes methodisches Vorgehen. Konkrete Anforderungen an die Sicherung personenbezogener Daten ergeben sich nämlich bereits direkt aus den Vorschriften zur Datensicherung in den Datenschutzgesetzen. Da hier das Gesetz selbst Gestaltungsanforderungen beschreibt, erübrigt sich die Ableitung von Gestaltungszielen aus rechtlichen Anforderungen und Kriterien.

Wir wählen für die Entwicklung technischer Gestaltungsvorschläge folgenden Weg:

- *Rechtliche Sicherungspflichten*: Zunächst bestimmen wir mit Hilfe der Vorschriften des BDSG und des HDSG allgemeine Pflichten zur Sicherung personenbezogener Daten in Telefon- und ISDN-Anlagen. Zu diesen Sicherungspflichten stellen wir erforderliche technische und organisatorische Einzelmaßnahmen dar, soweit sich diese direkt aus den Gesetzesvorschriften ableiten lassen.
- *Grundfunktionen der Sicherungstechnik*: Von besonderer Bedeutung für alle Bereiche der Betriebsführung sind nach HDSG und BDSG die Zugangs- und Zugriffssicherung und die Protokollierung. Wir untersuchen diese Grundfunktionen der Sicherungstechnik und entwickeln hierzu technische Gestaltungsziele.

- *Gebührendatenverarbeitung*: Für den sensitivsten Bereich der Betriebsführung, die Gebührendatenverarbeitung, untersuchen wir schließlich bereichsspezifische rechtliche Regelungen und Gestaltungsziele und entwickeln exemplarisch Gestaltungsmaßnahmen.

5.1 Rechtliche Sicherungspflichten

§ 9 BDSG und § 10 HDSG fordern von demjenigen, der personenbezogene Daten verarbeitet, technische und organisatorische Maßnahmen zu ergreifen, die "*erforderlich und angemessen sind, um die Ausführung der Vorschriften dieses Gesetzes zu gewährleisten*" (§ 10 Abs. 1 HDSG).[1] Obwohl Maßnahmen der Datensicherung auch im Eigeninteresse des Datenverarbeiters an der Funktionsfähigkeit der Anlage und der Ordnungsmäßigkeit der Datenverarbeitung liegen, sind sie rechtlich ausschließlich im **Interesse des Betroffenen** geboten.[2] Sie sollen die Anforderungen an die Rechtmäßigkeit der Datenverarbeitung (z.B. Zweckbegrenzung, Mißbrauchsverhinderung) und die Möglichkeit des Betroffenen, seine Rechte (z.B. auf Auskunft) wahrzunehmen, gewährleisten. Sie sollen unzulässige Verarbeitung, Verlust und Kenntnisnahme personenbezogener Daten verhindern und gebotene Datenverarbeitung sicherstellen. Die Art und Weise der Maßnahmen richtet sich nach dem jeweiligen "Stand der Technik" (§ 10 Abs. 1 HDSG). **Maßnahmen der Datensicherung sind also unter zwei kumulativen Bedingungen geboten: Sie müssen erforderlich und angemessen sein und sie müssen dem Stand der Technik entsprechen.**[3]

Erforderlich ist eine Schutzmaßnahme, wenn sie zur Erreichung des Schutzzwecks geeignet und notwendig ist und durch keine funktionsäquivalente Maßnahme ersetzt werden kann, die weniger belastend ist. **Angemessen** ist eine Maßnahme dann, "*wenn ihr Aufwand in einem angemessenen Verhältnis zum angestrebten Schutzzweck steht*" (§ 9 BDSG).[4] Hierbei ist auf die "*Art der zu schützenden personenbezogenen Daten*" abzustellen (Anlage zu § 9 BDSG; § 10 Abs. 3 HDSG). Die Angemessenheit einer Maßnahme richtet sich also nicht nach den finanziellen Kosten, sondern nach den konkreten Risiken für das Grundrecht auf informationelle Selbstbestimmung und den Schutzwirkungen der jeweiligen Maßnahme. Kann also ein hohes Risiko nur durch eine bestimmte

---

1 Im gleichen Sinn § 9 Abs. 1 BDSG - siehe hierzu Tinnefeld/Tubies 1989, 161f.

2 Siehe hierzu z.B. Tinnefeld/Tubies 1989, 155; Nungesser 1988, § 10 Rdn 3; Demke/Schild (Loseblattsammlung), § 10 I; Schneider in Gallwas u.a. (Loseblattsammlung), § 6 Rdn 7.

3 Siehe zum folgenden ausführlich Hammer/Roßnagel, DuD 1990, 394 ff.

4 Siehe hierzu näher Dammann 1981, § 6 Rdn 29f.; Nungesser 1988, § 10 Rdn 6f.; Hessischer Minister des Innern, 1981, 433f.

Maßnahme effektiv geschützt werden, so ist diese geboten, auch wenn sie hohe Kosten verursacht. Nicht mehr angemessen wäre die Maßnahme nur dann, wenn der Sicherheitsgewinn durch diese zusätzliche Vorkehrung bezogen auf das erreichte Sicherungsniveau als unbedeutend zu bezeichnen wäre.

Diese Anforderungen werden für die "**automatisierte**" Datenverarbeitung in der Anlage zu § 9 BDSG und Abs. 3 des § 10 HDSG in zehn Regeln der Datensicherung präzisiert. Da "automatisiert" eine Datenverarbeitung meint, die programmgesteuert abläuft[5], gelten die zehn Regeln für alle genannten Formen der Verarbeitung personenbezogener Daten in Telefon- und ISDN-Anlagen. Sie beschreiben die Sicherungspflichten nicht abschließend, sondern sind Orientierungshilfen für die nach den konkreten Risiken im Einzelfall zu bestimmenden Anforderungen.[6] Häufig wird es notwendig sein, nicht in den zehn Geboten der Datensicherung aufgeführte Bereiche durch Datensicherungsmaßnahmen abzudecken. Die Verpflichtung hierzu ergibt sich unmittelbar aus § 9 BDSG bzw. § 10 Abs. 1 HDSG.[7] Für ISDN-Anlagen können Datensicherungspflichten folgendermaßen konkretisiert werden.

(1) Zugangskontrolle

Zu treffen sind "*Maßnahmen, die ... geeignet sind,*

> *Unbefugten den Zugang zu Datenverarbeitungsanlagen, mit denen personenbezogene Daten verarbeitet werden, zu verwehren (Zugangskontrolle)*" (Nr. 1 der Anlage zu § 9 BDSG und § 10 Abs. 3 Nr. 1 HDSG gleichlautend).

(a) Sicherungsziele

Die Zugangskontrolle soll verhindern, daß Unbefugte sich Datenverarbeitungsanlagen räumlich nähern, weil sie Daten zur Kenntnis oder auf den Verarbei-

---

5 Siehe hierzu z.B. Ordemann/Schomerus 1988, Anlage zu § 6, der dies für alle vier Phasen der Datenverarbeitung iSd § 2 Abs. 2 verlangt, und Dammann 1981, § 6 Rdn 61, 103, der es angesichts des besonderen Gefahrenpotentials zu recht genügen läßt, wenn eine der Phasen programmgesteuert erfolgt. Auernhammer 1977, § 6 Rdn 4 setzt die automatische insbesondere mit der elektronischen Datenverarbeitung gleich.

6 Siehe z.B. Nungesser 1988, § 10 Rdn 12; Demke/Schild (Loseblattsammlung), § 10 II b; Schneider in Gallwas u.a. (Loseblattsammlung), § 6 Rdn 8f., Anlage zu § 6 Rdn 9, 37.

7 Siehe hierzu z.B. die Hinweise der Hamburger Behörde für Wirtschaft 1978, zur Anwendung des Bundesdatenschutzgesetzes im nicht-öffentlichen Bereich unter Hinweis auf die Datenübertragung innerhalb der speichernden Stelle, 2171, II. 0.1.

tungsvorgang Einfluß nehmen könnten. "**Anlagen**" umfaßt die Zentraleinheit, die gesamte Peripherie sowie die Übertragungsleitungen.[8]

Wörtlich genommen folgt aus der Zugangskontrolle, daß die komplette Hardware der ISDN-Telefonanlage vor unbefugtem Zugang gesichert sein muß, also beispielsweise auch jedes Endgerät und jede Übertragungsleitung. Hinsichtlich der gebotenen Sicherungsmaßnahmen ist allerdings entsprechend den Datenschutzrisiken, die mit einem Zugang verbunden sind, zu differenzieren. Ein intensiver Zugangsschutz ist jedoch zumindest vorzusehen für:

- das Betriebsterminal und das Netzwerkzentrum
- die Vermittlungssysteme aller Netzknoten
- den/die Gebührenrechner
- die Vermittlungsplätze, insbesondere dann, wenn an ihnen auch einzelne Funktionen der Betriebsführung (z.B. zentrale Berechtigungsumschaltung) ausgeführt werden können.

Befugt ist derjenige, zu dessen Aufgabe es nach der organisationsinternen Zuständigkeitsverteilung gehört, sich der Anlage zu nähern. Die datenverarbeitende Stelle muß im Rahmen ihrer Organisationskontrolle[9] festlegen, wer zu welchem Zweck wann und wie lange Zugang zu den verschiedenen Teilen der konkreten Anlage benötigt und diesen Kreis möglichst klein halten.[10]

(b) Technische Maßnahmen

Der Zugang ist zu **verwehren**, also physisch unmöglich zu machen. Hieraus können keine Gestaltungsziele und -maßnahmen für die Technik von Telefon- und ISDN-Systemen abgeleitet werden. Vielmehr ist durch geeignete Maßnahmen für eine wirksame räumliche Abschottung der Anlagenteile zu sorgen. Für eine Zugangskontrolle ist nach dem heutigen Stand der Technik ein automatisches Zugangskontrollsystem vorzusehen, das Zu- und Abgänge aufzeichnet.[11] Der Zugang betriebsfremder Personen muß beispielsweise durch Ausweiskontrollen überprüft und notfalls verhindert werden.[12]

---

8 Siehe z.B. Nungesser 1988, § 10 Rdn 25f; Minister des Inneren 1981, 434; Dammann 1981, § 6 Rdn 65 ff.; Demke/Schild (Loseblattsammlung), § 10 IV a; Gliss/Wronka 1987, 33.

9 Siehe unten Organisationskontrolle (10).

10 Siehe hierzu z.B. Nungesser 1988, § 10 Rdn 14, 24; Demke/Schild (Loseblattsammlung), IV a; Schneider in Gallwas u.a (Loseblattsammlung), Anlage zu § 6 Rdn 50.

11 So Tinnefeld/Tubies 1989, 155; Schneider in Gallwas u.a (Loseblattsammlung), Anlage zu § 6 Rdn 52; Dammann 1981, 6 Rdn 76; zu weiteren möglichen Maßnahmen siehe z.B. Minister des Inneren 1981, 434; Nungesser 1988, § 10 Rdn 27; Hessischer Datenschutzbeauftragter, 15. Tätigkeitsbericht, 151f.; 162f.; Gliss/ Wronka 1987, 33.

12 Einen entsprechenden Hinweis geben z.B. Gliss/ Wronka 1987, 36.

(2) Abgangskontrolle/Datenträgerkontrolle

Zu treffen sind "*Maßnahmen, die ... geeignet sind,*

> *... zu verhindern, daß Datenträger unbefugt gelesen, kopiert, verändert oder entfernt werden können (Datenträgerkontrolle)*" (Nr. 2 der Anlage zu § 9 BDSG und § 10 Abs. 3 Nr. 2 HDSG).

(a) Rechtliche Sicherungsziele

Von beiden Gesetzen wird gefordert, daß die mißbilligten Handlungen **verhindert** werden. Der Wortlaut deutet darauf hin, daß bereits die *Möglichkeit* zu diesen Mißbrauchsformen *ausgeschlossen* werden muß.[13] **Unbefugt** ist jeder, zu dessen Aufgabe die genannten Tätigkeiten - bezogen auf die konkreten Daten - nicht gehören. Wem der Datenträger zivilrechtlich gehört, ist gleichgültig. Entscheidend ist, wem die Daten zustehen.[14] **Entfernen** bedeutet räumliches Wegbewegen. Auf die Größe der Strecke kommt es nicht an. Verhindert werden soll zum einen das Entfernen als Vorstufe zum Lesen, Kopieren, Verändern oder Löschen. Zum anderen soll durch die Datenträgerkontrolle die Verfügbarkeit der Datenträger für die verarbeitende Stelle sichergestellt werden. Daher liegt ein Entfernen auch schon dann vor, wenn durch Ortsveränderung nur das Auffinden der Datenträger erschwert wird. Daher ist auch das Umstellen etwa eines Magnetbands an einen falschen Platz ein Entfernen.[15]

Datenträger sind alle Medien, die im Rahmen der automatischen Datenverarbeitung personenbezogene Daten so festhalten können, daß natürliche Personen sie unmittelbar oder mit technischer Hilfe wahrnehmen können. In Abgrenzung zur Speicherkontrolle (Nr. 3) betrifft die Datenträgerkontrolle jedoch praktisch nur externe Datenträger wie Bänder, Platten und Disketten.[16]

Datenträger werden bei den meisten modernen Telefon- und ISDN-Anlagen zur Systemsicherung (Datensicherung) verwendet.[17] Datensicherungsläufe werden ungefähr in folgenden Zeitabständen durchgeführt:

- Sicherungskopien der gesamten Anlagendaten und -programme nach großen Änderungen, langen Zeiträumen bzw. dem Einspielen neuer Software,
- Sicherungskopien der Konfigurierungsdaten (wie z.B. der Daten der Teilnehmerverwaltung oder des elektronischen Telefonbuches) je nach Organisationsgröße und Änderungshäufigkeit etwa im Abstand von Wochen oder (bei sehr seltenen Änderungen) Monaten,
- Sicherungskopien der Gebührendaten je nach Gebührenaufkommen täglich oder wöchentlich,

---

13 So auch Dammann 1981, § 6 Rdn 76.
14 Siehe z.B. Nungesser 1988, § 10 Rdn 14; Dammann 1981, § 6 Rdn 86.
15 Siehe z.B. Dammann 1981, § 6 Rdn 84; Gliss/Wronka 1987, 33.
16 Siehe z.B. Tinnefeld/Tubies 1989, 165.
17 Die Datensicherung entfällt u.U. bei kleinen Anlagen.

Außer für die Datensicherung werden Gebührendaten in einigen Anwendungsfällen auch für den Transport zur Verarbeitung auf externen Rechnern gespeichert. Außerdem werden für die Inbetriebnahme einer Anlage und gelegentlich für Wartungszwecke vom Hersteller Datenträger mitgebracht.

Um das unbefugte Kopieren auf Datenträger zu verhindern, sind die Kopiermöglichkeiten soweit wie möglich zu reduzieren. Dazu sind organisatorische Maßnahmen zu ergreifen. Zunächst ist genau festzulegen, welche Datenträger wann von wem für welches Programm gebraucht werden.[18] Ergänzend ist vor allem ein *System von Aufzeichnungen* erforderlich, das die Datenträger kennzeichnet, Vollständigkeitskontrollen vorsieht und das den ordnungsgemäßen Umlauf von Datenträgern zeitlich, örtlich und nach der jeweils verantwortlichen Person lückenlos festhält.[19]

Um das unbefugte Entfernen durch die Beschäftigten zu verhindern, sind die Datenträger so aufzubewahren, daß Unbefugten der Zugriff auf die Datenträger unmöglich ist. Ferner muß für das Datenträgerarchiv und die Betriebsräume eine Ein- und Ausgangskontrolle erfolgen, die sicherstellt, daß jeder Versuch einer Entwendung von Datenträgern erkannt und verhindert wird. Dazu gehört beispielsweise eine Kontrolle von Personen, die Orte verlassen, an denen sie Datenträger an sich nehmen können. Sie sind danach zu kontrollieren, ob sie Datenträger mit sich führen (Taschenkontrolle, Detektoren).[20] Diese Kontrolle muß sich sowohl auf den Abgang beziehen und sicherstellen, daß keine Originaldatenträger und auch keine Kopien entfernt werden, als auch den Zugang erfassen und verhindern, daß Datenträger in den abgeschlossenen Bereich eingeführt werden, die als Kopienträger benutzt werden könnten.[21]

Werden Datenträger von Wartungstechnikern mitgebracht, so sollten gesonderte organisatorische Vorkehrungen getroffen werden. So können in einem ersten kontrollierten Arbeitsgang die Wartungsprogramme auf betreibereigene Datenträger kopiert werden, die nach Abschluß der Arbeiten vollständig gelöscht werden. Personenbezogene Daten des Betreibers können dann nicht versehentlich auf dem mitgebrachten Datenträger enthalten sein.[22]

(b) Technische Maßnahmen

Die geschilderten organisatorischen Maßnahmen vermögen nur unzulässige Kopiervorgänge nachträglich zu entdecken, nicht aber zu verhindern. Sie können deshalb in Fällen mit hohem Schadenspotential unzureichend sein.

---

18 Siehe z.B. Schneider in Gallwas u.a (Loseblattsammlung), Anlage zu § 6 Rdn 53.

19 Siehe hierzu Dammann 1981, § 6 Rdn 88; Schneider 1981, Anlage zu § 6 Rdn 54; siehe hierzu ausführlicher Pordesch/Hammer/Roßnagel 1991.

20 Siehe hierzu Dammann 1981, § 6 Rdn 87; Schneider in Gallwas u.a (Loseblattsammlung), Anlage zu § 6 Rdn 54.

21 Diese Maßnahmen dürften bei kleinen und mittleren Nebenstellenanlagen in der Regel zu aufwendig sein. Sofern dort jedoch sensible Daten kopiert und ausgelagert werden, sollten Stichprobenkontrollen stattfinden.

22 Siehe hierzu z.B. Abel/Schmölz, KES 1989, 21.

Um das Lesen und Verändern zu verhindern und wegen des verbleibenden Restrisikos jeder physischen Zugangssicherung kann bei sensiblen Daten auch eine *Verschlüsselung* der Daten erforderlich sein. Diese Maßnahme entspricht dem Wortlaut beider Vorschriften, die unbefugte Kenntnisnahme oder Weiterverarbeitung zu verhindern.[23] Sie dürfte für besonders sensible Datenbestände (Gebührendaten, Inhaltsdaten) angemessen sein und entspricht inzwischen auch dem Stand der Technik.[24] Auf eine Verschlüsselung der Gebührendaten kann allerdings verzichtet werden, wenn die Zielnummern auf die Ortsnetzvorwahl beschränkt sind. Wünschenswert ist die Verschlüsselung für die Datensicherung auch deshalb, weil dann der Aufwand für die Verwaltung und Aufbewahrung der Sicherungskopien reduziert werden kann.[25]

(3) Speicherkontrolle

Zu treffen sind "*Maßnahmen, die ... geeignet sind,*

> *... die unbefugte Eingabe in den Speicher sowie die unbefugte Kenntnisnahme, Veränderung oder Löschung gespeicherter personenenbezogener Daten zu verhindern (Speicherkontrolle)*" (Nr. 3 der Anlage zu § 9 BDSG und § 10 Abs 3 Nr. 3 HDSG gleichlautend).

(a) Rechtliche Sicherungsziele

Als **Speicher** ist jede Funktionseinheit innerhalb einer Telefon- und ISDN-Anlage und der zugehörigen Datenverarbeitungssysteme anzusehen, die Daten aufnimmt, aufbewahrt und abgibt. Der Speicher ist insofern eine besondere Form der Datenträger und erfaßt alle Datenträger, die in Datenverarbeitungssysteme integriert sind.[26] In ISDN-Anlagen sind dies typischerweise

- Speicher in **Vermittlungssystemen**: Hier werden insbesondere Konfigurierungsdaten, Verbindungsdaten und Leistungsmerkmalsdaten gespeichert.
- Speicher in angeschlossenen **Datenverarbeitungssystemen** für die Betriebsführung und Netzverwaltung: In ihnen sind Daten für die

---

23 Siehe z.B. Dammann 1981, § 6 Rdn 90.

24 Siehe z.B. zu Verschlüsselungsverfahren für PCs Abel/Schmölz 1987, 198 ff., zu Verschlüsselungsverfahren in Netzen siehe z.B. Beutelspacher/Gundlach, DuD 1988, 189 ff. Hierauf weisen auch Becker/Giller, DuD 1988, 438 hin.

25 Insbesondere besteht dann die Möglichkeit, Sicherungsbänder vorübergehend im Laufwerk zu lassen. In räumlich verteilten Anlagenetzen kann auf diese Weise vermieden werden, bei einer wöchentlichen Datensicherung der Vermittlungssysteme zweimal jeden Knoten anfahren oder bei jedem Knoten längere Zeit warten zu müssen.

26 Siehe hierzu z.B. Tinnefeld/Tubies 1989, 165.

Netzverwaltung, Verkehrsdaten, Kontrolldaten und Revisionsdaten gespeichert.

- Speicher der **Gebührenrechner**: Sie enthalten Gebührendaten sowie Zugangs- und Zugriffsberechtigungslisten, Daten der Zugangs- und Zugriffskontrolle.
- Speicher in angeschlossenen oder integrierten **Servern**: In Servern, (Voice-Servern, Servern für CSTA) können Leistungsmerkmalsdaten und Inhaltsdaten gespeichert sein.

Unbefugt ist jede Eingabe, Kenntnisnahme, Veränderung oder Löschung, die nicht Datenschutzrechtsregeln entspricht. Soweit gegen solche Vorschriften verstoßen wird, handelt es sich um einen rechtswidrigen Vorgang, der daher stets zu verhindern ist.[27] Soweit also die genannten Tätigkeiten gegen Datenschutzrecht verstoßen können (z.B. gegen Vorschriften zur Zweckbindung oder Abschottung), sind sie technisch oder organisatorisch **auszuschließen**. Darüber hinaus ist für die Vergabe der Zugriffsberechtigungen im Sinne der Speicherkontrolle aber auch die Verteilung der Aufgaben und Befugnisse innerhalb der datenverarbeitenden Stelle datenschutzgerecht vorzunehmen.[28] Eine Eingabe, Kenntnisnahme, Veränderung oder Löschung ist daher zu verhindern, wenn sie entweder gegen eine Rechtsvorschrift verstößt oder nicht mit der aus den Grundsätzen einer datenschutzgerechten Organisation abgeleiteten innerbetrieblichen oder innerbehördlichen Funktionsverteilung im Einklang steht.

Der Betreiber hat organisatorische Vorkehrungen zu treffen, Arbeitsabläufe entsprechend der unterschiedlichen Zweckbestimmungen der Datenverarbeitung räumlich und funktionell zu trennen. Hierfür müssen technische Voraussetzungen gegeben sein, die im folgenden beschrieben werden.[29] Die erforderlichen Maßnahmen zur Identifizierung der Benutzers und der Kontrolle seiner Berechtigung werden im Zusammenhang der Benutzerkontrolle (4) beschrieben.

(b) Technische Maßnahmen

Damit organisatorische Maßnahmen zur Funktionstrennung überhaupt möglich sind, müssen Telefon- und ISDN-Anlagen die Festlegung von 'Rechten', die Identifikation und Berechtigungsüberprüfung, die programmierte Prüfung von Eingaben (Prüfzeichen, Plausibilitäten) sowie die Kontrolle des Zugriffs und der Bedienung vorsehen. Dies erfordert in der Regel, daß die Daten der Betriebsführungsaktivitäten getrennt von denen der Gebührendatenverarbeitung gehalten und gegebenenfalls die Geräte zur Auswertung getrennt aufgestellt werden.[30]

Die technische Ausstattung von Telefon- und ISDN-Anlagen muß so flexibel sein, daß erforderliche organisatorische Funktionstrennungen technisch realisiert

---

27 Siehe Dammann 1981, § 6 Rdn 96.

28 Siehe z.B. Demke/Schild (Loseblattsammlung), § 10 IV c. Dies ist auch eine der Pflichten der Organisationskontrolle (10).

29 Siehe hierzu näher Kapitel 5.2.1.

30 Siehe hierzu auch unten Zugriffskontrolle (5).

werden können. Eine angeordnete Funktionstrennung beispielsweise zwischen der Gebührendatenverrechnung und den Wartungsaufgaben darf nicht deshalb wirkungslos werden, weil das technische System nur einen Drucker ansteuern oder nicht zwischen mehreren Benutzern unterscheiden kann.

In vielen Fällen ist eine eindeutige Funktionstrennung aufgrund sich widersprechender Anforderungen nicht möglich, so daß Mißbrauchsmöglichkeiten bestehen bleiben. In diesen Fällen kann auf eine Protokollierung mit ihrem Abschreckungswert nicht verzichtet werden.[31]

Grenzen der Funktionstrennung und der Protokollierung ergeben sich leider bei der Wartung. Insbesondere für die Systemdiagnose ist nämlich in einigen Fällen der direkte Zugriff auf systeminterne Dateien erforderlich. Die damit verbundenen Zugriffsrechte ermöglichen somit auch den mißbräuchlichen Zugriff und die Manipulation jeder Datei (auch von Protokolldateien). Für sensitive Wartungsfunktionen sollte deshalb eine zusätzliche Sicherung, beispielsweise durch einen eigenen mit der notwendigen Software ausgestatteten Personal Computer des Wartungspersonals an nur einer dafür reservierten Hardware-Schnittstelle der Anlage vorgesehen werden. Des weiteren sollten im Rahmen der Funktionstrennung nur bestimmte Benutzer am System die Berechtigung erhalten, Daten auszulagern, zu kopieren oder einzuspielen.

Um Lücken in der Zugangs- oder Zugriffskontrolle zu begegnen, sind - wie bereits erwähnt - hochsensible Daten entsprechend dem heutigen Stand der Technik auch in den Speichern der ISDN-Anlage verschlüsselt zu speichern.[32] Dies ist wegen der hohen Sensibilität für die Inhaltsdaten von Voice-Mail-Servern und für die Gebührendatensätze zu fordern, welche die Vermittlungsdaten mit vollständiger Zielnummer über einen nicht unbedeutenden Zeitraum erfassen. Wünschenswert ist auch, daß für Wartungsarbeiten sensible Datenbestände vom System getrennt werden können.

(4) Benutzerkontrolle

Zu treffen sind "*Maßnahmen, die ... geeignet sind,*

> *... zu verhindern, daß Datenverarbeitungssysteme mit Hilfe von Einrichtungen zur Datenübertragung von Unbefugten genutzt werden können"* (Nr. 4 der Anlage zu § 9 BDSG).
>
> *... die Benutzung von Datenverarbeitungssystemen mit Hilfe von Einrichtungen zur Datenübertragung durch Unbefugte zu verhindern (Benutzerkontrolle)"* (§ 10 Abs 3 Nr. 4 HDSG).

---

[31] Siehe hierzu näher Zugangs- und Zugriffsschutz Kapitel 5.2.1 und Eingabekontrolle (7).

[32] Siehe zum Gebot der Verschlüsselung bei sensiblen Daten z.B. Nungesser 1988, § 10 Rdn 32; Minister des Inneren 1981, 435; Gliss/Wronka 1987, 34.

(a) Sicherungsziele

Der physische Zugang zu Datenverarbeitungsgeräten wird durch die (physische) Zugangskontrolle (1) geschützt. Dadurch wird verhindert, daß Datenverarbeitungssysteme von Unbefugten an dem Ort genutzt werden können, an dem sie sich räumlich befinden. Die Benutzerkontrolle bezieht sich demgegenüber auf die räumlich entfernte Nutzung mit Hilfe der Datenübertragung. Sie ist somit ein Unterfall der Speicherkontrolle.[33] Sie soll verhindern, daß Unbefugte das Datenverarbeitungssystem auf diese Weise benutzen, und ergänzt damit die (physische) Zugangskontrolle (1). Die unbefugte Nutzung von Funktionen durch prinzipiell Zugangsberechtigte wird dagegen duch die Zugriffskontrolle (5) verhindert.

Benutzung von Datenverarbeitungssystemen ist jede Einwirkung auf den Verarbeitungsprozeß, der in dem System abläuft, einschließlich der Kenntnisnahme. Es ist gleichgültig, ob personenbezogene Daten in das System oder aus dem System übermittelt werden. Erfaßt sind beide Richtungen des Verarbeitungsprozesses. In beiden Fällen müssen die Benutzer identifiziert und die Art und der Umfang ihrer Befugnisse festgestellt sowie Aktivitäten Unbefugter ausgeschlossen werden. Auch muß sichergestellt werden, daß nur nach Maßgabe einer bestehenden Befugnis Daten übermittelt werden.[34] Eine Benutzung des Systems liegt auch vor, wenn nicht eine Person, sondern ein anderes Datenverarbeitungssystem Daten übermittelt oder abruft.

In Telefon- und ISDN-Anlagen können Datenübertragungen von oder zu abgesetzten Terminals oder Datenverarbeitungsanlagen stattfinden,

- zwischen Netzwerkzentrum und Netzknoten
- zwischen Vermittlungssystem oder Netzwerkzentrum und entfernten Gebührenrechnern[35]
- zwischen Anlage und Revisionsrechner
- zwischen Anlage und Service-PC
- zwischen Anlage und Hersteller/Serviceunternehmen im Rahmen der Ferndiagnose, der Fernwartung oder Fernbetriebsführung.

Durch die Benutzerkontrolle soll die fehlende menschliche Entscheidung über die Datenübermittlung entweder auf der Seite des Senders oder des Empfängers ersetzt werden. Als Maßstab ihrer Effektivität ist die nun fehlende menschliche Überprüfung der Berechtigung zugrunde zu legen. Durch die Nutzung der Datenübertragung darf die Sicherung des Datenschutzes nicht reduziert werden. Es müssen allerdings nicht gleichartige, sondern nur gleichwertige Schutzmaßnahmen vorgesehen werden. Ist jedoch eine solche Kontrolle nicht realisierbar, so

---

33 Siehe z.B. Hessischer Minister des Inneren 1981, 435; Tinnefeld/Tubies 1989, 166; Schneider in Gallwas u.a (Loseblattsammlung), Anlage zu § 6 Rdn 63; die Beschränkung auf die Datenübertragung übersieht Nungesser 1988, § 10 Rdn 33f.

34 Siehe hierzu Nungesser 1988, § 10 Rdn 33f.; Dammann 1981, § 6 Rdn 102, 106.

35 Dies ist zum Beispiel zu erwarten, wenn die Telefon- oder ISDN-Anlage mehreren Dienststellen oder Organisationen dient, die Verarbeitung der Gebührendaten aber dezentral vorgenommen wird.

muß auf die Verwendung von Einrichtungen der Datenübertragung verzichtet werden.[36]

(b) Technische Maßnahmen

Voraussetzung für die Beschränkung der Benutzeraktivitäten ist, daß das System zwischen verschiedenen Benutzern unterscheiden kann. Dies wird ebenso von der Speicherkontrolle (3) und der Eingabekontrolle (7) gefordert. Deshalb ist es notwendig, daß bereits die logische Zugangskontrolle die einzelnen Berechtigten unterscheiden kann und daß das Zugangsverfahren von einem Angreifer schwer zu unterlaufen ist. Mögliche Maßnahmen, um die Benutzung durch Unbefugte auszuschließen, sind die Identifikation von Benutzern, die daran geknüpfte Festlegung und Kontrolle von Berechtigungen, Protokollierung der Benutzung und von Mißbrauchsversuchen sowie Verschlüsselung.[37]

Für die Gestaltung einer Zugangssicherung stehen verschiedene Mittel zur Verfügung. Sie müssen im Rahmen eines Sicherungskonzepts geeignet mit organisatorischen Lösungen kombiniert werden. Zur technischen Unterstützung können sowohl "klassische" mechanische **Schlösser**, **Passworte** oder **Chipkarten** eingesetzt werden. Die Maßnahmen müssen für die drei Ebenen Endgerät, Vermittlungsplatz und Betriebsterminal in sinnvoller und der Gefährdung angemessener Weise eingesetzt werden.[38]

(5) Zugriffskontrolle

Zu treffen sind "*Maßnahmen, die ... geeignet sind,*

> *... zu gewährleisten, daß die zur Benutzung eines Datenverarbeitungssystems Berechtigten ausschließlich auf die ihrer Zugriffsberechtigung unterliegenden Daten zugreifen können (Zugriffskontrolle)*" (Nr. 5 der Anlage zu § 9 BDSG).

> *... zu gewährleisten, daß die zur Benutzung eines Datenverarbeitungssystems Berechtigten ausschließlich auf die ihrer Zugriffsberechtigung unterliegenden personenbezogenen Daten zugreifen können (Zugriffskontrolle)*" (§ 10 Abs 3 Nr. 5 HDSG).

---

36 Siehe hierzu Dammann 1981, § 6 Rdn 104.

37 Siehe z.B. Minister des Inneren 1981, 436; Tinnefeld/Tubies 1989, 166; Schneider in Gallwas u.a (Loseblattsammlung), Anlage zu § 6 Rdn 64.

38 Gestaltungsmaßnahmen für den Zugriffsschutz am Endgerät wurden bereits in Kapitel 3 untersucht. Maßnahmen zum Zugriffsschutz zur Betriebstechnik werden im folgenden Teilkapitel 5.2.1 genauer untersucht.

(a) Sicherungsziele

Zugriff ist jede Aktivität, die den Informationswert von Daten verfügbar macht, insbesondere Kenntnisnahme oder Nutzung der Information ermöglicht. Die Funktion der Zugriffskontrolle ist nämlich, zu verhindern, daß Daten unbefugt bekannt gegeben oder genutzt werden. Ein Zugriff liegt daher auch vor, wenn Daten gelöscht oder zur Verknüpfung mit anderen bereitgestellt werden.

Berechtigt ist, wer auf Grund eines Gesetzes und der internen Arbeitsorganisation mit einer bestimmten Menge von Daten in einer definierten Weise umzugehen hat. Es ist Aufgabe der Organisationskontrolle, diese Berechtigungen festzulegen. Sie sind auf das unabdingbar notwendige Mindestmaß zu beschränken. Denn die Datenverarbeitung ist immer nur soweit gerechtfertigt, als sie zur Aufgabenerfüllung und zur Erreichung des konkreten Verwaltungszwecks erforderlich ist. Verarbeitungsschritte, Kenntnisnahmen oder Zugriffsmöglichkeiten, die hierfür nicht erforderlich sind, müssen somit verhindert werden.

Aus dem Gebot der Zugriffskontrolle ergibt sich zum einen die Notwendigkeit, innerhalb der speichernden Stelle differenzierte Berechtigungen zur Datenverarbeitung zu vergeben. Zum anderen folgt daraus der Grundsatz, daß Daten auch innerhalb der datenverarbeitenden Stelle nur in dem Umfang bekannt gegeben und genutzt werden dürfen, wie dies durch die auf das jeweils Erforderliche beschränkten Befugnisse des einzelnen Beschäftigten gerechtfertigt ist.[39]

Daneben sollte das Betriebspersonal auf die Datenbestände der Teilnehmer für einzelne Leistungsmerkmale, wie Umleitungsziele, nur löschenden, aber keinen schreibenden oder lesenden Zugriff erhalten.

(b) Technische Maßnahmen

Um den Zweck der Zugriffskontrolle realisieren zu können, müssen die ISDN-Anlage und die angeschlossenen Datenverarbeitungssysteme

- die Benutzer identifizieren
- deren Berechtigung überprüfen und
- alle Zugriffe sowie Zugriffsversuche protokollieren.

Eine Identifizierung ist bereits von der Eingabe-(3) und Benutzerkontrolle (4) gefordert.[40] Voraussetzung für eine differenzierte technische Beschränkung des Zugriffs auf Datenbestände ist, daß die erforderlichen Funktionstrennungen in den zur Verfügung stehenden Programmen nachvollzogen werden können. Gleichermaßen wie der Zugriff zu personenbezogenen Daten ist auch der Zugriff zu Programmen und bestimmten nicht-personenbezogenen Daten zu sichern. Denn durch eine unberechtigte Nutzung oder Manipulation könnten Unbefugte mittelbar Kenntnis von sensiblen Daten erhalten und dadurch andere Schutzmaßnahmen unterlaufen. Das Verändern von Anlagenparametern, das Einspielen zusätz-

---

[39] Siehe z.B. Nungesser 1988, § 10 Rdn 36; Minister des Inneren 1981, 436; Schneider in Gallwas u.a (Loseblattsammlung), Anlage zu § 6 Rdn 65; Gliss/Wronka 1987, 34f.

[40] Siehe hierzu oben (3) und (4).

licher oder die Veränderung vorhandener Programme könnte es ihnen ermöglichen, personenbezogene Daten unzulässig aufzuzeichnen, zu lesen oder auszuwerten.

Für verschiedene Funktionen sollten die Berechtigungen auch an unterschiedliche Funktionsträger vergeben werden können. Die Zugriffsicherung stellt unterstützend sicher, das jeder Benutzer nur "seine" Prozeduren aufrufen kann. Die Einschränkung der Dateneinsicht kann auf dem gleichen Weg gewährleistet werden.[41]

Aufgrund der bekannten Schwachstellen der gängigen Zugangs- und Zugriffssicherungen kann für viele Funktionen der Betriebsführung auf den Abschreckungswert nicht verzichtet werden, den ein vollständiges Protokoll aller Betriebsführungsaktivitäten bietet. Für die Kontrollorgane muß nachzuvollziehen sein, ob die zur Bedienung der Anlage berechtigten Personen im Rahmen ihrer Kompetenzen gehandelt haben. Dazu müssen die notwendigen Daten im Log-Protokoll der Anlage personenbeziehbar aufgezeichnet werden. Hierfür ist notwendig, daß jeder Berechtigte eine eigene Kennung erhält.

(6) Übermittlungskontrolle

Zu treffen sind "*Maßnahmen, die ... geeignet sind,*

> *... zu gewährleisten, daß überprüft und festgestellt werden kann, an welchen Stellen personenbezogene Daten durch selbsttätige Einrichtungen übermittelt werden können (Übermittlungskontrolle)*" (Nr. 6 der Anlage zu § 6 BDSG).

> *... aufzuzeichnen, an welche Stellen wann welche personenbezogenen Daten übermittelt worden sind (Übermittlungskontrolle)*" (§ 10 Abs 3 Nr. 6 HDSG).

(a) Sicherungsziele

Die Übermittlungskontrolle gilt nach beiden Vorschriften nur für **Übermittlungen** an andere Stellen. Der klare Wortlaut kann gerade für § 10 Abs. 3 HDSG wegen der Unterscheidung von "Übertragung" in Nr. 4 und Nr. 9 sowie "Übermittlung" hier, aber auch für die Anlage zu § 6 BDSG nicht übergangen werden.[42] Übermitteln ist nach § 2 Abs. 2 BDSG bzw. HDSG das Bekanntgeben

---

41 Weitergehende technische Lösungen untersuchen Bräutigam/Höller/Scholz 1990.

42 Siehe dagegen Tinnefeld/Tubies 1989, 168, die für die Anlage zu § 6 BDSG die Definition des § 2 Abs. 2 Nr. 2 BDSG aus teleologischen Gründen nicht gelten lassen will; inkonsequent Schneider in Gallwas u.a (Loseblattsammlung), Anlage zu § 6 Rdn 70, der hier zwar zu Recht "Übermitteln" im Sinne des § 2 Abs. 2 Nr. 2 BDSG interpretiert, den gleichen Begriff in Nr. 4 und Nr. 9 aber im Sinne von "Übertragen" versteht - siehe Rdn 62, 82.

gespeicherter oder durch Datenverarbeitung gewonnener Daten an einen Dritten in der Weise, daß die Daten durch die datenverarbeitende Stelle an einen Dritten weitergegeben werden oder daß der Dritte zum Abruf bereitgehaltene Daten abruft. Die Bekanntgabe erfolgt also an einen Dritten. Übermittlungen personenbezogener Daten an Dritte ist im Betrieb von ISDN-Anlagen in der Regel nur im Rahmen der Fernwartung oder -betriebsführung vorgesehen.

Hinsichtlich des **Kontrollumfangs** unterscheiden sich die Anforderungen des BDSG und des HDSG deutlich. Die Anlage zu **§ 6 BDSG** fordert keine Protokollierung[43] von Datenströmen, sondern lediglich die Gewährleistung, daß festgestellt und Überprüft werden kann, an wen Daten übermittelt werden **können.**[44] Diese Forderung ist bereits erfüllt durch das Bereithalten eines Konfigurationsplans, einer Dokumentation der Datenfernverarbeitungsprogramme und dem Vorhalten einer Benutzertabelle derjenigen, an die Daten übermittelt werden oder die Daten abrufen können.[45] Wenn als Datenempfänger lediglich das Service-Rechenzentrum zugelassen ist und der Systemzugang wie auch der Datenzugriff ausreichend gesichert sind, sind diese Voraussetzungen erfüllt. Weitergehende Forderungen wie eine Protokollierung der Übermittlungen können dann aus der Anlage zu § 6 BDSG nicht abgeleitet werden.

Nach **§ 10 Abs. 3 Nr. 6 HDSG** muß dagegen die Übermittlungskontrolle in der Lage sein, durch geeignete Maßnahmen aufzuzeichnen, an welche Stellen wann welche personenbezogene Daten übermittelt worden sind. Der Gesetzgeber schreibt zwar - wegen des eventuell unverhältnismäßigen Aufwands - nicht die ständige Protokollierung zwingend vor. Er will aber sicherstellen, daß jederzeit eine **lückenlose** Protokollierung jedes einzelnen Übermittlungsvorgangs **möglich** ist. Die Regelung der Nr. 6 ermöglicht es dem Betreiber der Anlage, aus eigenem Antrieb oder auf Wunsch des Datenschutzbeauftragten Protokollierungen durchzuführen, wann immer eine solche Kontrolle aus Gründen des Datenschutzes notwendig erscheint.[46] Wann sie geboten oder gefordert ist, bestimmt das Gesetz jedoch nicht. Als notwendig ist sie allerdings immer dann anzusehen, wenn nur durch diese Maßnahme einer Beeinträchtigung schutzwürdiger Belange der Betroffenen vorgebeugt oder diese abgewehrt werden kann.

Durch die Pflicht zur Übermittlungskontrolle werden die Protokollierungspflichten jedoch nicht abschließend beschrieben. So ist die Weitergabe von Daten innerhalb der datenverarbeitenden Stelle nicht nach dieser Vorschrift protokollierungspflichtig.

---

43 Zu Protokollierung vgl. auch unten Kapitel 5.2.2

44 Siehe hierzu Schneider in Gallwas u.a (Loseblattsammlung), Anlage zu § 6 Rdn 69; Tinnefeld/Tubies 1989, 167; siehe dagegen die Hamburger Behörde für Wirtschaft 1978, II.6.2.4, die nicht auf die tatsächliche oder mögliche, sondern die in der Verfahrenskonzeption vorgesehene Übermittlung abstellt.

45 Siehe hierzu Hamburger Behörde für Wirtschaft 1978, II.6.4.

46 Siehe z.B. Nungesser 1988, § 10 Rdn 39; Demke/Schild (Loseblattsammlung) 1989, § 10 IVf.

Eine Protokollierung ist jedoch zur Unterstützung der Benutzer- und Zugriffskontrolle in dem bereits beschriebenen Umfang nach dem HDSG geboten.[47] Eine Protokollierung der tatsächlichen Übermittlungen kann bei extrem sensiblen Daten und hoher Mißbrauchsintensität auch unmittelbar aus § 6 Abs. 1 BDSG gefordert sein.[48] Das gleiche gilt, wenn wegen eines nicht abgrenzbaren Benutzerkreises der Fremdzugriff zu den Daten nicht kontrolliert und eine Übertragung anders nicht festgestellt werden kann.[49]

(b) Technische Maßnahmen

Im Endergebnis sind nach beiden Gesetzen für alle internen und externen Datenübertragungen im Rahmen der Betriebsführung, der Wartung, der Gebührendatenverarbeitung und der Revision in die Anlage oder aus der Anlage bzw. in die angeschlossenen Datenverarbeitungssysteme oder aus diesen Möglichkeiten der Protokollierung zu gewährleisten.

Zu protokollieren sind Datum und Uhrzeit, der Empfänger und die übermittelten Daten für jeden Übermittlungsvorgang. Die Protokollierung muß sicherstellen, daß alle Übermittlungen nachträglich auf ihre Rechtmäßigkeit hin überprüft werden können. Sie hat dadurch auch eine präventive Funktion. Aus den Kontrollzielen ergibt sich für die zu protokollierenden Daten ein möglicher Maximalumfang. Es muß im System vorgesehen sein, daß sämtliche zu anderen Stellen übermittelten Daten aufgezeichnet werden können, also in einer gesicherten Fassung am Ursprungssystem für die Kontrollorgane zur Verfügung stehen. Diese Aufzeichnung muß nicht stattfinden, sondern sollte bei Bedarf eingeschaltet werden. Das Gesetz schlägt somit eine Parametrisierung während des Systembetriebs vor.

Die Aufzeichnungen sollen die Überprüfung durch den Betroffenen, den betrieblichen und den öffentlichen Datenschutzbeauftragten oder die Aufsichtsbehörde ermöglichen und erleichtern. Sie müssen daher in einer Form protokolliert werden, die eine effektive Kontrolle ermöglicht. Sie müssen dazu auch in einer verständlichen Form und jederzeit auf dem aktuellen Stand präsentiert werden können. Das Log-Protokoll muß also entweder zur Auswertung durch die Kontrollorgane aufbereitet werden oder es müssen entsprechende Programme zur Verfügung stehen, welche die Auswertung einer Log-Datei ermöglichen. Eine kontinuierliche Protokollierung in Papierform dürfte angesichts der Fülle an Information unsinnig sein.

Die Länge der zurückliegenden Zeitspanne, die noch überprüfbar sein muß, richtet sich nach den jeweiligen Bedingungen. Da der Aufwand für die Aufbewahrung gering ist, kommt eine Vernichtung erst dann in Betracht, wenn nach menschlichem Ermessen ausgeschlossen werden kann, daß zur Sicherung des Rechts auf informationelle Selbstbestimmung eines Betroffenen ein Rückgriff auf

---

47 Siehe hierzu allgemein Schneider in Gallwas u.a (Loseblattsammlung), Anlage zu § 6 Rdn 73.

48 Siehe z.B. Auernhammer 1977, § 6 Rdn 12.

49 Siehe Schneider in Gallwas u.a (Loseblattsammlung), Anlage zu § 6 Rdn 70f.

die Unterlagen erforderlich werden kann.[50] Zusammenfassend kann also festgehalten werden, daß die Revisionsdaten solange aufbewahrt werden, wie dies für eine ordnungsgemäße Revision notwendig ist. Im Interesse der schutzwürdigen Belange des Betriebsführungspersonals sind sie jedoch so bald wie möglich zu löschen.

(7) Eingabekontrolle

Zu treffen sind "*Maßnahmen, die ... geeignet sind,*

> *... zu gewährleisten, daß nachträglich überprüft und festgestellt werden kann, welche personenbezogenen Daten zu welcher Zeit von wem in Datenverarbeitungssysteme eingegeben worden sind (Eingabekontrolle)*" (Nr. 7 der Anlage zu § 6 BDSG und § 10 Abs 3 Nr. 7 HDSG gleichlautend).

(a) Sicherungsziele
Diese Eingabekontrolle soll sicherstellen, daß zum einen die Authentizität einer Eingabe und zum anderen der Verwendungszweck der Eingabe nachgeprüft werden kann. Durch ihre **präventive Funktion** soll sie außerdem mißbräuchliche Eingaben verhindern.[51] Die Eingabekontrolle ergänzt die Speicherkontrolle nach Nr. 3, die Benutzerkontrolle nach Nr. 4 und die Zugriffskontrolle nach Nr. 5, die unbefugte Eingaben verhindern sollen, indem sie sicherstellt, daß alle Eingaben rekonstruierbar sind. Sie ermöglicht damit nachträglich, den Erfolg der Speicherkontrolle zu kontrollieren.

Nicht nur die Datenkategorie, die eingegeben wird, muß **überprüft und festgestellt** werden können, sondern auch der Dateninhalt. Weiter muß feststellbar sein, zu welcher Zeit die Eingabe erfolgt ist. Das Gesetz spricht weder vom Zeitpunkt noch von der Zeitspanne. Es ist daher eine Frage der Verhältnismäßigkeit, wie genau die Zeit eingrenzbar sein muß. Gefordert ist schließlich aufzuzeichnen, wer die Daten eingegeben hat. Hier soll die individuelle Verantwortung der mit der Eingabe befaßten Personen überprüft werden können, so daß konkret und individuell die Identität des Eingebenden festzustellen ist. Denn die Regelung soll dazu beitragen, das Risiko unzulässiger Dateneingaben dadurch zu senken, daß die Beschäftigten im Bewußtsein, persönlich zur Verantwortung gezogen werden zu können, bei der Eingabe von Daten besonders sorgfältig vorgehen.[52] Wenn die Identität des Eingebenden damit zweifelsfrei ermittelt werden kann, genügt für die Protokollierung auch ein entsprechendes Benut-

---

50 Siehe hierzu Dammann 1981, § 6 Rdn 129.

51 Siehe z.B. Nungesser 1988, § 10 Rdn 41f.; Gliss/Wronka 1987, 35.

52 Siehe hierzu Dammann 1981, § 6 Rdn 136; Nungesser 1988, § 10 Rdn 41f.; Demke/Schild (Loseblattsammlung), § 10 IV g; Simitis/Walz, Das neue Hessische Datenschutzgesetz, RDV 1987, 165; Gliss/Wronka 1987, 35.

zerkennzeichen (zum Schutz des informationellen Selbstbestimmungsrechts des Beschäftigten).

Die Regelung erfordert nicht expressis verbis eine ständige Protokollierung aller Eingaben.[53] Sie fordert aber die Gewährleistung, daß jederzeit die genannten Eingabedaten zuverlässig festgestellt werden können. Dies wird in der Regel nur durch entsprechende Protokolle der Betriebsführungaktivitäten, beispielsweise der Parametrisierung der Gebührendatenerfassung oder der Leistungsmerkmalsaktivierung im Rahmen der Betriebsführung (beipielsweise Fangen) sicherzustellen sein.[54] Eine Protokollierung ist insbesondere dann erforderlich, wenn die Erfassung von personenbezogenen Daten automatisch erfolgt und ihr Umfang durch Parameter verändert werden kann. Dies ist beispielsweise für die Erfassung von Gebührendaten möglich. Die Veränderungen solcher Systemparameter sind wesentlich sensibler und betreffen einen größeren Teilnehmerkreis, als dies bei der Eingabe einzelner Gebührendatensätze der Fall ist. Gleiches gilt für den Empfang von Daten oder Dateien mit personenbezogenen Daten im Rahmen der Datenübermittlung.

(b) Technische Maßnahmen

Das ISDN-System muß die gesetzlich vorgeschriebenen Protokollierungsmöglichkeiten bieten. Die im einzelnen hierfür erforderlichen Maßnahmen werden an anderer Stelle untersucht und bewertet.[55]

(8) Auftragskontrolle

Zu treffen sind "*Maßnahmen, die ... geeignet sind,*

> *... zu gewährleisten, daß personenbezogene Daten, die im Auftrag verarbeitet werden, nur entsprechend den Weisungen des Auftraggebers verarbeitet werden können (Auftragskontrolle)*" (Nr. 8 der Anlage zu § 6 BDSG und § 10 Abs 3 Nr. 8 HDSG gleichlautend).

(a) Sicherungsziele

Sicherzustellen ist durch die Auftragskontrolle nicht nur, daß die personenbezogenen Daten auftragsgemäß verarbeitet werden, sondern es ist zu verhindern - weil der Auftraggeber auch weiterhin die Verantwortung für die Datenverarbeitung trägt - daß die **Möglichkeit** besteht, sie entgegen seinen Weisungen zu verarbeiten.[56]

---

53 Siehe hierzu z.B. Tinnefeld/Tubies 1989, 168.

54 Siehe hierzu z.B. Schneider in Gallwas u.a (Loseblattsammlung), Anlage zu § 6 Rdn 75 ff.

55 Zu Protokollierung vgl. auch unten Kapitel 5.2.2

56 Siehe z.B. Nungesser 1988, § 10 Rdn 46f.; Gliss/Wronka 1987, 35f.

Dies bedeutet in der Regel, daß der Auftragnehmer für seine DV-Anlage die erforderlichen technischen Vorkehrungen der Zugangs- und Zugriffskontrolle sowie der Protokollierung neben den internen organisatorischen Maßnahmen zu treffen hat und dies für den Auftraggeber nachvollziehbar belegt. Die bisher erörterten Kontrollpflichten gelten deshalb auch für den Auftragnehmer.

Auftragsdatenverarbeitung kann bei ISDN-Anlagen in folgenden Anwendungsfällen vorliegen:

- Fernbetriebsführung: Der Hersteller kann Teile der Betriebsführung für den Betreiber der Anlage durchführen. Üblich ist die Ferndiagnose, möglich ist aber auch die Übernahme sämtlicher Aufgaben.
- Mischbetrieb:[57] In einigen Anwendungsfällen kann eine Anlage oder ein Anlagennetzwerk von mehreren Organisationen genutzt werden. In diesem Fall bietet es sich aus Rationalisierungsgesichtspunkten an, die Systemverwaltung und die Gebührendatenverarbeitung für das gesamte Netz nur von einer zentralen Stelle aus durchzuführen. Die Betriebsführung erfolgt in diesem Fall durch eine Organisation im Auftrag der anderen.

Die erforderlichen Sicherungsmaßnahmen des Auftragnehmers sind durch den Auftraggeber stichprobenartig oder systematisch zu prüfen.[58] Denn er ist zur Kontrolle der Auftragserfüllung verpflichtet.[59] Der Auftraggeber darf während einer Kontrolle nur seine Daten und nicht die anderer Auftraggeber einsehen. So hat der Auftragnehmer zu verhindern, daß der Auftraggeber bei einer Zustandsprüfung der Gebührendatenspeicherung die Gebührendaten anderer Teilnehmer zur Kenntnis nimmt. Entsprechendes gilt für alle anderen personenbezogenen Daten anderer Organisationen. Soweit dies durch getrennte Prüfzugänge zum System nicht möglich ist, müssen hierfür organisatorische Maßnahmen (z.B. vier-Augen-Prinzip) ergriffen werden.

(b) Technische Maßnahmen

Die Abschottung zwischen den Datenbeständen verschiedener Organisationen sollte auch technisch unterstützt werden. Die Programme müssen dann gewährleisten, daß sie durch nach Auftraggeber getrennten Zugriffsrechten geschützt werden. Denn jede auftraggebende Dienststelle soll nur auf die (Gebühren-) Daten ihrer Mitarbeiter zugreifen und lediglich die für sie relevanten Revisionsdaten einsehen können. Die unterschiedlichen organisatorischen Regelungen einzelner Dienststellen, z.B. automatische Löschung von Daten nach einer festgelegten Frist, sind ebenfalls technisch individuell zu gewährleisten.

Optimal sind die genannten Vorgaben dann zu erreichen, wenn Zugriffsberechtigungen für die Systemverwaltung nach Teilnehmergruppen getrennt vergeben werden können. Die Bildung der Teilnehmergruppen sollte unabhängig von

---

57 Vgl. dazu unten Kapitel 5.3.3

58 Vgl. beispielsweise Gliss/Wronka, 1987, 35.

59 Siehe Demke/Schild (Loseblattsammlung), § 10 IV h.

den Anlagenknoten möglich sein. Für den Auftraggeber können dann die Zugriffsrechte genau auf die Daten von Mitarbeitern seiner Organisation begrenzt werden. Außerdem bestünde dann die Möglichkeit, daß jede Organisation Teile der Betriebsführung in eigener Regie durchführt. Die Notwendigkeit zur Auftragskontrolle wird dadurch erheblich reduziert bzw. kann eventuell sogar entfallen.

(9) Transportkontrolle

Zu treffen sind "*Maßnahmen, die ... geeignet sind, ...*

> *zu gewährleisten, daß bei der Übermittlung* (§ 10 Abs. 3 Nr. 9 HDSG: *Übertragung) personenbezogener Daten sowie beim Transport von Datenträgern diese nicht unbefugt gelesen,* (HDSG § 10 Abs. 3 Nr. 9 *kopiert,) verändert oder gelöscht werden können (Transportkontrolle)*" (Nr. 9 der Anlage zu § 6 BDSG und § 10 Abs 3 Nr. 9 HDSG gleichlautend).

(a) Sicherungsziele
Hinsichtlich des unterschiedlichen Sprachgebrauchs im BDSG ("Übermittlung") und HDSG ("Übertragung") wird auf die Ausführungen zur Benutzerkontrolle (4) und zur Übermittlungskontrolle (7) verwiesen. Der vom HDSG zusätzlich geforderte Schutz vor unbefugtem Kopieren verlangt keine zusätzlichen Sicherungsmaßnahmen, die zur Vorbeugung gegen die anderen genannten Risiken nicht auch notwendig sind. Im Endergebnis fordern daher beide Vorschriften die gleichen Kontrollmaßnahmen.

Mit **Transport** ist jegliches Verbringen von Datenträgern innerhalb der speichernden Stelle sowie auch an Dritte gemeint.[60]

Die Transportkontrolle soll vor den Risiken schützen, die für das Recht auf informationelle Selbstbestimmung dadurch entstehen, daß Daten an einen anderen Ort gebracht werden. Sie hat zu gewährleisten, daß bei der Übertragung personenbezogener Daten sowie beim Transport von Datenträgern diese nicht unbefugt gelesen, kopiert, verändert oder gelöscht werden können. **Gewährleisten** heißt verhindern. Es sind daher Maßnahmen notwendig, die das unbefugte **Lesen** der Daten mit Sicherheit ausschließen, sei es durch unmittelbar sinnliche Wahrnehmung, technische Aufnahme (Kopie) oder Eingabe mit unmittelbarer automatischer Weiterverarbeitung.

Verhindert werden soll jede Verwertung der in den Daten verkörperten Informationen. Die Verhinderungsmaßnahmen können entweder anstreben, die technische oder sinnliche Wahrnehmung zu verhindern (durch verschlossene Trans-

---

60 Siehe z.B. Tinnefeld/Tubies 1989, 169; Schneider in Gallwas u.a (Loseblattsammlung), Anlage zu § 6 Rdn 82.

portbehälter) oder darauf zielen, die Entschlüsselung personenbezogener Informationen unmöglich zu machen (Verschlüsselung, Anonymisierung).[61]

Hauptanwendungsfelder sind die Übermittlungen betriebsnotwendiger personenbezogener Daten innerhalb der Anlage wie die Daten im Rahmen des Verbindungsauf- und -abbaus und besonders die Nutzdaten der Teilnehmer. Verbindungs- oder Gebührendaten werden zwischen den Rechnern der Betriebsführung und gegebenenfalls mehreren Vermittlungsknoten sowie zum Gebührenrechner übertragen. Weitere personenbezogene Daten können im Rahmen der Betriebsführung oder der Leistungsmerkmalsaktivierung und -nutzung entstehen und in verschiedenen Systemen benötigt werden. Schießlich fallen auch der Transport von Sicherungsdaten die Übermittlung von Revisionsdaten an einen abgesetzten Revisionsrechner unter diese Regelung.

In organisatorischer Hinsicht verlangt die Transportkontrolle, die Risikobereiche zeitlich, räumlich und hinsichtlich der Datenmengen möglichst zu minimieren.[62] Organisatorische Maßnahmen zum Schutz der Datenträger wurden bereits in (2) Datenträgerkontrolle beschrieben. Der Schutz der Datenübermittlung erfordert technische Maßnahmen.

(b) Technische Maßnahmen

Schutz gegen **Verändern** oder **Löschen** personenbezogener Daten bei der Übertragung ist durch geeignete Software- oder Hardwaremaßnahmen zu gewährleisten, wie etwa durch fehlererkennende und -berichtigende Übertragungscodes. Soweit die Daten bei der Übertragung verschlüsselt werden (wünschenswert), dienen diese Verfahren dem Schutz vor unbefugter Kenntnisnahme und Veränderung. Vor **Verlust** können Sicherungskopien schützen.[63] Vorbeugend sind z.B. Maßnahmen zum Schutz vor der Manipulation von Zieladressen der Datenübermittlung und vor dem Abhören von Leitungen, etwa durch festgeschaltete Leitungen in gesicherten Kabelkanälen, zu ergreifen.[64]

(10) Organisationskontrolle

Zu treffen sind "*Maßnahmen, die ... geeignet sind,*

> *... die innerbehördliche oder innerbetriebliche Organisation so zu gestalten, daß sie den besonderen Anforderungen des Datenschutzes gerecht wird (Organisationskontrolle)*" (Nr. 10 der Anlage zu § 6 BDSG und § 10 Abs 3 Nr. 10 HDSG gleichlautend).

[61] Siehe hierzu z.B. Dammann 1981, § 6 Rdn 154; Schneider in Gallwas u.a (Loseblattsammlung), Anlage zu § 6 Rdn 87; Auernhammer 1977, § 6 Rdn 15; Demke/Schild (Loseblattsammlung), § 10 IV h.

[62] So Dammann 1981, § 6 Rdn 157.

[63] Siehe hierzu Dammann 1981, § 6 Rdn 155; Lippold, Bürosysteme und Informationssicherheit, DuD 1989, 121.

[64] Siehe z.B. Lehmeier 1990, 50.

(a) Sicherungsziele

Die Forderung, die innerbehördliche Organisation so zu gestalten, daß sie den besonderen Anforderungen des Datenschutzes gerecht wird, ist eine Anforderung zweiter Ordnung. Die innere Organisation der datenverarbeitenden Stelle soll die Realisierung der übrigen Datensicherungsmaßnahmen sowie der materiellen Datenschutzanforderungen unterstützen bzw. ermöglichen. Nr. 10 enthält einen Auftrag an die datenverarbeitende Stelle zur organisatorischen Gestaltung. Der Gestaltungsauftrag betrifft alle Bereiche, in denen personenbezogene Daten verarbeitet werden oder umlaufen. Zu gestalten ist sowohl die die Aufbau- als auch die Ablauforganisation. Sie kann technische, bauliche und personelle Aspekte beinhalten.[65]

(b) Organisatorische Maßnahmen

Unter dem Gesichtspunkt der organisatorischen Gesamtverantwortung werden alle Anforderungen an die Gestaltung der Arbeitsabläufe sowie die Delegation von Verantwortung zusammengefaßt. Wesentlich für die Sicherung rechtsgemässer Datenverarbeitung ist ein systematisches Konzept der Schutzmaßnahmen. Im Rahmen der organisatorischen Gesamtverantwortung ist die datenverarbeitende Stelle deshalb auch gehalten, Techniksysteme auszuwählen, welche die oben präzisierten Maßnahmen unterstützen bzw. ermöglichen.

Organisationsgestaltung muß zum einen die Wirk-Organisation, die zu der bezweckten Datenverarbeitung beiträgt, den Anforderungen des Datenschutzes anpassen.[66] So ist zu prüfen, durch welche Maßnahmen eine möglichst weitgehende Sicherung der Maßnahmen nach § 10 HDSG bzw. der Anlage zu § 6 BDSG gewährleistet werden kann. Dies beinhaltet etwa die Sicherung der Zweckbindung durch Abschottung von Dateien oder die Verwendung von abgesetzten und physisch besonders geschützten Rechnern für die Speicherung und Auswertung sensibler Datenbestände. Der Zugang und Zugriff Unbefugter kann bereits präventiv ausgeschlossen werden, wenn die Aufgaben der Betriebsführung, der Gebührendatenverarbeitung und der Revision auf unabhängigen Maschinen erfolgt. Die Begrenzung der Datenspeicherung nach dem Prinzip der Erforderlichkeit (Verkürzung der Zielnummer für Gebührendatensätze bereits im Vermittlungssystem, frühzeitige, gegebenenfalls automatische Löschung) ist durch die datenverarbeitende Stelle ebenfalls sicherzustellen.

Sie muß zum anderen eine adäquate Kontrollorganisation aufbauen und hierfür auch spezielle datenschutzbezogene Einheiten in den Organisationsaufbau und -ablauf aufnehmen, wie Kontroll- oder Revisionsinstanzen, Dokumentationen,

---

65 Siehe hierzu Dammann 1981, § 6 Rdn 160f.; siehe auch die Hinweise für eine entsprechende Dienstanweisung in Hessischer Datenschutzbeauftragter, 15. Tätigkeitsbericht, 158f.

66 Zu fehlerhaften Organisationsmaßnahmen bei der Administration einer ISDN-Telefonanlage siehe z.B. Der Berliner Datenschutzbeauftragte, Jahresbericht 1989, Berlin 1990, 13.

Vergabe von 'Rechten'.[67] Sie muß außerdem die Rechte der Betroffenen auf Auskunft[68], Korrektur und Löschung garantieren. Mit der organisatorischen Gesamtverantwortung hat sie jedoch gleichzeitig dafür Sorge zu tragen, daß das Schutzziel des Gesetzes nur mit einem minimalen Eingriff in die schutzwürdigen Belange der Betroffenen (beispielsweise des Systemverwalters) verbunden sind. In diesem Sinne müssen die Funktionen des Systems so ausgelegt werden, daß die erforderlichen Aufzeichungen im Log-Protokoll minimal gehalten werden und dennoch alle erforderlichen Kontrollen möglich sind.[69]

Besonders wichtige Maßnahmen sind die Funktionstrennung[70] und die Dokumentation.[71] Die **Funktionstrennung** trifft organisatorische Festlegungen der Aufgabenteilung und unterstützt deren Absicherung durch die Gestaltung der Technik. Wie oben bereits ausgeführt, ist eine Aufgabentrennung und deren Zuordung zu verantwortlichen Personen beispielsweise zwischen den Aufgaben der Systemverwaltung und -wartung, der Datensicherung, der Gebührendatenverarbeitung und der Revision sicherzustellen. Zwar sind hierfür die Möglichkeiten und Gegebenheiten der jeweiligen Organisation zu berücksichtigen, doch muß immer gewährleistet sein, daß die Anforderungen des Gesetzes erfüllt werden.

In der **Dokumentation** sind Ablauf- und Aufbauorganisation genau festzuhalten. In ihr sind die organisatorischen Maßnahmen zur Datensicherung, zur physischen Zugangskontrolle (Schlüsselvergabe,...), zur Abgangskontrolle und Datenträgerverwaltung sowie zur Auftrags- und Transportkontrolle festzulegen. Sie beschreibt vollständig die Aufgaben der Funktionsträger mit ihren Zugriffsberechtigungen zu Programmen und Daten. Ebenso ist die zugehörige Passwortstruktur mit den Berechtigungsklassen des Systemzugangs (wie oben ausgeführt beispielsweise Super-User, Betriebsführung, Gebührendatenverarbeitung und Revision) zu dokumentieren. Aufzuzeichnen sind auch das Wartungs- und Fernwartungskonzept[72], das Verfahren der Freigabe von Programmen oder neuen Systemversionen und die Voraussetzungen bzw. der Turnus ihrer Anwendung. Die Dokumentation hat insbesondere auch die Funktionen der Programme unter Gesichtspunkten des Datenschutzes (welches Programm greift auf welche Daten zu, was wird wann an wen übermittelt (Übermittlungskontrolle), ...) sowie die geführten Dateien zu beschreiben. Notwendiger Bestandteil ist ebenfalls ein

---

67 Siehe hierzu z.B. Ehlers/Heydemann, Datenschutzrecht in der Kommunalverwaltung, DVBl 1990, 10; Peters, Technischer Datenschutz, CR 1986, 795.

68 Gliss/ Wronka, 1987, 32.

69 Siehe hierzu z.B. Barthel/Bick/Kühn/Mott/Voogd 1989, 182.

70 Siehe näher Dammann 1981, § 6 Rdn 166f.; Schneider in Gallwas u.a (Loseblattsammlung), Anlage zu § 6 Rdn 90; Minister des Inneren 1981, 437; Demke/Schild (Loseblattsammlung), § 10 IV j.

71 Siehe näher Dammann 1981, § 6 Rdn 170f.; Schneider in Gallwas u.a (Loseblattsammlung), Anlage zu § 6 Rdn 90; Minister des Inneren 1981, 437; Demke/Schild (Loseblattsammlung), § 10 IV j.

72 Siehe hierzu z.B. Abel/Schmölz 1987, 26.

Revisionskonzept. Sinnvoll ist die Ergänzung um Katastrophenschutzpläne und empfohlene Maßnahme für unvorhergesehene Notfälle.

(c) Technische Maßnahmen
Die praktische Umsetzung der notwendigen Vorkehrungen organisatorischer oder auch technischer Art wie der Zugriffskontrolle dürfen nicht durch schlecht implementierte Anlagen erschwert oder verhindert werden. Eine vorausschauende dementsprechende Anlagenauswahl trägt zur Erfüllung der gesetzlichen Vorgaben nach § 6 BDSG und § 10 HDSG bei.

5.2 Grundfunktionen der Sicherungstechnik

5.2.1 Zugangs- und Zugriffssicherung

(a) Allgemeines
Als (logische) Zugangssicherung werden alle Subsysteme von ISDN-Anlagen bezeichnet, die dazu bestimmt sind, sicherzustellen, daß Unbefugte keinen Zugang zu Daten und Funktionen der Anlage erhalten. Die Zugriffssicherung soll Mißbräuche durch Angreifer abwehren, die zwar berechtigt sind mit den Computersystemen der Anlage zu arbeiten, die jedoch nur beschränkte Zugriffsberechtigungen auf Daten und Programme haben.

In ISDN-Anlagen bestehen Zugriffsmöglichkeiten auf personenbezogene Daten vor allem über folgende Programmsysteme:

- **Vermittlungssystem (Anlagenbetriebssystem)**: Dieses Programmsystem ist auf dem bzw. den Vermittlungsrechnern installiert. Zugangsmöglichkeiten bestehen über Betriebsterminals, vorübergehend an die Rechner angeschlossene Service-PCs und über Netzwerkzentren. Zugegriffen werden kann auf Konfigurierungsdaten und Leistungsmerkmalsnutzungsdaten.
- **Programmsysteme von Servern**: Für den Betrieb angeschlossener (d.h. nicht vollständig in das Vermittlungssystem integrierter) Server können separate Programmsysteme vorgesehen sein.
- **Gebührendatenverarbeitungsprogramm**: Dieses Programmsystem kann (je nach Anlagegröße) auf dem Vermittlungsrechner, einem Rechner des Netzwerkzentrums oder einem separaten Gebührenrechner installiert sein. Zugriffsmöglichkeiten auf die Gebührendaten und Konfigurierungsdaten bestehen über die jeweils angeschlossenen Terminals.
- **Elektronisches Telefonbuch**: Dieses Programmsystem kann auf dem Rechner des Netzwerkzentrums oder dem Vermittlungsrechner installiert sein. Es bietet Zugriffsmöglichkeiten auf Telefonbuchdaten.

- **Netzverwaltungssystem**: Es gibt Programmsysteme, mit denen das Übertragungsnetz dokumentiert werden kann. Sie enthalten beipielsweise Teilnehmerrufnummern und zugeordnete Leitungen oder Arbeitsaufträge und Erledigungsvermerke. Netzverwaltungssysteme können auf separaten Rechnern oder auf dem Netzwerkrechner installiert sein.
- **Verkehrsmeßprogramme**: Dies sind Programmsysteme, mit denen Verkehrsdaten, die von den Vermittlungssystemen erfaßt wurden, ausgewertet werden können. Sofern auch Teilnehmeranschlüsse von der Messung betroffen sind, können personenbezogene Daten gespeichert sein. Verkehrsmessprogramme können auf Personalcomputern oder dem Netzwerkzentrum installiert sein.
- **Revisionsprogramme**: Programme, mit denen sich automatisch erzeugte Protokolle auswerten lassen, gibt es erst seit kurzem. Diese Programme können auf dem Netzwerkzentrum, im Prinzip aber auch auf dem Vermittlungsrechner oder separaten Rechnern installiert werden.

Technisch gesehen bilden bei Rechnersystemen Zugangssicherung und Zugriffssicherung häufig eine Einheit. Der Benutzer muß sich identifizieren und erhält mit der Authentifikation automatisch Zugriffsrechte zugewiesen. Die Zugriffsberechtigungen auf Daten und Programme können von der Systemverwaltung (Super-User) flexibel für jede Benutzerkennung festgelegt werden, wobei üblicherweise zumindest zwischen Lese- und Schreibrechten unterschieden werden kann. Jeder Benutzer verfügt über eine eigene Kennung und kann sein Passwort ohne Kenntnismöglichkeit für die Systemverwaltung selbst festlegen und ändern.

Programmsysteme von ISDN-Anlagen entsprechen in vielen Fällen nicht diesem Stand der Technik in der Datensicherung. Zugangs- und Zugriffsberechtigungen auf Daten und Programme sind häufig zu einer festen Anzahl von Zugriffsebenen gruppiert und nicht veränderbar. Pro Zugriffsebene kann teilweise nur ein Passwort vergeben werden. Außerdem können die Passworte in einigen Fällen nicht von den Inhabern geändert werden, sondern werden vom Super-User festgelegt.

(b) Technische Gestaltungsziele

Ausgereifte technische Funktionen der Zugangs- und Zugriffssicherung sind zur Erfüllung mehrerer rechtlicher Sicherungsziele erforderlich. Nach der Speicherkontrolle (3) sind alle Programmfunktionen in den Schutz einzubeziehen, mit denen auf personenbezogene Daten lesend und schreibend zugegriffen werden kann. Die Benutzerkontrolle (4) soll verhindern, daß Unbefugte die ISDN-Anlage räumlich entfernt (über DFÜ) benutzen und ist deshalb ein Unterfall der Speicherkontrolle. Ebenso ergibt sich aus der Zugriffskontrolle (5) die Notwendigkeit, innerhalb der speichernden Stelle differenzierte Berechtigungen zur Datenverarbeitung vorzusehen. Schließlich ist für die Eingabekontrolle (7) ist eine

Benutzerkennung und Zugriffskontrolle erforderlich, um die Eingabe von Daten sicher zuordnen zu können.

(Z1) Trennung von Datenverarbeitungsfunktionen
Die Mißbrauchs- und Fehlerrisiken, die mit verschiedenen Funktionen der Betriebsführung verbunden sind, sind unterschiedlich groß. Deshalb sollten verschiedene Aufgaben durch verschiedene Personen mit unterschiedlichem Verantwortungsbereich wahrgenommen werden. Gemäß der Kriterien Zweckbindung (K4) und Erforderlichkeit (K3) sollten die einzelnen Programme nur die für die Erfüllung der Aufgabe erforderlichen Zugriffsmöglichkeiten bieten. Dies ist die Voraussetzung für eine sinnvolle Funktionstrennung auf der organisatorischen Ebene.

(Z2) Flexible Festlegung von Zugriffsrechten
Das System sollte Funktionen bereitstellen, die eine möglichst differenzierte Zuordnung von Zugriffs- oder Nutzungsberechtigungen zu den von der Zugangskontrolle identifizierten Benutzern erlaubt und eine Überschreitung der Zugriffsrechte zuverlässig verhindert. Dem Stand der Technik entsprechend sollten die Zugriffsberechtigungen in **Berechtigungsmatrizen** verwaltet werden.[73] Zugriffsberechtigungen für einzelne Programme beziehungsweise Programmfunktionen sollten beliebig zu Klassen von Betriebsführungsbrechtigungen zusammengefaßt werden können. Benutzer erhalten dann Kennungen, denen eine Berechtigungsklasse für den Systemzugang zugeordnet ist.

Unterschiedliche Berechtigungen sind entsprechend dem Risikopotential zumindest für folgende Funktionen vorzusehen:[74]
Systemverwaltung des Vermittlungssystems, unterscheidbar sollten alle einzelnen Systemfunktionen, unter anderem

- Leistungsmerkmalsfreigabe
- Berechtigungsklassen definieren
- Berechtigungen vergeben
- Teilnehmer einrichten
- Besondere Leistungsmerkmale konfigurieren (etwa Rufübernahmegruppen)
- Leistungsmerkmale voreinstellen (z.B. Anrufumleitung)
- Systemsicherung
- Rücksicherung

---

[73] Auch capabilities oder access-lists. Die hier angesprochenen Berechtigungen beziehen sich auf Betriebsführungsoperationen und sind von den den oben vorgeschlagenen Berechtigungsmatrizen für Leistungsmerkmale zu unterscheiden. Sie ermöglichen eine beliebige Zuordnung von Zugriffsberechtigungen zu Rollen. Vgl. z.B. Levy, Capability-Based Computer Systems, Digital Press, Bedford Mass., 1984.

[74] Die folgende Auflistung zeigt beispielhaft ein notwendiges Minimum unterschiedlicher Zugriffsberechtigungen.

Systemwartung, unterscheidbar zumindest

- Hardwarediagnose
- Zugriff auf Speicher (z.B. Debugging)
- Änderungen im Anlagenprogrammsystem

Revision, unterscheidbar zumindest

- Lesen und Ausdrucken von Protokolldaten
- Einschalten/Ausschalten der Protokollierung
- Löschen von Protokolldateien

Eletronisches Telefonbuch:

- lesen und vermitteln
- ändern
- ausdrucken
- Zugriff auf vertrauliche Rufnummern (Geheimrufnummern)

Unterschieden werden sollten generell jeweils Lese-, Schreib- und Löschrechte. Dies ist erforderlich, da für einige Aufgaben (z.B. Revision) lesender Zugriff erforderlich ist, Schreibrechte aber nicht erforderlich sind. Darüber hinaus können zusätzliche Zugriffssicherungen für das Vier-Augen-Prinzip in Form von Doppelpassworten erforderlich sein.[75] Beipielsweise sind die Leistungsmerkmalsfreigabe und die Berechtigungsvergabe Funktionen, die nicht in allen Fällen in alleiniger Verantwortung des Betriebspersonals genutzt werden sollen.

(Z3) Sichere, abgestufte Authentikationsverfahren

Die Verfahren der logischen Zugangskontrolle müssen dem Stand der Technik in der Datenverarbeitung entsprechen (K10, Techniksicherung).

- ***Passworte nur durch Benutzer änderbar***
  Passworte sollten grundsätzlich nur vom Passwortinhaber geändert werden können. Der Systemadministrator sollte nur die Möglichkeit haben, Passworte zurückzusetzen, nicht aber lesend darauf zuzugreifen. In Standardbetriebssystemen (z.B. UNIX) hat der Administrator die Möglichkeit, das Passwort eines Benutzers auf einen systemweit einheitlichen Standardwert zurückzusetzen. Dieses Verfahren hat aber Nachteile. Werden etwa beim Wechsel des Programmsystems alle Passworte zurückgesetzt, so haben Angreifer solange eine gute Gelegenheit in das System einzudringen, bis jeder zugangsberechtigte Benutzer am System gearbeitet und dabei sein Passwort geändert hat. Einige Benutzer arbeiten aber nur sehr selten am System, so daß in der

[75] Siehe unten.

Praxis über Monate hinweg große Sicherheitslücken bestehen. Wünschenswert ist daher, daß der verantwortliche Administrator die Möglichkeit erhält, Passworte festzulegen und nicht nur zurückzusetzen. Benutzer, die nur selten am System arbeiten, müssen sich dann beim Administrator melden. Die Tatsache der Passwortänderung (nicht aber das Passwort selbst) ist zu protokollieren.

- ***Verschlüsselung von Passworten:***
  Passworte sollten im System auch grundsätzlich nur einwegverschlüsselt abgelegt werden.
- ***Sperre nach Fehlversuchen:***
  Nach jedem Fehlversuch sollte in der Regel eine Zeitsperre eingehalten und nach mehreren der Zugang für die entsprechende Benutzerkennung gesperrt werden, um automatisierte Angriffe zu erschweren. Gegebenfalls sind Fehlversuche zu protokollieren. Passworte für die Zugangsberechtigung zu Anlagenteilen müssen in Länge und Ausgestaltung der Sensibilität der Aufgaben des Benutzers entsprechen.
- ***Funktionszuweisung an Terminals***
  Das Ziel der Zugriffskontrolle kann auch durch die Zuordnung einzelner Terminals oder abgesetzter Datenverarbeitungssysteme ausschließlich zu einer Funktion unterstützt werden.[76] Zusätzliche Sicherheit kann dann dadurch erreicht werden, daß diese Terminals oder Anlagen in einem gesonderten, durch Maßnahmen der physischen Zugangskontrolle besonders gesicherten, Raum stehen. Diese Lösung könnte vor allem für die Gebührendatenverarbeitung und die Revisionsauswertung geboten sein.
- ***Besonderer Zugriffsschutz für sensitive Funktionen***
  Für sensitive Systemfunktionen, deren Nutzung nur nach einzelfallbezogener Zustimmung zulässig ist, sollten besondere Schutzvorkehrungen möglich sein. So kann das Vier-Augen-Prinzip technisch durch ein verteiltes Passwort erzwungen werden. Um eine entsprechende Zugriffberechtigung zu erhalten, müssen dann zwei oder mehr Personen mit jeweils einem eigenen Passwort zusammenwirken. Der System-Operateur könnte nämlich sonst alleine als 'Superuser' alle programmgesteuerten Sicherungsverfahren umgehen. Dies gilt insbesondere für die Vergabe von Zugriffsberechtigungen und den lesenden, schreibenden oder löschenden Zugriff auf die Daten und Funktionen der Zugangs- und Zugriffskontrolle.

---

[76] Siehe hierzu z.B. Hamburger Behörde für Wirtschaft 1978, II.5.5; Schneider in Gallwas u.a (Loseblattsammlung), Anlage zu § 6 Rdn 63. Diese Möglichkeit ist bei UNIX-Systemen z.T. gegeben.

5.2.2 Protokollierung

Soweit Mißbräuche nicht durch Maßnahmen der Zugangs- und Zugriffssicherung ausgeschlossen werden können, ist es erforderlich, die Nutzung des Systems, d.h. Ein- und Ausgaben von Daten und den Aufruf von Funktionen nachträglich zu überprüfen (***Revision***). In diesem Buch soll nicht untersucht werden, wie technische Systeme für die Revision (Revisionssysteme) gestaltet werden müssen.[77] Wir möchten an dieser Stelle nur auf die notwendige Protokollierung eingehen, welche die Voraussetzung für eine nachlaufende Kontrolle der Anlagennutung ist.

(a) Allgemeines

In einigen Programmsystemen von ISDN-Anlagen sind Mechanismen zur automatischen Protokollierung von Ein- und Ausgaben implementiert. Diese Funktionen zur Protokollierung sind allerdings meist auf die Bedürfnisse des Betriebspersonals zugeschnitten. Ihm wird die Möglichkeit gegeben, den Systemdialog auf Papier oder in Dateien aufzeichnen zu lassen, um in Zweifelsfällen nachkontrollieren zu können, was eingegeben wurde. Hierdurch können Fehleingaben erkannt werden. Außerdem kann die Zusammenarbeit zwischen mehreren Beschäftigten besser koordiniert werden. Die Protokollierung ist besonders dann sinnvoll, wenn betriebstechnische Programme im Stapelbetrieb laufen, weil dann nur anhand der Protokolle festgestellt werden kann, ob während der Durchführung Fehlerzustände aufgetreten waren.

Neben dieser Dialogprotokollierung werden in einigen Systemen noch die erfolgreichen oder erfolglosen Zugangsversuche zum System protokolliert. Dieses Protokoll dient dazu, mißbräuchliche Zugangsversuche zu erkennen. Es ist gewöhnlich nur dem Systemadministrator (Super-User) zugänglich.

Daneben werden noch Fehlerprotokolle aufgezeichnet. Diese werden dadurch erzeugt, daß Fehlermeldungen des Systems (über den Fehlzustand von Systemteilen, Leitungen oder Endgeräten) automatisch in eine Datei geschrieben oder auf Papier ausgedruckt werden. Fehlerprotokolle dienen dazu, daß Fehlzustände des ISDN-Systems erkannt und schnellstmöglich behoben werden können.

(b) Technische Gestaltungsziele

Die Pflicht zur Protokollierung ergibt sich unmittelbar aus den Geboten zur Eingabe- und zur Übermittlungskontrolle nach BDSG und HDSG. Die Eingabekontrolle (7) erfordert, daß nachträglich überprüft und festgestellt werden kann, welche personenbezogenen Daten zu welcher Zeit von wem eingegeben worden sind. Die Übermittlungskontrolle (6) betrifft die Übermittlung von Daten an externe Stellen, die in der Regel nur im Rahmen der Fernbetriebsführung auftritt. Neben der Eingabekontrolle und der Übermittlungskontrolle können aber auch

---

[77] Wir haben dies bereits an anderer Stelle getan. Siehe hierzu Pordesch/Hammer/Roßnagel 1991.

die Speicherkontrolle (3) die Benutzerkontrolle (4) und die Zugriffskontrolle (5) Protokollierungsmaßnahmen erforderlich machen. Zwar sind diese Sicherungspflichten präventiv, d.h. Mißbräuche sollen verhindert werden, soweit dies aber nicht möglich ist, kann auf den abschreckenden Wert, den die Protokollierung hat, nicht verzichtet werden.

(Z1) Ausreichend detaillierte Protokollierung
Damit die Protokollierung ihren Zweck erfüllen kann, muß sie so detailliert sein, daß sie eine Rekonstruktion aller sensitiven Betriebsführungsaktivitäten ermöglicht. Für die Dateneingabe reicht es nicht aus, wenn bei Funktionsaufrufen nur der Funktions- oder Programmname oder die Kategorie eingegebener Daten protokolliert werden. Würde beispielsweise bei Einrichtung des Leistungsmerkmals Fangen nur der Funktionsaufruf ohne Parameter (betroffener Anschluß) protokolliert, so könnte nicht überprüft werden, ob der Funktionsaufruf begründet zur Aufklärung ständiger Belästigungen eines Teilnehmers oder mißbräuchlich, z.B. bezogen auf den Apparat des Betriebsrats, erfolgt ist. Daher muß grundsätzlich auch der Dateninhalt protokolliert werden, in diesem Fall insbesondere die Rufnummer des betroffenen Anschlusses. Weiter muß feststellbar sein, zu welcher Zeit die Eingabe erfolgt ist. HDSG und BDSG sprechen bei der Eingabekontrolle zwar weder vom Zeitpunkt noch von der Zeitspanne, die Eingabezeit ist jedoch erforderlich (K3), um erkannte oder vermutete Mißbräuche aufklären zu können.

Neben den Eingaben müssen grundsätzlich auch die auf die Eingabe folgenden Systemmeldungen (Ausgaben) protokolliert werden. Diese sind erforderlich, damit erkannt werden kann, welche Aktionen das System wirklich durchgeführt hat. So muß beispielsweise festzustellen sein, ob ein Funktionsaufruf nach fehlerhafter Dateneingabe automatisch abgebrochen wurde. Auch die Protokollierung der automatischen Ausgabe von Systemmeldungen (Fehlerprotokolle) kann sinnvoll sein. Ob und wieweit die Protokollierung von Ausgaben erfolgen muß, kann konkret nur danach beurteilt werden, ob sie erforderlich ist, um Mißbräuche erkennen zu können (K3).

(Z2) Keine Protokollierung der Ein- und Ausgabe sensitiver personenbezogener Daten
In vielen Programmen wird die Ein- und Ausgabe sensitiver personenbezogene Daten, wie Passworte oder PIN-Codes, Gebührendaten oder Leistungsmerkmalsdaten protokolliert. Damit werden die Protokolle und Personen, die sie nutzen, selbst zu einem erheblichen Sicherheitsrisiko für den Betrieb. Um die Zweckbindung (K4) der Protokolldaten zu gewährleisten, ist daher die Protokollierung auf das für die Prüfung erforderliche Maß zu begrenzen (K3). Insbesondere sollte es unmöglich sein, sensitive personenbezogene Daten zu protokollieren. Hin-

reichend ist in diesen Fällen die Protokollierung des Funktionsaufrufes, aus dem hervorgeht, welche Datenkategorie für welchen Zweck eingegeben wurde.[78]

(Z3) Personenbeziehbarkeit

Damit erkannte oder vermutete Mißbräuche oder Regelungsverletzungen aufgeklärt werden können, ist es erforderlich, aufzuzeichnen, wer Daten eingegeben und Funktionsaufrufe veranlaßt hat. Hier soll die individuelle Verantwortung der mit der Eingabe befaßten Personen überprüft werden können, so daß konkret und individuell die Identität des Eingebenden festzustellen ist. Denn die Protokollierung soll dazu beitragen, das Risiko unzulässiger Dateneingaben dadurch zu senken, daß die Beschäftigten im Bewußtsein, persönlich zur Verantwortung gezogen werden zu können, bei der Eingabe von Daten besonders sorgfältig vorgehen.[79] Wenn zweifelsfrei die Identität des Eingebenden ermittelt werden kann, genügt für die Protokollierung auch ein entsprechendes Kennzeichen (zum Schutz des informationellen Selbstbestimmungsrechts des Beschäftigten). Um die Personenbeziehbarkeit jedoch sicherzustellen, müssen verschiedene Benutzer vom System unterschieden werden können.[80]

Die Personenbeziehbarkeit muß im übrigen auch dann gewährleistet sein, wenn Stapelaufträge zeitversetzt gestartet werden und deshalb zum Zeitpunkt der Funktionsaufrufe selbst kein Benutzer am System arbeitet.

(Z4) Filterfunktionen für abgestufte Protokollierungsmöglichkeit

Das Problem vollständiger Protokollierung liegt nicht nur in der Aufzeichnung sensitiver Daten. Vielmehr werden vollständige Protokolle sehr umfangreich. Die Informationen, die sie enthalten, sind für die Prüfung größtenteils irrelevant und behindern mehr, als daß sie nutzen. Dies gilt beispielsweise für in der Praxis häufig durchgeführte Abfragen nach dem Zustand von Baugruppen des Vermittlungssystems. Die Eingabekontrolle erfordert auch rechtlich gesehen nicht expressis verbis eine ständige Protokollierung aller Eingaben.[81] Sie fordert aber die Gewährleistung, daß jederzeit die Eingabedaten zuverlässig festgestellt werden können. Welche Protokollierung von Funktionsaufrufen und Dateneingaben angemessen und erforderlich ist, muß abhängig vom konkreten Mißbrauchspotential und dem notwendigen Sicherheitsniveau in der Anwendungssituation bewertet werden. Die Technik muß aber sicherstellen, daß die Protokollierung an die Anwendungsbedingungen angepaßt werden kann (Anpassungsfähigkeit (K7)).

---

78 Dieses Gestaltungsziel widerspricht oberflächlich betrachtet dem Gestaltungsziel Z3. Tatsächlich ist aber die Aufzeichnung sensitiver Informationen in Protokollen für die Prüfung meist irrelevant und daher auch nicht erforderlich.

79 Siehe hierzu Dammann 1981, § 6 Rdn 136; Nungesser 1988, § 10 Rdn 41f.; Demke/Schild (Loseblattsammlung), § 10 IV g; Simitis/Walz, Das neue Hessische Datenschutzgesetz, RDV 1987, 165; Gliss/Wronka 1987, 35.

80 Zu den Anforderungen an das zu nutzende Passwortsystem siehe bereits oben die Ausführungen zur Zugriffskontrolle (5).

81 Siehe hierzu z.B. Tinnefeld/Tubies 1989, 168.

Daher sollte möglich sein, die Protokollierung mit verschiedenen Filterfunktionen zu parametrisieren:

- Einbezogene Funktionsaufrufe: Es sollte festgelegt werden können, welche Funktionsaufrufe und Dateneingaben protokolliert werden.
- Zeitraum der Protokollierung: Möglichst bezogen auf einzelne Funktionsaufrufe sollte festgelegt werden können, für welchen Zeitraum die Protokollierung erfolgt. Dies ist sinnvoll, wenn nur gelegentliche Stichprobenkontrollen auf ordnungsgemäßes Verhalten durchgeführt werden sollen. Bei weniger sensitiven Operationen können diese Stichprobenkontrollen ausreichend sein.
- Inhalte des Protokolls: Es sollte (ebenfalls möglichst funktionsbezogen) festgelegt werden können, welche Datenfelder bei der Eingabe oder Ausgabe im Protokoll festgehalten werden und welche nicht.

Nicht einfach zu lösen ist die Frage, wann und unter welchen Bedingungen eine Löschung der Protokolldaten erfolgen soll. Grundsätzlich sollten nur Revisionsbeauftragte die Möglichkeit erhalten, Protokolldaten zu löschen und die Protokollierung ein- oder auszuschalten. Da jedoch Revisonen im Regelfall nur äußerst selten stattfinden werden, muß eine Regelung für den Fall getroffen werden, daß Protokolldateien überlaufen. Eine Lösung für dieses Problem sind zyklisch zu beschreibende Protokolldateien, d.h. die jeweils ältesten Protokolldatensätze werden automatisch überschrieben. Die Größe der Protokolldateien richtet sich nach der Länge der zurückliegenden Zeitspanne, die noch überprüfbar sein muß. Eine automatische Vernichtung kommt grundsätzlich erst dann in Betracht, wenn nach menschlichem Ermessen ausgeschlossen werden kann, daß zur Sicherung des Rechts auf informationelle Selbstbestimmung eines Betroffenen ein Rückgriff auf die Unterlagen erforderlich werden kann.[82] Da die Risiken nur anwendungsbezogen bestimmt werden können, sollte die Größe der Protokolldatei entsprechend der Anwendungsbedingungen festgelegt werden können (Anpassungsfähigkeit, K7).[83]

(Z5) Unabhängige Protokollierungsmöglichkeit für Betriebspersonal und Revision

Die Protokollierung kann ihren Zweck nicht erfüllen, wenn die Protokolle jederzeit gelöscht oder die Protokollierung jederzeit ein- oder ausgeschaltet werden kann. Umgekehrt darf die Protokollierung für die Revision nicht die Möglichkeiten des Betriebspersonals einschränken, für Zwecke der Betriebsführung Protokolle zu erzeugen. Deshalb müssen die Protokollierungsmöglichkeiten für die Betriebsführung und die Revision unabhängig voneinander sein.

---

82 Siehe hierzu Dammann 1981, § 6 Rdn 129.

83 Vgl. zum Zielkonflikt mit den schutzwürdigen Belangen des Betriebsführungspersonals oben z.B. Kapitel 5.1 (7), (10). Zu beachten ist hierbei auch die Zweckbindung der Protokolldaten nach § 14 Abs. 4 BDSG, § 13 Abs. 5 HDSG

5.3 Gebührendatenverarbeitung

5.3.1 Gebührendatenerfassung

(1) Technik der Gebührendatenerfassung

Gebührendaten werden in ISDN-Anlagen in der Regel für gehende Amtsgespräche erfaßt. Dazu werden die Verbindungsdaten mit den aus dem öffentlichen Netz empfangenen Gebührenimpulsen verknüpft und im Vermittlungssystem zwischengespeichert.

Für die dauerhafte Speicherung der Gebührendaten gibt es dann mehrere Varianten:

- Die zwischengespeicherten Daten können in einer Datenbank des Vermittlungssystems dauerhaft gespeichert werden. Sie werden dann von einem Verarbeitungsprogramm ausgewertet, das ebenfalls im Vermittlungssystem installiert ist, und können über das Betriebsterminal bzw. einen angeschlossenen Drucker abgerufen werden. Diese Variante ist vor allem bei kleineren Anlagen vorgesehen.
- Die Daten können in regelmäßigen Abständen an einen separaten Gebührenrechner oder eine externe Datenverarbeitungsanlage mit eigenem Verarbeitungsprogramm übermittelt werden. Diese Lösung ist vor allem bei mittleren Telefonanlagen üblich.
- Schließlich können - speziell in Netzwerken - die Daten auch im Netzwerkzentrum verarbeitet werden.

Maximal können bei den heutigen ISDN-Anlagen, soweit bekannt, die folgenden personenbezogenen Gebührendaten gespeichert werden:[84]

- Nebenstelle, von der telefoniert wird
- Datum und Uhrzeit
- Zielnummer bzw. Zielnummernteile
- Gesprächsdauer bzw. Gebühreneinheiten
- genutzter Telekommunikationsdienst
- Kennzeichnung, ob es sich um ein weitervermitteltes Gespräch handelt
- Personenkennziffer zusätzlich zur Nebenstelle, wenn das Merkmal genutzt wurde).

Die Speicherung von Gebührendaten kann jedoch auch entfallen. So ist in kleinen Anlagen oft lediglich eine Gebührenanzeige am Endgerät vorgesehen. Die Verrechnung erfolgt dann ausschließlich auf der Basis der Fernmelderechnungen der Telekom.

---

84 Weitere Daten sind technisch (etwa welche Amtsleitung benutzt wurde) und nicht sensitiv.

(2) Rechtliche Vorschriften

Für die Gebührendatenverarbeitung im öffentlichen Bereich gelten häufig besondere Regelungen. Wir wollen die daraus abzuleitenden Gestaltungsanforderungen am Beispiel Hessens erläutern. Die Fernsprechvorschriften für die Verwaltung des Landes Hessen vom 3. März 1986[85] verlangen, Nebenstellenanlagen mit einer automatischen Gebührenerfassung auszustatten (2.6[86]). Die Art und Weise, Gebührendaten zu erfassen, muß jedenfalls den Fernsprechvorschriften entsprechen und darf den dort vorgegebenen Umfang nicht überschreiten. Zu beachten ist, daß sich aus den hier untersuchten Grundrechten und dem HDSG noch weitergehende Anforderungen ergeben können. Denn als innerdienstliche Anweisung sind die Fernsprechvorschriften nur rechtmäßig, soweit sie mit höherrangigem Recht vereinbar sind. Im Konfliktfall gehen daher die Grundrechte und das HDSG vor.

Dienstliche Ferngespräche sind nach 6.6 der Fernsprechvorschriften nachzuweisen. Die Nachweise dienstlicher Ferngespräche werden monatlich dem Dienststellenleiter zugeleitet, der sie stichprobenweise auf Notwendigkeit und Umfang durchsieht (6.6.3).

"In die Nachweise dienstlicher Ferngespräche sind **ausschließlich** folgende Daten aufzunehmen:

- Nummer der Nebenstelle, von der aus das Gespräch geführt wurde,
- Vorwahlnummer des Ortsnetzes des Angerufenen
- Datum und Uhrzeit des Gesprächs
- Anzahl der Gebühreneinheiten und Kosten des einzelnen Gesprächs
- Kennzeichnung von Gesprächen mit mehr als 100 Gebühreneinheiten."[87]

Zu berücksichtigen ist auch, daß durch die hohe Anschlußdichte im Telefonnetz bereits heute eine Vielzahl von geschäftlichen und sozialen Beziehungen auf die Telefonkommunikation angewiesen sind und zum Teil nur während der üblichen Geschäftszeiten abgewickelt werden können. Diesem Umstand muß Rechnung getragen werden. Nebenstelleninhaber sollten in vertretbarem Umfang Privatgespräche führen können. Die Nachweise für Privatgespräche werden nach 6.6.5 der Fernsprechvorschriften monatlich direkt dem Nebenstellen-Inhaber zugeleitet. Die Gebührenrechnungen, die der mit dem Geldeinzug betrauten Stelle zugeleitet werden, dürfen

"lediglich

- die Nebenstelle
- die pro Monat anfallenden Gebühreneinheiten
- den zu zahlenden Gesamtbetrag ausweisen."

---

[85] Siehe StAnz 1986, 170 ff.

[86] Diese und die folgenden Nummern beziehen sich jeweils auf die genannte Fernsprechvorschrift in StAnz 1986, 170 ff

[87] 6.6.3, Hervorhebung durch die Autoren.

Diese Begrenzungen des Gebührendatensatzes sind aber nicht nur für den schriftlichen Nachweis der Gebühren verbindlich, sondern bereits für die Erfassung der Gebührendaten in der ISDN-Anlage. Denn aus der Vorschrift 2.6 ergibt sich, daß der erfaßte Datensatz programmtechnisch oder gerätemäßig auf den in 6.6.2 festgelegten Umfang limitiert werden muß. Das gleiche gilt für die Begrenzung des Datensatzes für Privatgespräche.

Prinzipiell ist die Erfassung der Gebührendaten für eine wirtschaftliche Nutzung der Anlage und deren Kontrolle erforderlich und daher von § 34 Abs. 1 HDSG gedeckt. Eine vollständige Erfassung der angerufenen Zielnummer wäre aus zwei Gründen rechtswidrig. Zum einen genügt der oben genannte Datenumfang, um den Verwaltungszweck einer wirtschaftlichen Nutzung der Anlage und deren Kontrolle zu erreichen. Die Erfassung weiterer Daten ist daher nicht erforderlich und somit nach § 34 Abs. 1 HDSG verboten.[88] Angesichts des Mißbrauchsrisikos einer Zielnummernerfassung aller geführten Ferngespräche müssen die Beschäftigten keine über die Fernsprechvorschriften hinausgehenden Einschränkungen ihres Rechts auf informationelle Selbstbestimmung und ihres Fernmeldegeheimnisses hinnehmen. Zum anderen wäre die Erfassung der Zielnummer auch ein Verstoß gegen das informationelle Selbstbestimmungsrecht und das Fernmeldegeheimnis des Angerufenen. Die vollständige Zielnummer zu erfassen, ist für die Gebührendatenabrechnung nicht erforderlich und daher nicht nach § 11 Abs. 1 HDSG gerechtfertigt.[89] Sie könnte also höchstens nach § 7 HDSG zulässig sein, wenn der Angerufene in die Datenverarbeitung eingewilligt hat.[90] Dies dürfte aber kaum der Fall sein. Eine generelle Erfassung der Zielnummern wäre daher auch aus diesem Grund rechtswidrig.[91] Daten, die nicht benötigt werden, dürfen auch in keinem Teil der Anlage erfaßt werden, denn § 34 Abs. 1 schließt jede Form der Verarbeitung nicht erforderlicher Daten aus. Es genügt also den rechtlichen Anforderungen auch nicht, alle Verbindungsdaten über den Zeitraum der Verbindung hinaus zu speichern, auf einen externen Gebührenrechner zu übertragen und erst dort auf das rechtlich zulässige Maß zu reduzieren.

Eine Begrenzung des Gebührendatensatzes unterhalb des in den hessischen Fernsprechvorschriften vorgegebene Höchstmaßes kann sich aus betrieblichen Regelungen und Dienstvereinbarungen ergeben. Werden solche Regelungen ab-

---

88 Siehe ebenso Nungesser § 34 Rdn 47.

89 Siehe hierzu Nungesser § 34 Rdn 47.

90 Siehe BVerfG, NJW, 1992, 1875.

91 Ebenso LAG Hamburg zustimmend zitiert vom Landesbeauftragten für den Datenschutz der Freien Hansestadt Bremen 1989, 8f.; Nungesser 1988, § 34 Rdn 47; Kubicek in Proceedings ISDN 1986; Kubicek, DuD, 1987; Preuß, Merkur 1986, 342; Bach 1987, 91f.; Rieß 1986, 71; anderer Ansicht zur Notwendigkeit der Zustimmung des Angerufenen für Nebenstellenanlagen Gliss/Wronka 1987, 17f. und für das öffentliche ISDN Bundesregierung BT-Drs. 11/2853, 6f.; Schmidt 1988, 339; nach BayObLG DVBl 1974, 598 und OVG Bremen NJW 1980, 667 soll die Wirksamkeit eines Verzichts auf das Fernmeldegeheimnis nicht davon abhängen, daß der Angerufene ebenfalls zustimmt; kritisch hierzu Schatzschneider NJW 1981, 268f.

geschlossen, dann sind sie anstelle der hessischen Fernsprechvorschriften Grundlage für die Gebührendatenerfassung und deren technischer Ausgestaltung. Der Inhalt der Regelungen ist nicht vorbestimmt, jedoch wurden in der Praxis folgende, die hessischen Fernsprechvorschriften einschränkenden Forderungen und Vereinbarungen bekannt:

- Verzicht auf die Speicherung der Uhrzeit
- Vorwahlerfassung nur bei Ferngesprächen, nicht aber im Nahbereich

(3) Bereichsspezifische Gestaltungsziele

(Z1) Flexible Beschränkungen der Gebührendatenerfassung
Um die Techniksicherung (K9) und Kontrolleigung (K8) zu erhöhen und verschiedene Regelungen für die Gebührendatenerfassung in Dienst- bzw. Betriebsvereinbarungen möglich zu machen (Anpassungsfähigkeit (K7)), sollte die Erfassung von Gebührendaten flexibel parametrisiert werden können. Es ist zwar nicht erforderlich, jeden Parameter für jede Nebenstelle beliebig einstellen zu können, es sollten aber Gruppen von Teilnehmern gebildet werden können, für die eine Festlegung möglich sein sollte, welche Gebührendaten erfaßt werden. Außerdem sollten jeweils Privat- und Dienstgespräche unterschieden und die Erfassung für verschiedene Dienste jeweils unterschiedlich geregelt werden können.

(4) Gestaltungsmöglichkeiten

(T1) Erforderlich: Beschränkung im Gebührenrechner
Spätestens im Gebührenrechner bzw. im Gebührenverarbeitungsmodul muß die Datenspeicherung auf das von den hessischen Fernsprechvorschriften vorgegebene Maximum reduziert werden können.[92] Insbesondere muß es möglich sein, nur die Vorwahlen von Zielnummern zu erfassen. Sofern dies nicht möglich ist, muß es zumindest möglich sein, höchstens die ersten fünf Stellen einer Zielnummer zu speichern, weil so ebenfalls erreicht werden kann, daß bei nationalen Gesprächen nur die Vorwahlen erfaßt werden.[93]

(T2) Wünschenswert: Parametrisierung im Vermittlungssystem
Im Vermittlungssystem sollte für verschiedene Teilnehmer festgelegt werden können, ob die folgenden Daten erfaßt werden:
- Datum (Monat, Tag, Jahr)
- Uhrzeit (Ja, Nein)
- Erfassung von Ortsgesprächen: nur Einheiten, summarisch

---

92 Siehe oben (2) Rechtliche Vorschriften.

93 Für Vermittlungsbereiche mit 3stelliger Ortsnetzkennziffer werden dann allerdings immer noch zwei Ziffern der Teilnehmernummer erfaßt.

- Erfassung von Nahbereichsgesprächen: summarisch, gekennzeichnet oder mit Zielnummernvorwahlen
- Erfassung von Ferngesprächen: summarisch, gekennzeichnet oder mit Zielnummernvorwahlen
- Erfassung von Zielnummernteilen nur ab bestimmter Anzahl von Einheiten.

(T3) Wünschenswert: Doppelpasswort für Gebührendatenparametrisierung

Da die Gebührendaten das Erstellen von Kommunikationsprofilen ermöglichen und nicht nur der Anrufer, sondern auch der Angerufene betroffen sind, ist das Festlegen der zu speichernden Daten eine sehr sensible Aufgabe. Veränderungen der Parameter für aufzuzeichnende Daten (z.B. Zielnummernerfassung) sind in den meisten Fällen Gegenstand betrieblicher Vereinbarungen zwischen Arbeitgebern und Arbeitnehmern. Sie dürfen daher oft gemäß der abgeschlossenen Regelung nur mit vorherige Zustimmung der Beschäftigtenvertretung verändert werden. Das Zustimmungsverfahren könnte technisch beipielsweise durch ein Mehrfachpasswort[94] erzwungen werden.

5.3.2 Gebührendatenverarbeitung

(1) Allgemeines

Für die Gebührendatenverarbeitung werden sehr viele verschiedene Porgramme mit unterschiedlichen Verarbeitungsmöglichkeiten angeboten. Üblicherweise stehen wenigstens die folgenden Verarbeitungsmöglichkeiten zur Verfügung:

Summarischer Abruf

Mit dem summarischen Abruf können die monatlichen Rechnungen für Gesprächsgebühren erzeugt werden. Sie enthalten zumeist die zu einer Kostenstelle gehörigen Teilnehmernummern, die Summen der angefallenen Einheiten und die dafür zu entrichtenden Kosten. Ferner können Angaben zur Person bzw. zur Kostenstelle (Namen, Gebäudenummern, etc) und zusätzliche Kosten (Grundgebührenanteil, Kosten handvermittelter Gespräche, Telegramme, ...) enthalten sein.

Einzelgebührennachweise

Im Betrieb vieler ISDN-Anlagen ist es ferner üblich, monatlich eine Auflistung aller geführten Gespräche mit den zugehörigen vollständigen Zielnummern und den Gesprächszeiten zu erzeugen, den sogenannten Einzelgebührennachweis.

Eingeschränkte Einzelgebührennachweise

Für Dienststellen des Landes Hessen darf die Telefonabrechnung nur die aus der Fernsprechvorschrift abgeleiteten Daten umfassen, d.h. nur die Vorwahl der

---

94 Siehe oben, 5.2.1, Z3

Zielnummer. Ein so oder ähnlich begrenzter Gebührennachweis wird im folgenden als ***eingeschränkter Einzelgebührennachweis*** bezeichnet.

Einzelnachweis mit Personenkennziffer

In einigen Betrieben und Verwaltungen werden Personen- oder Projektkennziffern genutzt, damit Beschäftigte auch die Apparate ihrer Kollegen problemlos nutzen können und dennoch auf Rechnung einer ihnen zugeordneten Kostenstelle telefonieren können. In diesem Fall können die Gebühren dem Teilnehmer zugerechnet werden, der den Apparat genutzt hat. In der Abrechnung sind dann neben den Gesprächen, die ein Teilnehmer von seinem Apparat aus geführt hat, auch Telefonate verzeichnet, für die er andere Nebenstellen genutzt hat. Diese Gespräche können dadurch gekennzeichnet sein, daß die Rufnummer des genutzten Apparates bei jedem Gespräch mit aufgeführt wird.

Telefonkostenabrechnung PROVET
Einzelgebührennachweis für Frau Andel, Jan. 1993

Datum	Zielnummer	Uhrzeit	Dienst	Einheiten	Betrag
1.1.93	09371/68862	8:00	Tel	18	4,14
1.1.93	09371/61916	17:34	Fax	21	4,83
1.1.93	789688	18:45	Tel	1	0,23
2.1.93	06154/4863	8:12	Tel	7	1,61
2.1.93	06154/4863	8:15	Tel	1	0,23
2.1.93	09371/68862	8:06	Tel	18	4,14
2.1.93	09371/61916	9:12	Fax	4	0,92
2.1.93	06154/4863	16:31	Tel	5	1,15
2.1.93	06162/77863	13:21	Tel	8	1,84
2.1.93	06154/4863	13:45	Tel	45	10,35
3.1.93	09371/68862	7:58	Fax	18	4,14
3.1.93	09371/61916	9:01	Tel	3	0,69
3.1.93	06154/4863	12:45	Tel	1	0,23
3.1.93	069/435673	13:19	Tel	7	1,61
3.1.93	06154/4863	13:43	Tel	4	0,92
				161	37,03

Abb. 12: Vollständiger Einzelgebührennachweis

(2) Rechtliche Bewertung

Nach den obigen Ausführungen ist ein Einzelgebührennachweis bei einem rechtmäßigen Betrieb der Anlage nicht zulässig, weil vollständige Zielnummern nicht erfaßt und gespeichert werden dürfen. Selbst wenn der Anschlußinhaber einen solchen Nachweis beantragt, ist dieser unzulässig, da er zwar auf die Ausübung seiner Grundrechte, nicht aber auf die der von ihm Angerufenen verzichten kann.[95]

Der von den hessischen Fernsprechvorschriften festgesetzte Höchstumfang der Gebührendaten beschreibt auch den datenschutzrechtlich höchstzulässigen Umfang der Verarbeitung von Gebührendaten.

Da durch die Auswertung von Gebührendaten ein Risiko der Profilbildung entsteht, sollte, wann immer dies möglich ist, auf Einzelgebührennachweise verzichtet werden. Deshalb ist vorrangig nach solchen organisatorischen Maßnahmen zu suchen, die auch einen eingeschränkten Einzelgebührennachweis überflüssig machen. So kann durch die Eigenverantwortlichkeit von Abteilungen über deckungsfähige Etats deren internes Kostenbewußtsein u.U. bereits ausreichend geweckt werden. Erst wenn solche Lösungen nicht anwendbar sind, dürfen technische Maßnahmen zu einer (eingeschränkten) Kontrolle eingesetzt werden. Für ISDN-Anlagen ist deshalb zu fordern, daß nach den Bedürfnissen und Vereinbarungen der Interessengruppen realisiert werden kann, wer wann auf die Gebührendaten welcher Teilnehmer zugreifen darf.

Telefonkostenabrechnung PROVET

Gebührennachweis für Frau Andel, Jan. 1993

Datum	Vorwahl	Einheiten	Betrag
1.1.93	09371	18	4,14
1.1.93	09371	21	4,83
2.1.93	09371	18	4,14
2.1.93	09371	4	0,92
3.1.93	09371	18	4,14
3.1.93	09371	3	0,69
3.1.93	069	7	1,61
Summe	Orts- und Nahbereich:	72	16,56
		161	37,03

Abb. 13: Eingeschränkter Einzelgebührennachweis. Ferngespräche werden nur mit der Ortsnetzkennzahl, Nahbereichsgespräche nur summarisch ausgegeben.

Sollte der eingeschränkte Einzelgebührennachweis aus betriebsinternen Gründen dennoch nötig sein, so ist sicherzustellen, daß der Nebenstellen-Inhaber über

[95] Siehe z.B. Gusy JuS 1986, 96; Rieß 1986, 72.

diese Datenverarbeitung informiert ist (§ 12 HDSG). Die Aufsicht der Kontrollorgane ist dementsprechend zu unterstützen.

(3) Gestaltungsziele

(Z1)Flexibles Festlegen von Abrufmöglichkeiten
Unabhängig davon, welche Gebührendaten erfaßt werden, sollte flexibel festgelegt werden können, wer unter welchen Umständen und zu welchem Zeitpunkt auf die gespeicherten Daten zugreifen darf und ob die Daten angezeigt oder ausgedruckt werden dürfen. Nur dann besteht die Möglichkeit, die Gebührendatenverarbeitung optimal an betriebliche Regelungen und Sicherheitserfordernisse anzupassen (Anpassungsfähigkeit (K7), Techniksicherung (K9)).

(4) Gestaltungsmöglichkeiten

(T1) Wünschenswert: Festlegung von Abrufmöglichkeiten
Das Risikopotential der Gebührendatenverarbeitung kann erheblich verringert werden, wenn über eine privilegierte Zugriffsberechtigung festgelegt werden kann, welche Einzeldatenabrufe durchgeführt werden dürfen:

- Einzeldatenabrufe für bestimmte Anschlüsse ohne besondere Zustimmung (beispielsweise Tagungstelefone, einzelne Fax-Anschlüsse)
- Einzeldatenabrufe für bestimmte Dienste

Es sollte jeweils unterschieden werden, ob bestimmte Abrufe am Bildschirm erfolgen dürfen oder ob ein Ausdruck möglich ist. Von Vorteil wäre es auch, wenn festgelegt werden könnte, wie oft einzelne Abrufe durchgeführt werden dürfen und wer sie durchführen darf. Es sollte auch möglich sein Zeitpunkt einzustellen, an denen der Ausdruck automatisch erfolgt.

(T2) Erforderlich: Differenzierte Zugriffsrechte
Unterscheidbar sein sollten zumindest die folgenden Zugriffsberechtigungen

- Wartungsfunktionen (Hersteller): Zugriff auf Programmsysteme, jedoch nicht auf einzelne Gebührendaten
- Konfigurierung (Hersteller oder Systemadministrator beim Betreiber): Einstellen von Übermittlungs- und Erfassungsparametern; Zuweisung von Ausgabegeräten
- Festlegen von Abrufmöglichkeiten (siehe T1)
- Datenausgabe (Personal): Summendaten, nicht sensitive Abrufe
- Abruf sensitiver Daten (Personal): Einzeldaten, Einzelgebührennachweise
- Verwaltung des Organisationsplans (Personal).

(T3) Erforderlich: Protokollierung von Abrufen
Vollständige und eingeschränkte Einzelgebührennachweise enthalten sensitive Daten. Es muß möglich sein, zu protokollieren, wer diese Abrufe für welche Teilnehmeranschlüsse wann durchgeführt hat. Nicht protokolliert werden sollte hingegen das Ergebnis der Abfrage. Protokolliert werden muß auch der Aufruf anderer Funktionen, die den Zugriff auf Einzeldaten ermöglichen. Hierzu können beispielsweise die Datensicherung oder Tracefunktionen zählen.[96]

5.3.3 Mischbetrieb

(1) Allgemeines
Gelegentlich werden ISDN-Anlagen (bzw. Anlagennetze) von mehreren Organisationen gemeinsam genutzt. In diesem Fall werden die Gebührendaten der Mitglieder und Angehörigen mehrerer Organisationen gemeinsam erfaßt und verarbeitet. Eine Organisation ist dann im Regelfall Betreiber der Anlage und verarbeitet die Gebührendaten im Auftrag der anderen. Dies hat den Vorteil, daß die Nutzerorganisationen sich den damit verbundenen Aufwand ersparen. Problematisch ist allerdings, daß organisationsfremde Dritte Zugriffs-möglichkeiten auf personenbezogene Daten haben.

(2) Rechtliche Bewertung
Datenschutzrechtlich ist es zulässig, daß Nutzerorganisationen Gebührendaten im Auftrag verarbeiten lassen. Diese Lösung ist jedoch problematisch, da die Nutzerorganisationen die Autonomie über ihre Daten verlieren. Die beteiligten Organisationen sind "datenverarbeitende Stellen" im Sinne des § 2 Abs. 3 HDSG. Sie bleiben nach § 4 Abs. 1 für die Einhaltung der Vorschriften des HDSG allein verantwortlich, auch wenn die personenbezogenen Daten in ihrem Auftrag von einer anderen Stelle verarbeitet werden. Zwar unterliegt der Auftragnehmer den Weisungen der datenverarbeitenden Stelle, die Durchsetzung und Kontrolle der rechtmäßigen Datenverarbeitung gestaltet sich aber wesentlich schwieriger als bei selbständiger Auswertung. Zusätzlicher organisatorischer Aufwand entsteht dadurch, daß die betroffenen Institutionen erhebliche organisatorische und personelle Anstrengungen unternehmen müssen, um die Einhaltung der Vorschriften zu gewährleisten und diese zu kontrollieren. Zusätzlich vergrößert sich der Kreis der Personen, die Zugang zu den Daten erhalten. Die Kriterien der Erforderlichkeit (K3), der Zweckbindung (K4), der Anpassungsfähigkeit (K7) und der Transparenz (K1) sprechen daher dafür, daß jede Stelle, soweit es für sie möglich ist, ihre Daten selbst verarbeitet und die alleinige Verantwortung für die Rechtmäßigkeit der Verarbeitung trägt.

---

96 Wenn die Daten verschlüsselt gespeichert und übermittelt werden, kann auf diese Protokollierung verzichtet werden.

Sofern die Gebührendatenverarbeitung im Auftrag der Nutzerorganisation durch den Betreiber erfolgt, bleibt die Verantwortung für die Datenverarbeitung dennoch beim Auftraggeber. Er hat die Pflicht, dafür zu sorgen, daß der Schutz personenbezogener Daten beim Betreiber sichergestellt ist und Mitbestimmungsregelungen zur Gebührendatenverarbeitung eingehalten werden. Hierzu muß er gelegentlich auch Kontrollen durchführen. Der Betreiber hat dafür Sorge zu tragen, daß diese Kontrollen möglich sind.

(3) Gestaltungsziele

(Z1) Daten- und Funktionstrennung
Für Datenbestände, die nicht gemeinsam für mehrere Organisationen genutzt oder verwaltet werden, ist auch bei zentraler Betriebsführung in Netzwerkzentren eine getrennte Datenhaltung mit getrennten Zugriffsrechten anzustreben. Eine Datenhaltung in einer gemeinsamen Datenbasis ist in diesem Fall nicht erforderlich (K3). Außerdem sind Techniksicherung (K9) und Zweckbindung (K4) bei organisationsbezogener Daten- und Funktionstrennung besser sicherzustellen. Anzustreben ist die Daten- und Funktionstrennung besonders für den sensitiven Bereich der Gebührendatenverarbeitung. Es sollte möglich sein, daß jede Organisation ihre Gebührendaten separat verarbeitet und - weitergehend - daß in diesem Fall die Gebührendaten auf jedem Anlageknoten organisationsbezogen erfaßt und an verschiedene Gebührenrechner übermittelt werden. Auch Funktionen der Protokollierung und der Zugriff auf Protokolle sollten getrennt werden können, damit Prüfungen im Rahmen der Auftragskontrolle (§10 Abs. 3 Nr. 10 HDSG) durchgeführt werden können.[97]

(4) Gestaltungsmöglichkeiten

Die rechtlichen Anforderungen könnte optimal erfüllt werden, wenn es gelänge, Gebührendaten direkt aus dem Vermittlungssystem an die zuständigen Verarbeitungsrechner der Nutzerorganisationen zu übermitteln.

> ***(T1) Wünschenswert: Zentrale Datenspeicherung und dezentrale Auswertung***
> In einer Minimallösung, welche die Zielvorgabe erfüllt, könnte der Betreiber die Gebührendaten zentral erfassen und zwischenspeichern. Die Verarbeitung und insbesondere auch die Ausgabe der Daten erfolgt aber durch die Nutzerorganisationen selbst. Hierzu können die Daten auf Datenträger überspielt werden. Sie sollten dann nach dem Einspielen in den jeweiligen Gebührenrechner sofort in den Rechnern des Vermittlungssystems gelöscht werden.

---

97 Vgl. dazu oben rechtliche Sicherungspflichten 5.1 (8) Auftragskontrolle.

(T2) Optimal: Dezentrale Erfassung und Verarbeitung

Eine für den Datenschutz und die Mitbestimmung besonders vorteilhafte Lösung könnte erreicht werden, wenn Gebührendatensätze ohne zentrale Zwischenspeicherung direkt an den zuständigen Gebührenrechner übertragen werden könnten. Für jeden Teilnehmer bzw. Gruppen von Teilnehmern müßte festgelegt werden können, an welchen Gebührenrechner die Übermittlung erfolgt.

(T3) Erforderlich: Zugriffsbegrenzung nach Organisationszugehörigkeit

Der Zugriff auf die Gebührendaten, andere Teilnehmerdatensätze und Revisionsdaten kann beim Betreiber nach der Zugehörigkeit von Anschlußinhabern zu Organisationen über Gruppenbildung begrenzt werden.

Ausblick

Wir haben gezeigt, daß es notwendig ist, Telefonsysteme umzugestalten, damit sie den Anforderungen der Grundrechte und des Datenschutzes gerecht werden. Mit vielen konkreten Gestaltungsvorschlägen wurde belegt, daß damit Chancen der neuen Technik genutzt und Risiken vermieden werden können. Durch eine systematische Umsetzung der Gestaltungsvorschläge ist durchaus auch eine bedienerfreundliche Realisierung bzw. Integration möglich. Die von Entwicklern der Technik vielfach geäußerten Befürchtungen, der Datenschutz blockiere sinnvolle Anwendungen und verkompliziere die Systembedienung, hoffen wir dadurch - wenn nicht gänzlich zerstreut - so doch wenigstens deutlich abgemildert zu haben.

In einigen Fällen werden allerdings die innerbetrieblichen Zielkonflikte zwischen Effektivität und Techniksicherung nicht mit technischen Einheitslösungen aufgelöst. Denn sie begründen sich aus unterschiedlichen Interessen oder besonderen Bedingungen in der Anwendungsumgebung. Die von uns vorgeschlagenen Gestaltungsalternativen sollen in diesen Fällen dazu beitragen, daß die gefundenen Kompromisse nicht an technischen Vorgaben scheitern. Technikgestaltung verhindert so Sachzwänge für das Rechts- und Sozialsystem und kann auch in diesem Sinne zu offenen und entwicklungsfähigen Systemen beitragen.

Viele der aufgezeigten rechtlichen Anforderungen werden in heute angebotenen Telefonsystemen noch nicht oder nur teilweise erfüllt. Daher muß die Weiter- und Neuentwicklung der Telefon- und allgemein der Telekommunikationstechnik die Möglichkeit nutzen, Telefonsysteme datenschutz- und grundrechtsfreundlich zu gestalten. Mit Hilfe der hier vorgestellten Methode KORA kann die Suche nach Lösungen für bekannte und künftige Probleme an den hergeleiteten Kriterien orientiert werden. Wir wissen, daß Firmen ihre begrenzten finanziellen und personellen Ressourcen der Entwicklung nur sehr ungern zur Verfügung stellen, um die ihrer Meinung nach kleinen Risiken zu vermeiden. Unter anderem wird deshalb die Frage aufgeworfen, ob es sich denn noch lohne, die großenteils bereits entwickelte und in Betrieb befindliche Telefon- und ISDN-Technik umzugestalten.

Die Einführung der ISDN-Technik wurde von den Befürwortern unter anderem mit den Möglichkeiten der durch Software gesteuerten Vermittlungstechnik begründet, nachträglich Fehler beheben und auf neue Anforderungen leicht reagieren zu können. Nimmt man diese Argumente nicht nur für die Beseitigung von Funktionsstörungen und für Effizienzsteigerungen ernst, sollte es langfristig möglich sein, auch Altanlagen im Zuge der Wartung mit rechtsgemäß gestalteten Leistungsmerkmalen auszustatten. Der Aufwand für eine technische Gestaltung kann mittelfristig sogar zu Kosteneinsparungen führen, wenn technische Defizite nicht mehr durch organisatorische Maßnahmen kompensiert werden müssen und dadurch vereinfachte Betriebsabläufe möglich werden oder zusätzliche Leistungsmerkmale genutzt werden können. Rechtsgemäße Gestaltung von Informationstechnik kann dementsprechend auch als ein Prozeß verstanden werden, in dem immer einfachere Systemlösungen gesucht werden. Technische Funktionen, rechtliche Vorgaben, betriebliche Regelungen und organisatorische Abläufe müssen aufeinander abgestimmt und weiterentwickelt werden.

Abgesehen davon, daß eine rechtsgemäße Gestaltung nicht nur wünschenswert, sondern teilweise sogar rechtlich erforderlich ist, sprechen auch praktische Gründe für eine Fortentwicklung von Telefonsystemen. ISDN-Telefonanlagen werden als Infrastruktursysteme beschafft. Die Entwicklung der Telekommunikationstechnik und ihrer Leistungsmerkmale ist bei weitem noch nicht abgeschlossen. Gleichzeitig werden durch die parallele Nutzung des Telefon- und der weiteren ISDN-Text-, Daten- und Bildübertragungsdienste völlig neue Anwendungsformen der Telekommunikation erschlossen. Telekommunikationssysteme greifen dann noch tiefer in vorhandene Kommunikationsstrukturen und werden dadurch zu weiteren datenschutz- und grundrechtlichen Problemen führen.

Die Konkretisierung rechtlicher Anforderungen zu technischen Gestaltungsmaßnahmen (KORA) bietet als **Methode** in diesen Fällen die Möglichkeit, bereits in der Spezifikationsphase nach Gestaltungsalternativen, beispielsweise für CSTA-Kopplungen, zu suchen. Wir haben dies für einige komplexe Leistungsmerkmale angedeutet. KORA kann über Telekommunikationssysteme hinaus auch auf andere Anwendungsbereiche und informationstechnische Systeme übertragen werden. Dies bietet sich sowohl für die Anwendungen an, die mit Hilfe von Telekommunikationssystemen realisiert werden (CSTA), als auch für davon unabhängige Informationssysteme.

Probleme komplexer Telefonfunktionen und CSTA-Kopplungen werden nur schwer und möglicherweise ungenügend zu lösen sein, wenn nicht bereits die **Grundbausteine der Telefonkommunikation**, Grundfunktionen und Leistungsmerkmale, rechtsgemäß gestaltet sind. Wir konnten im Rahmen dieses Buches und aus Gründen der Lesbarkeit nur für die wichtigsten Leistungsmerkmale Gestaltungsvorschläge entwickeln. Wir haben sie bewußt nicht bis auf die Ebene von Systemspezifikationen weiterentwickelt, da diese von Hersteller zu Hersteller unterschiedlich sein werden. Ebenso sind weitere Alternativen neben den von uns vorgestellten denkbar, sie sind gemäß den rechtlichen Anforderungen zu bewerten. KORA stellt Technikern und Betroffenen dafür einen operationalisierten Kriterienkatalog zur Verfügung.

An Grenzen stoßen unsere Gestaltungsvorschläge da, wo sie nicht mehr im Rahmen nationaler oder internationaler Normen zu realisieren sind. Allerdings zeigt der Vorschlag der EG-Kommision für den Datenschutz in Telekommunikationssystemen[1], der eine Möglichkeit zur fallweisen Unterdrückung der Identifizierung fordert, daß eine Orientierung an rechtlichen Normen teure Fehlentwicklungen hätte vermeiden können. Langfristig ist zu hoffen, daß Standards dementsprechend weiterentwickelt werden und rechtliche Anforderungen aufgreifen.

Wenn Entwickler neuer Telefonsysteme die aufgestellten Kriterien frühzeitig berücksichtigt, werden kaum zusätzliche Kosten entstehen. Gleichzeitig können durch vorausschauende Gestaltung das Vertrauen der Nutzer in die Technik verbessert und unnötige betriebliche Konflikte vermieden werden. Es liegt also auch im Interesse von Herstellern und Betreibern, wenn Leistungsmerkmale, weitergehende CSTA-Funktionen und Betriebsführungsprogramme bereits heute an rechtlichen Normen orientiert gestaltet werden. Sie können damit nicht zuletzt vermeiden, daß betriebliche ISDN-Telefonsysteme zum Gegenstand gerichtlicher Auseinandersetzungen werden.

[1] EG-Kommission 1990.

Literaturverzeichnis

Abel, H. / Schmölz, W. (1987): Datensicherung für Betriebe und Verwaltungen, München 1987.

Abel, H. / Schmölz, W. (1989): Sicherheit mit dem System MX300/MX 500, KES-Sonderheft, Oktober 1989.

Akademie des deutschen Beamtenbundes für berufliche Fortbildung e.V. (1988) (Hrsg.): Checklisten zur Einführung neuer Informations- und Kommunikationstechniken sowie zu Personalinformationssystemen, automatischer Telefondatenerfassung und Hard- ware- und Softwareergonomie, Königswinter 1988.

Albensöder, A. (1987) (Hrsg.): Telekommunikation - Netze und Dienste der Deutschen Bundespost, Heidelberg 1987.

Andelfinger, U. / Pordesch, U. / Roßnagel, A. (1991): Gestaltungsanforderungen an die Text- und Datenkommunikation in ISDN-Anlagen, Arbeitspapier Nr. 47, provet, Darmstadt 1991.

Auernhammer, H. (1977): Bundesdatenschutzgesetz-Kommentar, Köln u.a. 1977.

Auernhammer, H. (1990): Zur Telefondatenerfassung des Personalrates, DuD 10/1990, 487 ff.

Auernhammer, H. (1991): Bundesdatenschutzgesetz vom 20. Dezember 1990, Textausgabe mit Einführung, Köln u.a. 1991.

Bach, K. (1987): Strukturmerkmale eines bereichsspezifischen Datenschutzes bei Telekommunikationsdiensten und -netzen, Typoskript, Bremen 1987.

Badura, P. (1973): Grundfreiheiten der Arbeit, in: Festschrift für Berber, 1973, 11 ff.

Badura, P. (1987): Die Tragweite des Rechts auf informationelle Selbstbestimmung für die normative Regelung der öffentlichen Telekommunikationsdienste der Deutschen Bundespost, Gutachten im Auftrag des Bundesministers für das Post- und Fernmeldewesen, München 1987.

Barthel, Th. / Bick, M. / Kühn, M. / Mott, U. / Voogd, G. (1989): Revisionsfähigkeit personaldatenverarbeitender Systeme - sind Betriebsvereinbarungen über Personaldatenverarbeitung verifizierbar?, DuD 1989, 181 ff..

Baums, J. (1991): Data Beckers Telefonbuch, Düsseldorf 1991.

Becker, J. (1989): Telefonieren und sozialer Wandel. Eine Einführung, in: Hessische Vereinigung für Volkskunde 1989, 7 ff.

Becker, W. / Giller, G. (1988): Datensicherungsmaßnahmen im ISDN, DuD 1988, 438 ff.

Benda, E. (1974): Privatsphäre und 'Persönlichkeitsprofil', in: Menschenwürde und freiheitliche Rechtsordnung, Festschrift für W. Geiger, Tübingen 1974, 23 ff.

Benda, E. (1984): Das Recht auf informationelle Selbstbestimmung und die Rechtsprechung des BVerfG zum Datenschutz, DuD 1984, 86 ff.

Benda, E. (1984): Datenschutz und Grundgesetz, Siemens-Zeitschrift 58 1984, 5 ff.

Benda, E. (1984): Zur Berufsfreiheit der Arbeitnehmer, in: Festschrift für Stingl, 1984, 35 ff.

Berger, P. / Kühn, M. / Kubicek, H. / Mettler-Meibom, B. / Voogd, G. (1988): Optionen der Telekommunikationsinfrastruktur, Düsseldorf 1988.

Betriebsrat der GMD in Birlinghoven (Hrsg) (1988): Betriebsrat aktuell, 4/1988, Sankt Augustin.

Beutelspacher, A. / Gundlach, M. (1988): Datenschutz und Datensicherheit in Kommunikationsnetzen, DuD 1988, 189 ff.

Beyerschlag, U. (1991): Gemeinsames Engagement von Siemens und IBM, in: telcom report 14(1991)H1, 15 ff.

Bocker, P. (1987): ISDN - Das diensteintegrierende digitale Nachrichtennetz, 2. Aufl. Berlin u.a. 1987.

Brandner, H.-E. (1983): Das allgemeine Persönlichkeitsrecht in der Entwicklung durch die Rechtsprechung, JZ 1983, 689 ff.

Bräutigam, L. / Höller, H.P. / Scholz, R. (1990): Datenschutz als Anforderung an die Systemgestaltung, Opladen 1990.

Bräutigam, L. / Kölbach, M. (1990): Veränderte Arbeitssituation durch ISDN-fähige Telefonanlagen, Frankfurt 1990.

Breuer, R. (1989): Freiheit des Berufs, in: Isensee, J./ Kirchhof, P. (Hrsg.), Handbuch des Staatsrechts, Band VI, Heidelberg 1989, 877 ff.

Brinckmann, H. (1986): Rechtliche und politische Kontrolle einer neuen Infrastruktur, in: Gesellschaft für Rechts- und Verwaltungsinformatik (Hrsg.), Kommunikationstechnische Vernetzung, Rechtsprobleme, Kontrollchancen, Klienteninteressen, Darmstadt 1986, 25 ff.

Brinckmann, H. (1989): Telekommunikationsordnung und Fernmeldebenutzungsrecht, CR 1989, 1 ff.

Bundesminister für Post und Telekommunikation ZulB TkAnl (1990) (Hrsg.): Zulassungsbedingungen Telekommunikationsanlagen und -systeme, Bonn, 1990.

Bundesregierung: Datenschutz bei Telekommunikation, Antwort auf die kleine Anfrage des Abgeordneten Dr. Briefs und die Fraktion der Grünen, BT-Drs. 11/2853.

Burkert, H. (1985): Datenschutz und Informations- und Kommunikationstechnik - Eine Problemskizze, Werkstattbericht des Ministeriums für Arbeit, Gesundheit und Soziales des Landes Nordrhein-Westfalen Nr. 6, Düsseldorf 1985.

Damann, U. (1981): Kommentierung des Bundesdatenschutzgesetzes, in: Simitis, S./ Damann, U./ Mallmann, O./ Reh, H.-J., Kommentar zum Bundesdatenschutzgesetz, 3. Aufl., Baden Baden 1981.

Däubler, W. (1986): Das Arbeitsrecht, Band 2, 4. Aufl., Reinbek 1986.

Däubler, W. (1988): Mitbestimmung bei Büro- und Telekommunikation - Rechtlicher Rahmen und Problemskizze zu einem ISDN-Modellversuch in Dortmund, Werkstattbericht des Ministeriums für Arbeit, Gesundheit und Soziales des Landes Nordrhein-Westfalen Nr.48, Düsseldorf 1988.

Däubler, W. (1987): Gläserne Belegschaften? Datenschutz für Arbeiter, Angestellte und Beamte, Köln 1987.

Demke, C. / Schild, H.H. (1989): Hessisches Datenschutzgesetz, Kommentar, Wiesbaden 1989 ff. (Loseblattsammlung).

Denninger, E. (1985): Das Recht auf informationelle Selbstbestimmung und innere Sicherheit, KJ 1985, 215 ff.

Denninger, E. (1989): Kommentierung, in: Alternativ-Kommentar zum Grundgesetz, Band 1, 2. Auflage, Darmstadt 1989.

Deutsche Bundespost Telekom (1988): Reihenanlagen connex C - 2 R 11 - 2 R 5, Bedienungsanleitung, Februar 1988.

Deutsche Bundespost Telekom (1989): Octophon, Modell 50 mit Freisprechen, Bedienungsanleitung, April 1989.

Dürig, G. (1973): Kommentierung des Art. 10 (1973), in: Maunz, Th./ Dürig, G. (Hrsg.), Grundgesetz-Kommentar, München (Loseblatt).

Ebel, H. (1989): Telefone mit neuen Eigenschaften: Neue Technologien erfüllen Benutzerwünsche, in: Tenzer, G.: Büroorganisation, Bürokommunikation, Mittel zur Steigerung der Produktivität, Heidelberg, 1989, 42 ff.

ECMA European Computer Manufacturers Association (1990): Computer Supported Telecommunications Applications, Final Draft TR/CSTA 1990.

EG-Kommission (1990): KOM(90) 314 endg.-SYN 288 (Richtlinienentwurf der EG-Kommission zum Datenschutz im ISDN).

Ehlers, D. / Heydemann, B. (1990): Datenschutzrecht in der Kommunalverwaltung, DVBl 1990, 1 ff.

Enquete-Kommission "Neue Informations- und Kommunikationstechniken": Zwischenbericht, Bt-Drucksache 9/245 und 9/314.

Erichsen, H.-U. (1980): Feststellungsklage und Innenrecht, Grundrechte und Amtsverwaltung, VerwA 1980, 429 ff.

Erichsen, H.-U. (1989): Allgemeine Handlungsfreiheit, in: Isensee, J./ Kirchhof, P. (Hrsg.), Handbuch des Staatsrechts, Band VI, Heidelberg 1989, 1185 ff.

Ewe, J. (1990): Nutzen meist größer als Kosten, in: net 10/1990, 436 ff.

Fickert u.a. (1988): Vernetzung und Integration von EDV-Systemen, Technik und Gesellschaft Heft 10, Technologieberatungsstelle beim DGB Landesbezirk NRW, Oberhausen 1988.

Forum Informatiker für Frieden und gesellschaftliche Verantwortung e.V. (FIFF) (1988): Mit ISDN in die Postindustrielle Zukunft, Resolution vom 15.10.1988 in Hamburg.

Gamillscheg, F. (1989): Die Grundrechte im Arbeitsrecht, Berlin 1989.

Garbe, D. (1991): Datenschutz und Datensicherheit in der Telekommunikation, in: Informationstechnische Gesellschaft (ITG) im Verband Deutscher Elektrotechniker (Hrsg.): Informationstechnik 2000, Berlin, Offenbach 1991.

Garstka, H. (1984): Schutz von Persönlichkeitsrechten bei der Nutzung neuer Medien, DVR-Beiheft 16, 1984, 79 ff.

Garstka, H. (1988): Datenschutz in Telekommunikationssystemen, in: Valk, R. (Hrsg.), GI-18. Jahrestagung, Berlin u.a. 1988, 664 ff.

Gebhardt, H.-P. (1987): Rechtsgrundlagen des Datenschutzes sowie Datenschutz im Fernmeldewesen der Länder Schweiz, Frankreich, Niederlande, Großbritannien, Schweden, USA und Japan, in: Jahrbuch der Deutschen Bundespost 1987, 243 ff.

Gesellschaft für Informatik (1987): Empfehlung vom 31.3.1987, Für eine breite Diskussion über das Für und Wider des ISDN, Informatik-Spektrum 10/1987, 205-214.

Gliss, H. / Wronka, G. (1987): Datenschutz in Hicom, Siemens PN PPA 4, München 1987.

Groß, G. (1988): Das Recht auf informationelle Selbstbestimmung mit Blick auf die Volkszählung 1987, das neue Bundesstatistikgesetz und die Amtshilfe, AöR 1988, 161 ff.

Gusy, C. (1986): Das Grundrecht des Post- und Fernmeldegeheimnisses, JuS 1986, 89 ff.

Hamburger Behörde für Wirtschaft, Verkehr und Landwirtschaft (1978): Hinweise zur Anwendung des Bundesdatenschutzgesetzes im nicht-öffentlichen Bereich: Maßnahmen zur Datensicherung, vom 1.12.1978, Amtlicher Anzeiger Nr. 249 vom 22.12.1978, 2171.

Hamisch, T. (1988): Analogtelefon - Relikt oder Innovation?, in: telcom report 11/1988 H4, 153 ff.

Hammer, V. / Pordesch, U. / Roßnagel, A. (1992): KORA - Eine Methode zur Konkretisierung rechtlicher Anforderungen zu technischen Gestaltungsvorschlägen für Informations- und Kommunikationssysteme, Arbeitspapier Nr. 100, provet, Darmstadt 1992

Hammer, V. / Roßnagel, A. (1990): Datensicherung in ISDN-Telefonanlagen, DuD 1990, 396 ff.

Hantsche, K. (1964): Taschenbuch der Fernsprechnebenstellenanlagen, 2. Aufl., München und Wien 1964.

Hauer, H. / Schreier, K. (1990): Das Intelligente Netz (IN) als Ergänzung zum ISDN, in: Informationstechnische Gesellschaft (ITG) im Verband Deutscher Elektrotechniker (Hrsg.): Kommunikation im ISDN, Vorträge der ITG Fachtagung vom 16.-18. Mai 1990, Berlin, Offenbach 1990, 269 ff.

Heither, F. (1988): Die Rechtsprechung des Bundesarbeitsgerichts zum Datenschutz für Arbeitnehmer, BB 1988, 1049 ff.

Hermes, G. (1990): Grundrechtsschutz durch Privatrecht auf neuer Grundlage?, NJW 1990, 1764 ff.

Herrmann, Th. (1989): Die Verformung von Kommunikationsstrukturen durch den ISDN-Aufbau des Telefonnetzes, in: Hessische Vereinigung für Volkskunde: Marburg 1989, 165 ff.

Herrmann, Th. (1988): Grenzen der Softwareergonomie bei betrieblichen ISDN-Anlagen, in: Valk, R. (Hrsg.), GI - 18. Jahrestagung, Berlin u.a. 1988, 525 ff.

Herrmann, Th. / Heß, K. / Meise, K. (1988): Die Verformung von Kommunikationsstrukturen durch ISDN, in: Kitzing, R./ Linder-Kostka, U./ Obermaier, F.(Hrsg.), Schöne neue Computerwelt, Berlin 1988, 62 ff.

Hessische Landesregierung: Gesetzentwurf für ein Hessisches Datenschutzgesetz, LT-DrS 11/4749.

Hessischer Datenschutzbeauftragter (1987): 15. Tätigkeitsbericht, Wiesbaden 1987.

Hessischer Minister des Inneren (1981): Datenschutz im nicht-öffentlichen Bereich, StAnz 1981, 425 ff.

Heußner, H. (1981): Zur Funktion des Datenschutzes und zur Notwendigkeit bereichsspezifischer Regelungen, in: Festschrift für G. Wannagat, München 1981, 173 ff.

Heußner, H. (1987): Datenverarbeitung und Grundrechtsschutz, in: H. Hohmann (Hrsg.): Freiheitssicherung durch Datenschutz, Frankfurt 1987, 110 ff.

Hoffmann-Riem, W. (1983): Massenmedien, in: Benda, E./ Maihofer, W./ Vogel, H.J. (Hrsg.), Handbuch des Verfassungsrechts, Berlin, New York 1983, 389 ff.

Hoffmann-Riem, W. (1989): Kommentierung in: Alternativ-Kommentar zum Grundgesetz, 2. Aufl. Neuwied 1989.

Höller, H. (1993): Kommunikationssysteme - Normung und soziale Akzeptanz, Wiesbaden, 1993.

Höller, H.-P. (1987): Datenschutz und Leistungskontrollen bei ISDN-Anlagen, Institut für Sozialverträgliche Technikgestaltung (SOVT), Darmstadt, 1987.

Höller, H.-P. (1988a): Datenschutz als Gestaltungsanforderung an ISDN-Systeme, in: Kitzing, R./ Linder-Kosta, U./ Obermaier, F. (Hrsg.), Schöne neue Computerwelt. Zur gesellschaftlichen Verantwortung der Informatiker, Berlin 1988, 82 ff.

Höller, H.-P. (1988b): Datenschutz und Leistungsmerkmale bei ISDN-Anlagen und -Endgeräten, Mensch und Technik Werkstattbericht Nr. 48, Ministerium für Arbeit, Gesundheit und Soziales des Landes Nordrhein-Westfalen, Düsseldorf 1988.

Höller, H.-P. (1991): Das X.400 Message Handling System - Bewertung der Normfestlegungen - Arbeitspapier Nr. 1 zum Dissertationsvorhaben "Die Determination von Produkt- und Dienstleistungsimplementierungen durch Telekommunikationsnormen", Universität Bremen, März 1991.

Höller, H.-P. / Kubicek H. (1989): Gestaltung digitaler Nebenstellenanlagen, Anhang zu Holl, F.L. / Schlag, R.: Digitale Telefonanlagen, Köln 1989, 155 ff..

Hübner, W. (1990): ISDN - Datenschutz contra Verbraucherschutz, RDV 4/1990, 174 ff..

Ihloow, O. (1991): Letztlich eine Vertrauensfrage, in: net 9/1991, 348 ff.

ITG Informationstechnische Gesellschaft im Verband Deutscher Elektrotechniker (1990a): Datenschutz im ISDN, Frankfurt 1990.

ITG Informationstechnische Gesellschaft im Verband Deutscher Elektrotechniker (1990b) (Hrsg.): Kommunikation im ISDN, Vorträge der ITG Fachtagung vom 16.-18. Mai 1990, Berlin, Offenbach 1990.

Jarass, H. D. (1989): Das allgemeine Persönlichkeitsrecht im Grundgesetz, NJW 1989, 857 ff.

Jarass, H.-D. / Pieroth, B. (1989): Grundgesetz-Kommentar, München 1989.

Kahl, P. (1986): ISDN. Das künftige Fernmeldenetz der Deutschen Bundespost, 2. Aufl. Heidelberg 1986.

Kerkau, H.-J. (1987): Neue Medien: Neue Risiken, neues Recht? in: Der Berliner Datenschutzbeauftragte (Hrsg.), Datenschutz und neue Medien, Berlin 1987, 19 ff.

Klein, D. (1990): Zusatzgeräte im ISDN, in: Informationstechnische Gesellschaft (ITG) im Verband Deutscher Elektrotechniker (Hrsg.): Kommunikation im ISDN, Vorträge der ITG-Fachtagung vom 16.-18. Mai 1990, Berlin, Offenbach 1990, 177 ff.

Klumpp, D. (1990): Technikfolgenabschätzung: Bedingungen und Perspektiven in der kommunikationstechnischen Industrie, in: Mai, M. (Hrsg.), Sozialwissenschaft und Technik - Beispiele aus der Praxis, Bern u.a. 1990, 45 ff.

Klumpp, D. / Rose, C. (1991): ISDN - Karriere eines Konzepts, in: Fricke, W. (Hrsg.): Jahrbuch Arbeit und Technik, Technikentwicklung und Technikgestaltung, Bonn, 1991, 103 ff.

Kubicek, H. (1986): ISDN - Der schnelle Brüter der Nachrichtentechnik, in: Proceedings ISDN Congress 1986, Frankfurt 16./17.9.1986, 203 ff.

Kubicek, H. (1987): ISDN im Lichte von Demokratieprinzip und informationeller Selbstbestimmung, DuD 1987, 21 ff.

Kubicek, H. (1988): Soziale Beherrschbarkeit technisch offener Netze, in: Valk, R. (Hrsg.): GI - 18. Jahrestagung, Berlin u.a., 1988, 109 ff.

Kubicek, H. (1990): Probleme des Datenschutzes bei der Kommunikationsverarbeitung im ISDN, CR 1990, 659 ff.

Kubicek, H. / Bach, K. (1991): Neue TK-Datenschutzverordnungen - Fortschritt für den Datenschutz?, CR 1991, 489 ff.

Kubicek, H. / Höller H.-P. (1989): Entlastungen und Belastungen sowie Möglichkeiten der Leistungs- und Verhaltenskontrollen durch neuen Telefonanlagen, in: Personalrat der Stadt Reutlingen: Rathausinformation - Mitteilungen des Personalrates für die Mitarbeiter der Stadt Reutlingen, Reutlingen 10/1989, 5 ff.

Kubicek, H. / Rolf, A. (1986): Mikropolis, 2. Aufl. Hamburg 1986.

Landesbeauftragter für den Datenschutz der Freien Hansestadt Bremen (1989a): Einsatz von ISDN-fähigen Telefonnebenstellenanlagen in der bremischen Verwaltung, Bremen Januar 1989.

Landesbeauftragter für den Datenschutz der Freien Hansestadt Bremen (1989b): 11. Tätigkeitsbericht, Bremen 1989.

Lehmeier, H. (1990): Bewertung des Revisionskonzeptes der ISDN-Nebenstellenanlage der Hochschulregion Darmstadt, Diplomarbeit, FB Informatik, Fachhochschule Darmstadt 1990.

Leisner, W. (1989): Eigentum, in: Isensee, J./ Kirchhof, P. (Hrsg.), Handbuch des Staatsrechts, Band VI, Heidelberg 1989, 1099 ff.

Linnenkohl, K. / Linnenkohl, K.-S. (1992): Betriebsverfassungsrechtlicher Schutz des Persönlichkeitsrechts bei der Einführung neuer Kommunikationstechnologien, BB 1992, 770 ff.

Lippold, H. (1989): Bürosysteme und Informationssicherheit, DuD 1989, 121 ff.

Löwisch, M. (1972): Schutz und Förderung der freien Entfaltung der Persönlichkeit der im Betrieb beschäftigten Arbeitnehmer (§ 75 Abs. 2 BetrVG), AuR 1972, 359 ff.

Luhmann, N. (1965): Grundrechte als Institution, Berlin 1965.

Mallmann, O. (1988): Zweigeteilter Datenschutz? Auswirkungen des Volkszählungsurteils auf die Privatwirtschaft, CR 1988, 93 ff.

Meyn, K.-U. (1978): Anmerkung zu dem Urteil des VG Bremen vom 15.6.1977, NJW 1978, 67f.

Müller, H. / Sponder, R.-D. (1991): Vielfältige Verbindungen, in: net 1-2/1991, 30 ff.

Mundhenke, E. (1987): Bürokommunikation, Köln u.a. 1987.

Nake, F. (1988): Software-Ergonomie bei Büro-Kommunikations-Systemen, Mensch und Technik Werkstattbericht Nr. 49, Ministerium für Arbeit, Gesundheit und Soziales des Landes Nordrhein-Westfalen, Düsseldorf 1988.

Niedersächsisches Landesverwaltungsamt Hannover (Projektgruppe DINAN) (1988): Telekommunikationsanlagen in der öffentlichen Verwaltung von Niedersachsen, 2. erw. Auflage, 7/1988.

Nietzer, P. / Schulthess, P. (1990): Ein ISDN-Endgerät mit graphischer Telefonoberfläche, in: Informationstechnische Gesellschaft (ITG) im Verband Deutscher Elektrotechniker (Hrsg.): Kommunikation im ISDN, Vorträge der ITG Fachtagung vom 16.-18. Mai 1990, Berlin, Offenbach 1990, 145 ff.

Nungesser, J. (1988): Hessisches Datenschutzgesetz, Kommentar, Mainz 1988.

Office of Technology Assessment (1985): Electronic Surveillance and Civil Liberties, Washington DC, 1985.

Ordemann, H-J. / Schomerus, R. (1988): Bundesdatenschutzgesetz mit Erläuterungen, 4. Auflage, München 1988.

Pappermann, E. (1985): Kommentierung in: I.v.Münch, Grundgesetz-Kommentar, 3. Aufl. München 1985.

Peters, W.P. (1986): Technischer Datenschutz, CR 1986, 795 ff.

Peters, W.P. (1990): ISDN und Marketing - Die Suche nach dem ganzheitlichen Konzept, in: net 6/1990, 261 ff.

Pfitzmann, A. (1990): Diensteintegrierende Kommunikationsnetze mit teilnehmerüberprüfbarem Datenschutz, Berlin u.a. 1990.

Pfitzmann, A. / Pfitzmann, B. / Waidner, M. (1988): Datenschutz garantierende offene Kommunikationsnetze, Informatik-Spektrum 1988, 118 ff.

Pfitzmann, A. / Pfitzmann, B. / Waidner, M. (1986): Technischer Datenschutz in diensteintegrierenden Digitalnetzen - Warum und Wie? DuD 1986, 178 ff.

Pieroth, B. / Schlink, B. (1991): Grundrechte, 7. Aufl. Heidelberg, 1991.

Podlech, A. (1976a): Aufgaben und Problematik des Datenschutzes, in: DVR 1976, 23 ff.

Podlech, A. (1976b): Gesellschaftstheoretische Grundlagen des Datenschutzes, in: R. Dierstein, H. Fiedler, A. Schulz (Hrsg.): Datenschutz und Datensicherung, Köln 1976, 311 ff.

Podlech, A. (1979): Das Recht auf Privatheit, in: Perels, J. (Hrsg.), Grundrechte als Fundament der Demokratie, Frankfurt 1979, 50 ff.

Podlech, A. (1982): Individualdatenschutz - Systemdatenschutz, in: Brückner, K. / Dalichau, G. (Hrsg.), Beiträge zum Sozialrecht, Festgabe für H. Grüner, Percha 1982, 451 ff.

Podlech, A. (1987): Der Datenschutz und die Akzeptabilität unserer Gesellschaftsordnung, in: H. Hohmann (Hrsg.), Freiheitssicherung durch Datenschutz, Frankfurt 1987, 19 ff.

Podlech, A. (1988): Unter welchen Bedingungen sind neue Informationssysteme gesellschaftlich akzeptabel, in: Steinmüller, W, (Hrsg.), Verdatet und vernetzt, Frankfurt 1988, 118 ff.

Podlech, A. (1989): Kommentierung in: Alternativ-Kommentar zum Grundgesetz, 2. Aufl. Neuwied 1989.

Podlech, A. (1990): Das informationelle Selbstbestimmungsrecht, in: Informationstechnische Gesellschaft (ITG) im Verband Deutscher Elektrotechniker: Datenschutz im ISDN, Frankfurt 1990, 68 ff.

Pordesch, U. (1990): Mißbrauch von ISDN-Anlagen erkennen, DuD 1990, 559 ff.

Pordesch, U. (1992): ISDN-Anlagen: unerkannte und neue Risiken, IKÖ-Rundbrief 7, April 1992.

Pordesch, U. / Hammer, V. / Roßnagel, A. (1991): Prüfung des rechtsgemäßen Betriebs von ISDN-Anlagen, Braunschweig 1991.

Preuß, U.-K. (1986): Die Veränderung unserer Schmerzgrenzen, Merkur 1986, 342 ff.

Pribilla, P. (1991): Trends bei privaten Kommunikationssystemen, in: telcom report 14/1991 Special "Telcom '92", 20 ff.

Redeker, H. (1990): Mitbestimmung bei der Speicherung von Leistungsdaten, CR 1990, 482f.

Rieß, J. (1986): Grundrechtsschutz durch Verfahren bei der Planung von Telekommunikationsnetzen und -diensten, Bremen 1986

Rittstieg, H. (1989): Kommentierung des Art. 12 und Art 14/15, in: Alternativ-Kommentar zum Grundgesetz, 2. Aufl. Neuwied 1989.

Rockinger, F. Fernbetriebstechnik beim Kommunikationssystem HICOM, in (1987): NTZ Bd.40, 3/1987, 184 ff.

Rohlf, D. (1980): Der grundrechtliche Schutz der Privatsphäre, Berlin 1980.

Rosenbrock, K.H. (1984): ISDN - eine folgerichtige Weiterentwicklung des digitalen Fernsprechnetzes, in: Jahrbuch der DBP 1984, 509 ff.

Rosenbrock, K.H. (1990): ISDN-Netzausbau und -Dienstleistungen der Deutschen Bundespost Telekom, in: Informationstechnische Gesellschaft (ITG) im Verband Deutscher Elektrotechniker (Hrsg.): Kommunikation im ISDN, Vorträge der ITG Fachtagung vom 16.-18. Mai 1990, Berlin, Offenbach 1990, 7 ff.

Roßnagel, A. (1990): Das Recht auf (tele-)kommunikative Selbstbestimmung, KJ 1990, 267 ff.

Roßnagel, A. (1991): Vom informationellen zum kommunikativen Selbstbestimmungsrecht, in: Kubicek, H. (Hrsg.), Kritisches Jahrbuch der Telekommunikation, Heidelberg 1991, 86 ff.

Roßnagel, A. (1989) (Hrsg.): Freiheit im Griff. Informationsgesellschaft und Grundgesetz, Stuttgart 1989.

Roßnagel, A. / Wedde, P. (1988): Die Reform der Deutschen Bundespost im Licht des Demokratieprinzips, DVBl 1988, 562 ff.

Roßnagel, A. / Wedde, P. / Hammer, V. / Pordesch U. (1990a): Die Verletzlichkeit der Informationsgesellschaft, 2. Auflage, Opladen 1990.

Roßnagel, A. / Wedde, P. / Hammer, V. / Pordesch U. (1990b): Digitalisierung der Grundrechte. Zur Verfassungsverträglichkeit der Informations- und Kommunikationstechnik, Opladen 1990.

Rothe, G (1991): Kundenfreundliche Anlageberatung durch Kombination von Telefon und Computer, Bank und Markt, 5/1991, Sonderdruck.

Ruhland, C. (1987): Datenschutz in Kommunikationssystemen, Datacom 1/1987, 78 ff., 4/1987, 98 ff.; 9/1987, 172 ff.

Rüpke, G. (1976): Der verfassungsrechtliche Schutz der Privatheit, Baden-Baden 1976.

Saft, H.-D. (1987): Vermittlungsplatz Hicom, in: telcom report 6/1987, 350 ff.

Saladin, P. (1984): Verantwortung als Staatsprinzip, Bern 1984.

Schapper, C. H. / Schaar, P. (1989): Poststrukturreform und Datenschutz, CR 1989, 309 ff.

Schapper, C. H. / Schaar, P. (1990): Rechtliche Rahmenbedingungen von ISDN-Nebenstellenanlagen, CR 1990, 773 ff.

Schapper, C. H. / Schaar, P. (1990): Technische Rahmenbedingungen von ISDN-Nebenstellenanlagen, CR 1990, 719 ff.

Schapper, C. H. / Waniorek, G. (1987): Informationelle Selbstbestimmung, in: Hohmann, H. (Hrsg.), Freiheitssicherung durch Datenschutz, Frankfurt 1987, 313 ff.

Schatzschneider, W. (1981): Fernmeldegeheimnis und Telefonbeschattung, NJW 1981, 268f.

Schatzschneider, W. (1981): Registrierung des äußeren Ablaufs von Telefongesprächen - Eingriff oder immanente Schranke des Fernmeldegeheimnisses? ZRP 1981, 130 ff.

Scherer, J. (1976): Telekommunikationsrecht und Telekommunikationspolitik, Baden-Baden 1976.

Scherer, J. (1989): Rechtsprobleme des Datenschutzes bei den "Neuen Medien", Düsseldorf 1989.

Schlömp-Röder, J. (1990): Initiativrecht des Betriebsrates bei der Einführung technischer Kontrolleinrichtungen, CR 1990, 477 ff.

Schlüter, H. (1987): ISDN-fähige Kommunikationsanlagen, Heidelberg 1987.

Schmandt, C. / Casner, S. (1989): Phonetool - Integrity Telephones and Workstations in: proceedings of the IEEE Global Telecommunications Conference, 27.-30. November 1989, Dallas, Texas.

Schmidt, J. (1988): Die Gewährleistung des Datenschutzes bei der Teilnahme an Telekommunikationsdiensten der Deutschen Bundespost, Jahrbuch der Deutschen Bundespost 1988, 315 ff.

Schmitt Glaeser, W. (1989): Schutz der Privatsphäre, in: J. Isensee / P. Kirchhof (Hrsg.), Handbuch des Staatsrechts, Band VI, Heidelberg 1989, 41 ff.

Schneider, H.-P. (1985): Art. 12 GG - Freiheit des Berufs und Grundrecht der Arbeit, VVDStRL 43/1985, 7 ff.

Schneider, J. (1978): Kommentierung in: Gallwas, H.-U. / Geiger, H. / Schneider, J. / Schwappach, J. / Schweinoch, J., Datenschutzgesetz-Kommentar, Stuttgart 1978 ff (Loseblattsammlung).

Schneider, U. / Stitzel, M. (1990): Schleichende Verhaltensänderungen durch elektronische Kommunikation - Zum Verständnis moderner Kommunikationstechnologien, zfo 1/1990, 45 ff.

Schönfeld, W.H. (1965): Einführung in die Fernsprech-Nebenstellentechnik, Goslar 1965.

Schröter, O.-F. (1989) (1989): Stellungnahme zu dem Aufsatz 'Entlastungen und Belastungen sowie Möglichkeiten der Leistungs und Verhaltenskontrolle durch neue Telefonanlagen' von Prof. Dr. H. Kubicek / H.-P. Höller, Manuskript, Lossburg 1989

Schröter, O.-F. (1990) (1990): ISDN-Anwendungen, Baden-Baden 1990.

Schulin, B. / Babl, M. (1986): Rechtsfragen der Telefondatenverarbeitung, NZA 1986, 46 ff.

Siemens: ISDN - Information und Argumente.

Simitis, S. (1984): Die informationelle Selbstbestimmung, NJW 1984, 398 ff.

Simitis, S. (1988): Selbstbestimmung: illusorisches Projekt oder reale Chance, KJ 1988, 32 ff.

Simitis, S. / Walz, S. (1987): Das neue hessische Datenschutzgesetz, RdV 1987, 157 ff.

Staff, I. (1983): Schul- und Hochschulrecht, in: Meyer, H./ Stolleis, M. (Hrsg.), Hessisches Staats- und Verwaltungsrecht, Frankfurt 1983, 323 ff.

Stein, E. (1967): Freiheit am Arbeitsplatz, in: Festschrift für O. Brenner, 1967, 269 ff.

Steinmüller, W. (1988): Demokratische und soziale Informationstechnologiepolitik, in: Steinmüller, W. (Hrsg.): Verdatet und Vernetzt, Frankfurt 1988, 17 ff.

Steinmüller, W. (1988): Soziale Beherrschung offener Netze am Beispiel des ISDN, in: Valk (Hrsg.), GI - 18.Jahrestagung, Berlin u.a. 1988.

Steinmüller, W. (1989): Datenschutz und Mitbestimmung, Zwei Säulen informationeller Selbstbestimmung, CR 1989, 606 ff.

Steinmüller, W. u.a. (1971): Grundfragen des Datenschutzes, Gutachten im Auftrag des Bundesinnenministers, 1971, BT-Drs. 6/3826.

Suhr, D. (1976): Entfaltung der Menschen durch die Menschen, Berlin 1976.

Suhr, D. (1984): Freiheit durch Geselligkeit, EuGRZ 1984, 529 ff.

Taeger, J. (1988): Die Offenbarung von Betriebs- und Geschäftsgeheimnissen, Baden-Baden 1988.

Tenzer, G. (1989): Büroorganisation - Bürokommunikation, Mittel zur Steigerung der Produktivität, Heidelberg 1989.

Tinnefeld, M.-T. / Tubies, H. (1989): Datenschutzrecht, 2. Auflage, München 1989.

Troy, E. F. (1985): Addressing the Telephone Intrusion Treat; in: André Grissonnanche (Hrsg.) Information Security: The Challenge IFIP/Sec '86 (Pre-prints Dec. 1985) nach: Datenschutzberater, 11/87, 13

v. Münch, I. (1978): Anmerkung zu dem Urteil des VG Bremen vom 15.6.1977, NJW 1978, 67f.

v. Münch, I. (1982): Öffentlicher Dienst, in: v. Münch, I. (Hrsg.), Besonderes Verwaltungsrecht, 6. Aufl., Berlin, New York 1982, 1 ff.

Veit, R. (1991): IBM-Lösungen für die integrierte Vorgangsbearbeitung durch Telefon/Datenintegration, Vortrag auf der ONLINE 1991, 1.-8. Februar 1991 in Hamburg, Manuskript.

Versteyl, L.-A. (1987): Telefondatenerfassung im Betrieb, NZA 1987, 7 ff.

Volpert, W. (1985): Zauberlehrlinge. Die gefährliche Liebe zum Computer, Weinheim 1985.

Wacker, H.-J. (1985): Stand und Einsatz analoger Nebenstellenanlagen, in: Binder, U.W. u.a.: Nebenstellenanlagen, Sindelfingen 1985, 82 ff.

Wacker, H.-J. (1990): Mehr als Datenkommunikationsendgerät, in net: 6/1990, 240 ff.

Walz, S. (1988): Datenschutz bei Telematikdiensten, in: Scherer, J. (Hrsg.): Telekommunikation und Wirtschaftsrecht, Köln 1988.

Walz, S. (1990): Datenschutz und Telekommunikation, CR 1990, 56 ff., 138 ff.

Wehrend, K. (1985): Betriebstechnik des ISDN-Kommunikationssystems HICOM, in: telcom report 4/1985, 279 ff.

Wiese, G. (1971): Der Persönlichkeitsschutz des Arbeitnehmers gegenüber dem Arbeitgeber, ZfA 1971, 273 ff.

Wohlgemuth, H. H. (1988): Datenschutz für Arbeitnehmer - Eine systematische Darstellung, 2. Auflage, Neuwied 1988.

Abkürzungsverzeichnis

a/b-Anschluß .... analoger Telefonanschluß
ACD .... Automatic Call Distribution
AöR .... Archiv des öffentlichen Rechts (Zeitschrift)
AuR .... Arbeit und Recht (Zeitschrift)
B-Kanal .... Basis-Kanal (im ISDN)
BAG .... Bundesarbeitsgericht
BAGE .... Entscheidungssammlung des Bundesarbeitsgerichts
BayObLG .... Bayerisches oberstes Landesgericht
BB .... Betriebsberater (Zeitschrift)
BBG .... Bundesbeamtengesetz
BDSG .... Bundesdatenschutzgesetz
BetrVG .... Betriebsverfassungsgesetz
BGBl .... Bundesgesetzblatt
BGH .... Bundesgerichtshof
BGHZ .... Entscheidungssammlung des Bundesgerichtshofs in Zivilsachen
BPersVG .... Bundespersonalvertretungsgesetz
BRRG .... Beamtenrechtsrahmengesetz
BT-Drs. .... Bundestagsdrucksache
BVerfG .... Bundesverfassungsgericht
BVerfGE .... Bundesverfassungsgerichtsentscheid
CR .... Computer und Recht (Zeitschrift)
CSTA .... Computer Supported Telefony Applications
CW .... Computerwoche (Zeitschrift)
D-Kanal .... Steuerkanal (im ISDN)
DB .... Der Betrieb (Zeitschrift)
DGB .... Deutscher Gewerkschaftsbund
DSG .... Datenschutzgesetz
DuD .... Datenschutz und Datensicherung (Zeitschrift)
DVBl .... Deutsches Verwaltungsblatt (Zeitschrift)

DVR .... Datenverarbeitung im Recht (Zeitschrift)
EAZ .... Endgeräteauswahlziffer
ECMA .... European Computer Manufacturers Association
EDV .... Elektronische Datenverarbeitung
EuGRZ .... Europäische Grundrechtezeitschrift
f. .... folgende
FAG .... Fernmeldeanlagengesetz
ff. .... fortfolgende
GG .... Grundgesetz
HDSG .... Hessisches Datenschutzgesetz
HFHG .... Hessisches Fachhochschulgesetz
High Tech .... (Zeitschrift)
HPVG .... Hessisches Personalvertretungsgesetz
Hrsg. .... Herausgeber
HUniG .... Hessisches Universitätsgesetz
IDN .... integriertes Datennetz
IFIP .... International Federation for Information Processing
IKÖ .... Institut für Informations- und Kommunikationsökologie
ISDN .... Integrated Services Digital Network
ITG .... Informationstechnische Gesellschaft
JuS .... Juristische Schulung (Zeitschrift)
JZ .... Juristenzeitung
kbit/sec .... 1000 bit/ Sekunde
KJ .... Kritische Justiz (Zeitschrift)
KORA .... Konkretisierung rechtlicher Anforderungen zu technischen Gestaltungsvorschlägen (→Methode der Untersuchung)
KSchG .... Kündigungsschutzgesetz
LAG .... Landesarbeitsgericht
LCD .... Liquid Crystal Display (Flüssigkristallanzeige)
LED .... Light Emitting Diode (Leuchtdiode)
MFV .... Mehrfrequenzwahlverfahren
mwN .... mit weiteren Nachweisen
net .... (Zeitschrift)
NJW .... Neue Juristische Wochenschrift (Zeitschrift)
NZA .... Neue Zeitschrift für das Arbeitsrecht
OLG .... Oberlandesgericht
OTA .... Office of Technology Assessment
OVG .... Oberverwaltungsgericht
PC .... Personal Computer
PCM .... Pulscodemodulation
PIN .... Persönliche Identifikations-Nummer
Rdn. .... Randnummer
RDV .... Recht der Datenverarbeitung (Zeitschrift)

S_0 .... ISDN-Endgeräte-Schnittstelle nach Standard des öffentlichen Netzes: 2 Basiskanäle + 1 Steuerkanal
S_{2M} .... Primärmultiplexanschluß: 30 zusammengefaßte Basiskanäle + ein 64kbit/sec Steuerkanal an einer Schnittstelle (im ISDN).
StAnz................ Staatsanzeiger
StGB................. Strafgesetzbuch
TDSV .... Verordnung des Bundesministers für Post und Telekommunikation über den Datenschutz bei Dienstleistungen der Deutschen Bundespost TELEKOM (Telekom-Datenschutzverordnung)
TK-Anlage.......... Telekommunikationsanlage
TKO .... Telekommunikationsordnung
u.a. .... und andere
UDSV .... Teledienstunternehmens-Datenschutzverordnung
U_{p0} .... ISDN-Endgeräte-Schnittstelle nach Standard der privaten Nebenstellenanlagenanbieter: 2 Basiskanäle + 1 Steuerkanal
VG .... Verwaltungsgericht
vgl. .... vergleiche
VVDStRL .... Veröffentlichungen der Vereinigung der Deutschen Staatsrechtslehrer
VwVfG.............. Verwaltungsverfahrensgesetz
ZfA .... Zeitschrift für Arbeitsrecht
ZRP .... Zeitschrift für Rechtspolitik
ZulTkAnl .... Zulassungsbedingungen der Deutschen Bundespost Telekom für Telekommunikationsanlagen

Stichwortverzeichnis